怎样当好造价员丛书

怎样当好装饰装修工程造价员

本书编写组　编

中国建材工业出版社

图书在版编目(CIP)数据

怎样当好装饰装修工程造价员/《怎样当好装饰装修工程造价员》编写组编 . —北京:中国建材工业出版社,2013.10

(怎样当好造价员丛书)

ISBN 978 - 7 - 5160 - 0576 - 7

Ⅰ. ①怎…　Ⅱ. ①怎…　Ⅲ. ①建筑装饰-工程造价

Ⅳ. ①TU723.3

中国版本图书馆 CIP 数据核字(2013)第 208536 号

怎样当好装饰装修工程造价员

本书编写组　编

出版发行:中国建材工业出版社

地　　址:北京市西城区车公庄大街 6 号

邮　　编:100044

经　　销:全国各地新华书店

印　　刷:北京紫瑞利印刷有限公司

开　　本:787mm×1092mm　1/16

印　　张:21

字　　数:511 千字

版　　次:2013 年 10 月第 1 版

印　　次:2013 年 10 月第 1 次

定　　价:55.00 元

本社网址:www.jccbs.com.cn

内容提要

　　本书根据《建设工程工程量清单计价规范》（GB 50500—2013）、《房屋建筑与装饰工程工程量计算规范》（GB 50854—2013）、装饰装修工程概预算定额及编审规程进行编写，详细介绍了装饰装修工程造价编制与管理的相关理论及方法。全书主要内容包括概论，装饰装修工程造价计价依据，装饰装修各阶段造价文件编制，装饰装修工程工程量清单计价，楼地面装饰工程工程量计算，墙、柱面装饰与隔断、幕墙工程工程量计算，天棚工程工程量计算，门窗工程工程量计算，油漆、涂料、裱糊工程工程量计算，其他装饰工程工程量计算，拆除工程工程量计算，措施项目，装饰装修工程造价管理等。

　　本书实用性较强，既可供装饰装修工程造价编制与管理人员使用，也可供高等院校相关专业师生学习时参考。

怎样当好装饰装修工程造价员

编 写 组

主　编： 关正美

副主编： 李建钊　周　爽

编　委： 徐海清　孙世兵　陆海军　王艳丽
　　　　　毛　娟　徐晓珍　孟秋菊　张才华
　　　　　胡亚丽　张　超　赵艳娥　马　静
　　　　　苗美英　梁金钊　陈井秀

前　言

工程造价的确定是规范建设市场秩序，提高投资效益的重要环节，具有很强的政策性、经济性、科学性和技术性。自我国于 2003 年 2 月 17 日发布《建设工程工程量清单计价规范》，积极推行工程量清单计价以来，工程造价管理体制的改革正不断深入，为最终形成政府制定规则、业主提供清单、企业自主报价、市场形成价格的全新计价形式提供了良好的发展机遇。

随着建设市场的发展，住房和城乡建设部先后在 2008 年和 2012 年对清单计价规范进行了修订。现行的《建设工程工程量清单计价规范》（GB 50500—2013）是在认真总结我国推行工程量清单计价实践经验的基础上，通过广泛调研、反复讨论修订而成，最终以住房和城乡建设部第 1567 号公告发布，自 2013 年 7 月 1 日开始实施。与《建设工程工程量清单计价规范》（GB 50500—2013）配套实施的还包括《房屋建筑与装饰工程工程量计算规范》（GB 50854—2013）、《仿古建筑工程工程量计算规范》（GB 50855—2013）、《通用安装工程工程量计算规范》（GB 50856—2013）等 9 本工程计量规范。

2013 版清单计价规范及工程计量规范的颁布实施，对广大工程造价工作者提出了更高的要求，面对这种新的机遇和挑战，要求广大工程造价工作者不断学习，努力提高自己的业务水平，以适应工程造价领域发展形势的需要。为帮助广大工程造价人员更好地履行职责，以适应市场经济条件下工程造价工作的需要，更好地理解工程量清单计价与定额计价的内容与区别，我们特组织了一批具有丰富工程造价理论知识和实践工作经验的专家学者，编写了这套《怎样当好造价员丛书》，以期为广大建设工程造价员更快更好地进行建设工程造价的编制工作提供一定的帮助。本系列丛书主要具有以下特点：

（1）丛书以《建设工程工程量清单计价规范》（GB 50500—2013）为基础，配合各专业工程量计算规范进行编写，具有很强的实用价值。本套丛书包含的分册有：《怎样当好建筑工程造价员》、《怎样当好安装工程造价员》、《怎样当好市政工程造价员》、《怎样当好装饰装修工程造价员》、《怎样当好公路工程造价员》、《怎样当好园林绿化工程造价员》、《怎样当好水利水电工程造价员》。

（2）丛书根据《建设工程工程量清单计价规范》（GB 50500—2013）及设计概算、施工图预算、竣工结算等编审规程对工程造价定额计价与工程量清单计价的内容及区别联系进行了介绍，并详细阐述了建设工程合同价款约定、工程计量、合同价款调整、合同价款期中支付、合同解除的价款结算与支付、竣工结算与支付、合同价款争议的解决、工程造价鉴定及工程计价资料与档案等内容，对广大工程造价人员的工作具有较强的指导价值。

（3）丛书内容翔实、结构清晰、编撰体例新颖，在理论与实例相结合的基础上，注重应用理解，以更大限度地满足造价工作者实际工作的需要，增加了图书的适用性和使用范围，提高了使用效果。

本系列丛书在编写过程中参阅了大量相关书籍，并得到了有关单位与专家学者的大力支持与指导，在此表示衷心的感谢。限于编者的学识及专业水平和实践经验，丛书中错误与不当之处，敬请广大读者批评指正。

编　者

目　　录

第一章　概论 ……………………………………………………………… (1)

　第一节　装饰装修工程简介 ……………………………………………… (1)

　　一、装饰装修工程的作用 ……………………………………………… (1)

　　二、装饰装修工程的分类 ……………………………………………… (1)

　第二节　装饰装修工程造价 ……………………………………………… (3)

　　一、我国现行建设项目投资及工程造价构成 ………………………… (3)

　　二、设备、工器具购置费用构成及计算 ……………………………… (4)

　　三、建筑安装工程费用构成与计算 …………………………………… (6)

　　四、其他费用构成与计算 ……………………………………………… (13)

　　五、预备费及建设期利息 ……………………………………………… (16)

　第三节　装饰装修工程施工图识读 ……………………………………… (17)

　　一、常用房屋建筑室内装饰装修材料和设备图例 …………………… (17)

　　二、装饰装修工程图纸绘制深度 ……………………………………… (27)

　　三、装修装修施工图绘制方法与视图布置 …………………………… (33)

　　四、装饰装修施工平面图识读 ………………………………………… (34)

　　五、装饰装修天棚平面图识读 ………………………………………… (35)

　　六、装饰装修立面图识读 ……………………………………………… (35)

　　七、装饰装修剖面图识读 ……………………………………………… (36)

　　八、装饰装修详图识读 ………………………………………………… (36)

第二章　装饰装修工程造价计价依据 ………………………………… (38)

　第一节　装饰装修工程造价计价依据概述 ……………………………… (38)

　　一、工程定额计价方法 ………………………………………………… (38)

　　二、工程量清单计价方法 ……………………………………………… (41)

　　三、定额计价与工程量清单计价的区别 ……………………………… (42)

　第二节　装饰装修工程消耗量定额 ……………………………………… (44)

　　一、装饰装修工程消耗量定额的概念 ………………………………… (44)

　　二、装饰装修工程消耗量定额的分类 ………………………………… (44)

　　三、装饰装修工程消耗量定额的组成 ………………………………… (44)

　　四、装饰装修工程消耗量定额表的内容 ……………………………… (45)

　　五、装饰装修定额人工、材料、机械台班消耗量的确定 …………… (46)

　　六、装饰装修工程消耗量定额的编制 ………………………………… (47)

　　七、装饰装修工程定额的换算 ………………………………………… (47)

第三节　工程量清单计价依据 …………………………………………………（48）

　　一、2013 版清单计价规范简介 …………………………………………（48）

　　二、招标工程量清单 ……………………………………………………（50）

第四节　建筑面积计算 …………………………………………………………（57）

　　一、建筑面积的相关概念 ………………………………………………（57）

　　二、建筑面积计算相关术语 ……………………………………………（58）

　　三、建筑面积计算规则及方法 …………………………………………（59）

第三章　装饰装修各阶段造价文件编制 ………………………………………（73）

第一节　投资估算 ………………………………………………………………（73）

　　一、投资估算的概念 ……………………………………………………（73）

　　二、投资估算的编制 ……………………………………………………（73）

第二节　设计概算 ………………………………………………………………（75）

　　一、设计概算的概念 ……………………………………………………（75）

　　二、设计概算文件的组成与格式 ………………………………………（75）

　　三、设计概算的内容 ……………………………………………………（89）

　　四、设计概算的编制 ……………………………………………………（89）

第三节　施工图预算 ……………………………………………………………（91）

　　一、施工图预算的概念 …………………………………………………（91）

　　二、施工图预算的内容 …………………………………………………（91）

　　三、施工图预算的编制 …………………………………………………（91）

第四节　工程竣工结算 …………………………………………………………（93）

　　一、工程竣工结算的概念 ………………………………………………（93）

　　二、办理竣工结算的内容 ………………………………………………（93）

　　三、工程竣工结算的编制 ………………………………………………（93）

　　四、工程竣工结算支付流程 ……………………………………………（94）

第五节　工程竣工决算 …………………………………………………………（96）

　　一、工程竣工决算的概念 ………………………………………………（96）

　　二、竣工决算的内容 ……………………………………………………（96）

　　三、竣工决算的编制 ……………………………………………………（97）

第四章　装饰装修工程工程量清单计价 ………………………………………（99）

第一节　工程量清单计价相关规定 ……………………………………………（99）

　　一、计价方式 ……………………………………………………………（99）

　　二、发包人提供材料和机械设备 ………………………………………（100）

　　三、承包人提供材料和工程设备 ………………………………………（100）

　　四、计价风险 ……………………………………………………………（101）

第二节　招标控制价编制 ………………………………………………………（102）

　　一、一般规定 ……………………………………………………………（102）

二、招标控制价编制与复核 …………………………………………………… （103）

三、投诉与处理 …………………………………………………………………… （104）

第三节　投标报价编制 ………………………………………………………………… （105）

一、一般规定 ……………………………………………………………………… （105）

二、投标报价编制与复核 ………………………………………………………… （105）

第四节　工程造价鉴定 ………………………………………………………………… （107）

一、一般规定 ……………………………………………………………………… （107）

二、取证 …………………………………………………………………………… （107）

三、鉴定 …………………………………………………………………………… （108）

第五章　楼地面装饰工程工程量计算 ……………………………………………… （110）

第一节　楼地面装饰工程量计算常用资料 ………………………………………… （110）

一、整体面层材料用量计算 ……………………………………………………… （110）

二、块料面层材料用量计算 ……………………………………………………… （113）

第二节　楼地面装饰工程项目划分 ………………………………………………… （113）

一、楼地面装饰工程计量规范项目划分 ………………………………………… （113）

二、楼地面装饰工程定额项目划分 ……………………………………………… （115）

第三节　楼地面装饰工程工程量计算 ……………………………………………… （119）

一、整体面层及找平层工程量计算 ……………………………………………… （119）

二、块料面层工程量计算 ………………………………………………………… （123）

三、橡塑面层工程量计算 ………………………………………………………… （126）

四、其他材料面层工程量计算 …………………………………………………… （128）

五、踢脚线工程量计算 …………………………………………………………… （129）

六、楼梯面层工程量计算 ………………………………………………………… （132）

七、台阶装饰工程量计算 ………………………………………………………… （135）

八、零星装饰项目工程量计算 …………………………………………………… （137）

第六章　墙、柱面装饰与隔断、幕墙工程工程量计算 ………………………… （140）

第一节　墙、柱面工程量计算常用资料 …………………………………………… （140）

一、装饰砂浆用量 ………………………………………………………………… （140）

二、水泥石渣浆用料、石灰膏用量 ……………………………………………… （144）

第二节　墙、柱面装饰与隔断、幕墙工程清单及定额项目简介 ………………… （145）

一、墙、柱面装饰与隔断、幕墙工程计量规范项目划分 ……………………… （145）

二、墙、柱面装饰与隔断、幕墙工程定额项目划分 …………………………… （146）

第三节　墙、柱面装饰与隔断、幕墙工程工程量计算 …………………………… （153）

一、抹灰工程工程量计算 ………………………………………………………… （153）

二、墙、柱（梁）面镶贴块料工程量计算 ……………………………………… （161）

三、墙、柱（梁）饰面工程量计算 ……………………………………………… （169）

四、隔断工程工程量计算 ………………………………………………………… （173）

五、幕墙工程工程量计算 ………………………………………… (178)

第七章 天棚工程工程量计算 ……………………………………… (182)

第一节 天棚工程工程量计算常用资料 ………………………… (182)

一、天棚龙骨的形式与规格 …………………………………… (182)

二、各种天棚、吊顶木楞规格及中距计算参考表 …………… (184)

三、天棚吊顶木材用量参考表 ………………………………… (185)

第二节 天棚工程清单及定额项目简介 ………………………… (185)

一、天棚工程计量规范项目划分 ……………………………… (185)

二、天棚工程定额项目划分 …………………………………… (186)

第三节 天棚分项工程工程量计算 ……………………………… (188)

一、天棚抹灰工程量计算 ……………………………………… (188)

二、天棚吊顶工程工程量计算 ………………………………… (191)

三、采光天棚工程量计算 ……………………………………… (197)

四、天棚其他装饰工程量计算 ………………………………… (197)

第八章 门窗工程工程量计算 ……………………………………… (200)

第一节 门窗工程工程量计算常用资料 ………………………… (200)

一、木门窗构造 ………………………………………………… (200)

二、金属门窗构造 ……………………………………………… (203)

三、门窗工程材料用量计算 …………………………………… (204)

第二节 门窗工程清单及定额项目简介 ………………………… (211)

一、门窗工程计量规范项目划分 ……………………………… (211)

二、门窗工程定额项目划分 …………………………………… (213)

第三节 门窗分项工程工程量计算 ……………………………… (214)

一、木门工程量计算 …………………………………………… (215)

二、金属门、金属卷帘(闸)门工程量计算 …………………… (218)

三、厂库房大门、特种门工程量计算 ………………………… (220)

四、其他门工程量计算 ………………………………………… (222)

五、木窗工程量计算 …………………………………………… (223)

六、金属窗工程量计算 ………………………………………… (225)

七、门窗套工程量计算 ………………………………………… (227)

八、窗台板工程量计算 ………………………………………… (230)

九、窗帘、窗帘盒、轨工程量计算 …………………………… (231)

第九章 油漆、涂料、裱糊工程工程量计算 ……………………… (234)

第一节 油漆、涂料、裱糊工程工程量计算常用资料 ………… (234)

一、油漆涂料的分类 …………………………………………… (234)

二、油漆涂料的命名 …………………………………………… (236)

　　　三、油漆、涂料、裱糊工程材料用量计算 ……………………………………………(237)
　　第二节　油漆、涂料、裱糊工程清单及定额项目简介 ……………………………………(240)
　　　一、油漆、涂料、裱糊工程计量规范项目划分 …………………………………………(240)
　　　二、油漆、涂料、裱糊工程定额项目划分 ………………………………………………(241)
　　第三节　油漆、涂料、裱糊分项工程工程量计算 …………………………………………(242)
　　　一、油漆工程工程量计算 …………………………………………………………………(242)
　　　二、涂饰工程工程量计算 …………………………………………………………………(250)
　　　三、裱糊工程工程量计算 …………………………………………………………………(252)

第十章　其他装饰工程工程量计算 ………………………………………………………(255)

　　第一节　其他装饰工程工程量计算常用资料 ………………………………………………(255)
　　　一、常用零星工程材料规格 ………………………………………………………………(255)
　　　二、楼梯扶手安装常用材料数量 …………………………………………………………(257)
　　　三、常用浴厕配件型号与规格 ……………………………………………………………(258)
　　第二节　其他装饰工程清单及定额项目简介 ………………………………………………(259)
　　　一、其他工程计量规范项目划分 …………………………………………………………(259)
　　　二、其他工程定额项目划分 ………………………………………………………………(261)
　　第三节　其他装饰分项工程工程量计算 ……………………………………………………(262)
　　　一、柜类货架工程量计算 …………………………………………………………………(262)
　　　二、压条、装饰线工程量计算 ……………………………………………………………(265)
　　　三、扶手、栏板、栏杆工程量计算 ………………………………………………………(266)
　　　四、暖气罩工程量计算 ……………………………………………………………………(268)
　　　五、浴厕配件工程量计算 …………………………………………………………………(269)
　　　六、雨篷、旗杆工程量计算 ………………………………………………………………(273)
　　　七、招牌、灯箱工程量计算 ………………………………………………………………(274)
　　　八、美术字工程量计算 ……………………………………………………………………(275)

第十一章　拆除工程工程量计算 …………………………………………………………(277)

　　第一节　拆除工程工程量计算规则 …………………………………………………………(277)
　　第二节　拆除工程工程量计算说明 …………………………………………………………(282)

第十二章　措施项目 ………………………………………………………………………(284)

　　第一节　单价措施项目 ………………………………………………………………………(284)
　　　一、脚手架工程 ……………………………………………………………………………(284)
　　　二、混凝土模板及支架(撑) ………………………………………………………………(287)
　　　三、垂直运输 ………………………………………………………………………………(289)
　　　四、超高施工增加 …………………………………………………………………………(291)
　　　五、大型机械设备进出场及安拆 …………………………………………………………(292)
　　　六、施工排水、降水 ………………………………………………………………………(292)

第二节　安全文明施工及其他措施项目 ·· (293)

一、清单项目设置及工程量计算规则 ·· (293)

二、工程量计算相关说明 ·· (294)

第十三章　装饰装修工程造价管理 ·· (295)

第一节　工程计量 ··· (295)

一、一般规定 ·· (295)

二、单价合同的计量 ··· (295)

三、总价合同的计量 ··· (296)

第二节　合同价款约定与调整 ··· (296)

一、合同价款约定 ·· (296)

二、合同价款调整 ·· (298)

第三节　合同价款支付管理 ·· (312)

一、合同价款期中支付 ··· (312)

二、竣工结算价款支付 ··· (315)

三、合同解除的价款结算与支付 ·· (317)

第四节　合同价款争议的解决 ··· (318)

一、监理或造价工程师暂定 ·· (318)

二、管理机构的解释和认定 ·· (318)

三、协商和解 ·· (319)

四、调解 ··· (319)

五、仲裁、诉讼 ·· (319)

参考文献 ··· (321)

第一章 概 论

第一节 装饰装修工程简介

装饰装修工程是在建筑主体结构工程完成之后，为保护建筑物主体结构、完善建筑物的使用功能和美化建筑物，采用装饰装修材料或饰物，对建筑物的内外表面及空间进行的各种处理过程，以使构筑物内外空间达到一定的使用要求，以满足人们对建筑产品的物质要求和精神需要。

一、装饰装修工程的作用

（1）保护建筑物主体结构，延长建筑物的使用寿命。通过对建筑物的装饰，可以使建筑物主体结构不受风雨和其他有害气体的直接侵蚀和影响，以延长建筑物的使用寿命。

（2）可满足建筑物的特殊使用要求。当某些建筑物在声音、灯光、卫生、艺术造型等方面有特殊要求时，可通过对建筑物的装饰活动来实现。

（3）强化建筑物的艺术气氛。通过对建筑物的内外部装饰，实现对建筑物室内外环境的再创造，从而实现艺术享受和精神享受的目的。

（4）达到美化城市的目的。通过对建筑物外部的装饰，不但能美化建筑物本身还能美化城市环境。

二、装饰装修工程的分类

装饰装修工程的内容是广泛的、多方面的，通常有以下几种分类方法：

1. 按装饰装修部位分类

按装饰装修部位的不同，可分为内部装饰（或室内装饰）、外部装饰（室外装饰）和室外环境装饰三类。

（1）内部装饰。内部装饰是指对建筑物室内所进行的建筑装饰。内部装饰具有保护墙体及楼地面；改善室内使用条件以及美化空间环境等作用。其通常包括以下几项：

1）楼地面。

2）墙柱面、墙裙、踢脚线。

3）天棚。

4）室内门窗（包括门窗套、贴脸、窗帘盒、窗帘及窗台等）。

5）楼梯及栏杆（板）。

6）室内装饰设施（包括给排水与卫生设备、电气与照明设备、暖通设备、用具、家具以及其他装饰设施）。

（2）外部装饰。外部装饰也称室外建筑装饰，外部装饰具有保护房屋主体结构、保温、隔

热、隔声、防潮以及增加建筑物美观性的特点,其通常包括以下几项:

1)外墙面、柱面、外墙裙(勒脚)、腰线。

2)屋面、檐口、檐廊。

3)阳台、雨篷、遮阳篷、遮阳板。

4)外墙门窗,包括防盗门、防火门、外墙门窗套、花窗、老虎窗等。

5)台阶、散水、落水管、花池(或花台)。

6)其他室外装饰,如楼牌、招牌、装饰条、雕塑等外露部分的装饰。

(3)室外环境装饰。室外环境装饰和建筑物内外装饰有机融合,形成居住环境、城市环境和社会环境的协调统一,营造一个幽雅、美观、舒适、温馨的生活和工作氛围。其通常包括以下几项:

1)围墙、院落大门、灯饰、假山、喷泉、水榭、雕塑小品、院内(或小区)绿化;

2)各种供人们休闲小憩的凳椅、亭阁等装饰物。

2. 按建筑装饰等级分类

按装饰装修工程的等级可分为高级建筑装饰、中级建筑装饰和普通建筑装饰三类。建筑装饰等级与建筑等级相关,建筑物的等级愈高,装饰等级也愈高。表 1-1 是建筑装饰等级与建筑物类型的对照,供参考。

表 1-1　　　　　　　　　　　**建筑装饰等级与建筑物类型对照**

建筑装饰等级	建 筑 物 类 型
高级装饰	大型博览建筑,大型剧院,纪念性建筑,大型邮电、交通建筑,大型贸易建筑,大型体育馆,高级宾馆,高级住宅
中级装饰	广播通信建筑,医疗建筑,商业建筑,普通博览建筑,邮电、交通、体育建筑,旅馆建筑,高教建筑,科研建筑
普通装饰	居住建筑,生活服务性建筑,普通行政办公楼,中、小学建筑

3. 按建筑装饰标准分类

表 1-2、表 1-3 分别为高级装饰和中级装饰等级建筑物内、外装饰标准。普通装饰等级的建筑物装饰标准参见表 1-4。

表 1-2　　　　　　　　　　　**高级装饰等级建筑物内、外装饰标准**

装饰部位	内装饰材料及做法	外装饰材料及做法
墙面	大理石、各种面砖、塑料墙纸(布)、织物墙面、木墙裙、喷涂高级涂料	天然石材(花岗岩)、饰面砖、装饰混凝土、高级涂料、玻璃幕墙
楼地面	彩色水磨石、天然石料(如大理石)或人造石板、木地板、塑料地板、地毯	—
天棚	铝合金装饰板、塑料装饰板、装饰吸声板、塑料墙纸(布)、玻璃天棚、喷涂高级涂料	外廊、雨篷底部,参照内装饰
门窗	铝合金门窗、一级木材门窗、高级五金配件、窗帘盒、窗台板、喷涂高级油漆	各种颜色玻璃铝合金门窗、钢窗、遮阳板、卷帘门窗、光电感应门
设施	各种花饰、灯具、空调、自动扶梯、高档卫生设备	—

表 1-3　　　　　　　　　　中级装饰等级建筑物内、外装饰标准

装饰部位		内装饰材料及做法	外装饰材料及做法
墙面		装饰抹灰、内墙涂料	各种面砖、外墙涂料、局部天然石材
楼地面		彩色水磨石、大理石、地毯、各种塑料地板	
天棚		胶合板、钙塑板、吸音板、各种涂料	外廊、雨篷底部,参照内装饰
门窗		窗帘盒	普通钢、木门窗、主要入口铝合金门
卫生间	墙面	水泥砂浆、瓷砖内墙裙	
	地面	水磨石、马赛克	
	天棚	混合砂浆、纸筋灰浆、涂料	
	门窗	普通钢、木门窗	

表 1-4　　　　　　　　　　普通装饰等级建筑物内、外装饰标准

装饰部位	内装饰材料及做法	外装饰材料及做法
墙面	混合砂浆、纸筋灰、石灰浆、大白浆、内墙涂料、局部油漆墙裙	水刷石、干粘石、外墙涂料、局部面砖
楼地面	水泥砂浆、细石混凝土、局部水磨石	
天棚	直接抹水泥砂浆、水泥石灰浆、纸筋石灰或喷浆	外廊、雨篷底部,参照内装饰
门窗	普通钢、木门窗、铁质五金配件	

第二节　装饰装修工程造价

一、我国现行建设项目投资及工程造价构成

　　建设项目投资含固定资产投资和流动资产投资两部分,建设项目总投资中的固定资产投资与建设项目的工程造价在量上相等。工程造价的构成按工程项目建设过程中各类费用支出或花费的性质、途径等来确定,是通过费用划分和汇集所形成的工程造价的费用分解结构。工程造价基本构成中,包括用于购买工程项目所含各种设备的费用,用于建筑施工和安装施工所需支出的费用,用于委托工程勘察设计应支付的费用,用于购置土地所需的费用,也包括用于建设单位自身进行项目筹建和项目管理所花费费用等。总之,工程造价是工程项目按照确定的建设内容、建设规模、建设标准、功能要求和使用要求等全部建成并验收合格交付使用所需的全部费用。

　　我国现行工程造价的构成主要划分为设备及工、器具购置费用,建筑安装工程费用,工程建设其他费用,预备费等几项。其具体构成内容如图 1-1 所示。

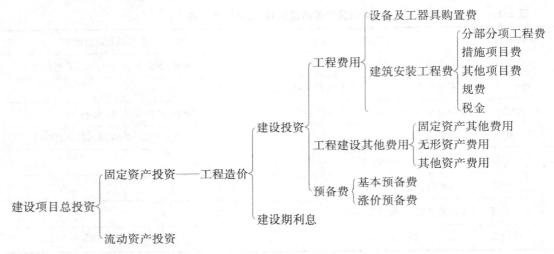

图 1-1　我国现行建设项目总投资构成

二、设备、工器具购置费用构成及计算

1. 设备购置费构成及计算

设备购置费是指达到固定资产标准，为建设工程项目购置或自制的各种国产或进口设备及工具、器具的费用。

设备购置费主要由设备原价和设备运杂费构成。其计算公式如下：

$$设备购置费＝设备原价＋设备运杂费$$

式中　设备原价——国产设备或进口设备的原价；

设备运杂费——除设备原价之外的关于设备采购、运输、途中包装及仓库保管等支出费用的总和。

设备运杂费通常由运费、装卸费、包装费、设备供销部门的手续费及采购与仓库保管费。

2. 工具、器具及生产家具购置费构成及计算

工具、器具及生产家具购置费是由新建或扩建项目初步设计规定的，保证初期正常生产必须购置的没有达到固定资产标准的设备、仪器、工卡模具、器具、生产家具和备品备件等的购置费用。其计算公式如下：

$$工具、器具及生产家具购置费＝设备购置费×定额费率$$

工具、器具及生产家具购置费应该以设备购置费为计算基数，按照部门或行业规定的工具、器具及生产家具费率计算。

3. 国产设备原价构成及计算

国产设备原价一般是指设备制造厂的交货价或订货合同价。根据生产厂或供应商的询价、报价、合同价确定，或采用一定的方法计算确定。国产设备原价分为国产标准设备原价和国产非标准设备原价。

（1）国产标准设备原价。国产标准设备原价一般是指设备制造厂的交货价，即出厂价。如设备是由设备成套公司供应，则以订货合同价为设备原价。有的设备有两种出厂价，即带有备件的出厂价和不带有备件的出厂价。在计算设备原价时，一般按带有备件的出厂价计算。

(2)国产非标准设备原价。国产非标准设备原价有成本计算估价法、系列设备插入估价法、分部组合估价法、定额估价法等多种不同的计算方法。但不论哪种方法,都应该使非标准设备计价的准确度接近实际出厂价,并且计算方法要简便。按成本计算估价法,非标准设备的原价由以下费用组成:

1)材料费。其计算公式如下:

$$材料费＝材料净重×(1＋加工损耗系数)×每吨材料综合价$$

2)加工费。加工费包括生产工人工资和工资附加费、燃料动力费、设备折旧费、车间经费、加工费、部分的企业管理费等。其计算公式如下:

$$加工费＝设备总质量(吨)×设备每吨加工费$$

3)辅助材料费。辅助材料费简称辅材费,包括焊条、焊丝、氧气、氟气、氮气、油漆、电石等费用,按设备单位质量的辅材费指标计算,其计算公式如下:

$$辅助材料费＝设备总质量×辅助材料费指标$$

4)专用工具费。按1)～3)项之和乘以一定百分比计算。

5)废品损失费。按1)～4)项之和乘以一定百分比计算。

6)外购配套件费。按设备设计图纸所列的外购配套件的名称、型号、规格、数量、质量,根据当时有关规定的价格加运杂费计算。

7)包装费。按以上1)～6)项之和乘以一定百分比计算。如订货单位和承制厂在同一厂区内者,则不计包装费。如在同一城市或地区,距离较近,包装可简化,则可适当减少包装费用。

8)利润。可按1)～5)项加第7)项之和的10%计算。

9)税金。现为增值税,基本税率为17%。其计算公式如下:

$$增值税＝当期销项税额－进项税额$$

$$当期销项税额＝税率×销售额$$

10)非标准设备设计费。按国家规定的设计费收费标准另行计算。

综上所述,单台非标准设备出厂价格可用下式表达:

$$单台设备出厂价格＝[(材料费＋辅助材料费＋加工费)×(1＋专用工具费率)×(1＋废品损失费率)＋外购配套件费]×(1＋包装费率)×(1＋利润率)＋增值税＋非标准设备设计费$$

4. 进口设备原价构成及计算

进口设备原价是指进口设备的抵岸价,即抵达买方边境港口或边境车站,且交完关税等税费后形成的价格。进口设备抵岸价的构成与进口设备的交货方式有关。

进口设备采用最多的是装运港船上交货价(FOB)。其计算公式如下:

进口设备原价＝货价＋国际运费＋运输保险费＋银行财务费＋外贸手续费＋关税＋增值税＋消费税＋海关监管手续费＋车辆购置附加费

式中 货价——一般指装运港船上交货价(FOB);

国际运费——从装运港(站)到达我国抵达港(站)的运费;

运输保险费——对外贸易货物运输保险是由保险人(保险公司)与被保险人(出口人或进口人)订立保险契约,在被保险人交付议定的保险费后,保险人根据保险契约的规定对货物在运输过程中发生的承保责任范围内的损失给予经济上的补偿。

三、建筑安装工程费用构成与计算

（一）建筑安装工程费用项目组成

2013 年 7 月 1 日起施行的《建筑安装工程费用项目组成》中规定：建筑安装工程费用项目按费用构成要素组成划分为人工费、材料费、施工机具使用费、企业管理费、利润、规费和税金（图 1-2），按工程造价形成顺序划分为分部分项工程费、措施项目费、其他项目费、规费和税金（图 1-3）。

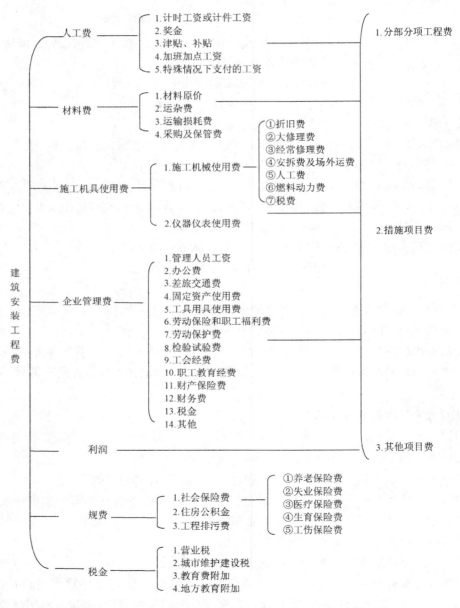

图 1-2　建筑安装工程费用项目组成表（按费用构成要素划分）

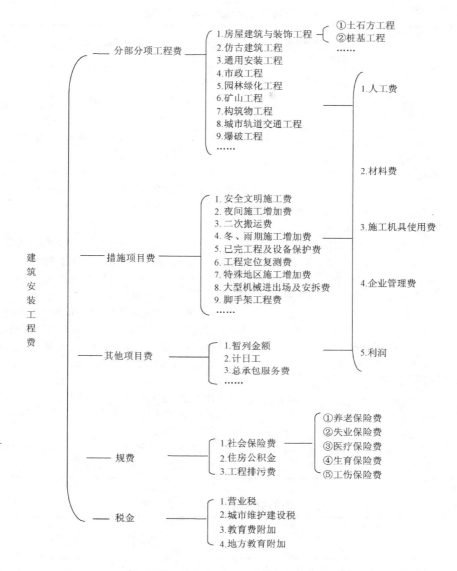

图 1-3 建筑安装工程费用项目组成表(按造价形成划分)

(二)建筑安装工程费用组成内容及参考计算方法

1. 按费用构成要素划分

建筑安装工程费按照费用构成要素划分,由人工费、材料(包含工程设备,下同)费、施工机具使用费、企业管理费、利润、规费和税金组成。其中,人工费、材料费、施工机具使用费、企业管理费和利润包含在分部分项工程费、措施项目费、其他项目费中。

(1)人工费。人工费是指按工资总额构成规定,支付给从事建筑安装工程施工的生产工人和附属生产单位工人的各项费用。其组成内容及参考计算方法见表1-5。

(2)材料费。材料费是指施工过程中耗费的原材料、辅助材料、构配件、零件、半成品或成品、工程设备的费用。其组成内容及参考计算方法见表1-6。

表 1-5　　　　　　　　　　人工费的组成内容及参考计算方法

人工费的组成内容		人工费的参考计算方法
项目	项目说明	
计时工资或计件工资	指按计时工资标准和工作时间或对已做工作按计件单价支付给个人的劳动报酬	(1)公式1: 人工费 $=\sum$（工日消耗量×日工资单价）　(1-1) 日工资单价$=$[生产工人平均月工资(计时、计件)＋平均月(奖金＋津贴补贴＋特殊情况下支付的工资)]÷年平均每月工作日　(1-2) 注:公式1主要适用于施工企业投标报价时自主确定人工费,也是工程造价管理机构编制计价定额确定定额人工单价或发布人工成本信息的参考依据。
奖金	指对超额劳动和增收节支支付给个人的劳动报酬。如节约奖、劳动竞赛奖等	
津贴补贴	指为了补偿职工特殊或额外的劳动消耗和因其他特殊原因支付给个人的津贴,以及为了保证职工工资水平不受物价影响支付给个人的物价补贴。如流动施工津贴、特殊地区施工津贴、高温(寒)作业临时津贴、高空津贴等	(2)公式2: 人工费 $=\sum$（工程工日消耗量×日工资单价）　(1-3) 日工资单价是指施工企业平均技术熟练程度的生产工人在每工作日(国家法定工作时间内)按规定从事施工作业应得的日工资总额。 　　工程造价管理机构确定日工资单价应通过市场调查、根据工程项目的技术要求,参考实物工程量人工单价综合分析确定,最低日工资单价不得低于工程所在地人力资源和社会保障部门所发布的最低工资标准的:普工1.3倍、一般技工2倍、高级技工3倍。
加班加点工资	指按规定支付的在法定节假日工作的加班工资和在法定日工作时间外延时工作的加点工资	
特殊情况下支付的工资	指根据国家法律、法规和政策规定,因病、工伤、产假、计划生育假、婚丧假、事假、探亲假、定期休假、停工学习、执行国家或社会义务等原因按计时工资标准或计时工资标准的一定比例支付的工资	工程计价定额不可只列一个综合工日单价,应根据工程项目技术要求和工种差别适当划分多种日人工单价,确保各分部工程人工费的合理构成。 注:公式2适用于工程造价管理机构编制计价定额时确定定额人工费,是施工企业投标报价的参考依据

表 1-6　　　　　　　　　　材料费的组成内容及参考计算方法

材料费的组成内容		材料费的参考计算方法
项目	项目说明	
材料原价	指材料、工程设备的出厂价格或商家供应价格	(1)材料费: 材料费 $=\sum$（材料消耗量×材料单价）　(1-4) 材料单价$=$[(材料原价＋运杂费)×[1＋运输损耗率(%)]]×[1＋采购保管费率(%)]　(1-5)
运杂费	指材料、工程设备自来源地运至工地仓库或指定堆放地点所发生的全部费用	
运输损耗费	指材料在运输装卸过程中不可避免的损耗	
采购及保管费	指为组织采购、供应和保管材料、工程设备的过程中所需要的各项费用。包括采购费、仓储费、工地保管费、仓储损耗。其中工程设备是指构成或计划构成永久工程一部分的机电设备、金属结构设备、仪器装置及其他类似的设备和装置	(2)工程设备费: 工程设备费 $=\sum$（工程设备量×工程设备单价）　(1-6) 工程设备单价$=$(设备原价＋运杂费)×[1＋采购保管费率(%)]　(1-7)

（3）施工机具使用费。施工机具使用费是指施工作业所发生的施工机械、仪器仪表使用费或其租赁费。其组成内容及参考计算方法见表1-7。

表1-7　　　　施工机具使用费的组成内容及参考计算方法

施工机具使用费的组成内容		施工机具使用费的参考计算方法
项目	项目说明	
施工机械使用费	以施工机械台班耗用量乘以施工机械台班单价表示，施工机械台班单价应由下列七项费用组成。 （1）折旧费，指施工机械在规定的使用年限内，陆续收回其原值的费用。 （2）大修理费，指施工机械按规定的大修理间隔台班进行必要的大修理，以恢复其正常功能所需的费用。 （3）经常修理费，指施工机械除大修理以外的各级保养和临时故障排除所需的费用。包括为保障机械正常运转所需替换设备与随机配备工具附具的摊销和维护费用，机械运转中日常保养所需润滑与擦拭的材料费用及机械停滞期间的维护和保养费用等。 （4）安拆费及场外运费，安拆费指施工机械（大型机械除外）在现场进行安装与拆卸所需的人工、材料、机械和试运转费用以及机械辅助设施的折旧、搭设、拆除等费用；场外运费指施工机械整体或分体自停放地点运至施工现场或由一施工地点运至另一施工地点的运输、装卸、辅助材料及架线等费用。 （5）人工费，指机上司机（司炉）和其他操作人员的人工费。 （6）燃料动力费，指施工机械在运转作业中所消耗的各种燃料及水、电等。 （7）税费，指施工机械按照国家规定应缴纳的车船使用税、保险费及年检费等。	（1）施工机械使用费： 　施工机械使用费＝$\sum$（施工机械台班消耗量×机械台班单价）　(1-8) 　机械台班单价＝台班折旧费＋台班大修费＋台班经常修理费＋台班安拆费及场外运费＋台班人工费＋台班燃料动力费＋台班车船税费　(1-9) 　注：工程造价管理机构在确定计价定额中的施工机械使用费时，应根据《建筑施工机械台班费用计算规则》结合市场调查编制施工机械台班单价。施工企业可以参考工程造价管理机构发布的台班单价，自主确定施工机械使用费的报价，如租赁施工机械，公式为：施工机械使用费＝$\sum$（施工机械台班消耗量×机械台班租赁单价） （2）仪器仪表使用费： 　仪器仪表使用费＝工程使用的仪器仪表摊销费＋维修费　(1-10)
仪器仪表使用费	指工程施工所需使用的仪器仪表的摊销及维修费用	

（4）企业管理费。企业管理费是指建筑安装企业组织施工生产和经营管理所需的费用。其组成内容及参考计算方法见表1-8。

表1-8　　　　企业管理费的组成内容及参考计算方法

企业管理费的组成内容		企业管理费的参考计算方法
项目	项目说明	
管理人员工资	指按规定支付给管理人员的计时工资、奖金、津贴补贴、加班加点工资及特殊情况下支付的工资等	（1）以分部分项工程费为计算基础： 　企业管理费费率（%）＝［生产工人年平均管理费÷（年有效施工天数×人工单价）］×人工费占分部分项工程费比例（%）　(1-11)
办公费	指企业管理办公用的文具、纸张、账表、印刷、邮电、书报、办公软件、现场监控、会议、水电、烧水和集体取暖降温（包括现场临时宿舍取暖降温）等费用	

企业管理费的组成内容		企业管理费的参考计算方法
项目	项目说明	
差旅交通费	指职工因公出差、调动工作的差旅费、住勤补助费,市内交通费和误餐补助费,职工探亲路费,劳动力招募费,职工退休、退职一次性路费,工伤人员就医路费,工地转移费以及管理部门使用的交通工具的油料、燃料等费用	
固定资产使用费	指管理和试验部门及附属生产单位使用的属于固定资产的房屋、设备、仪器等的折旧、大修、维修或租赁费	
工具用具使用费	指企业施工生产和管理使用的不属于固定资产的工具、器具、家具、交通工具和检验、试验、测绘、消防用具等的购置、维修和摊销费	(2)以人工费和机械费合计为计算基础: 企业管理费费率(%)=生产工人年平均管理费÷[年有效施工天数×(人工单价+每一工日机械使用费)]×100% (1-12)
劳动保险和职工福利费	指由企业支付的职工退职金、按规定支付给离休干部的经费,集体福利费、夏季防暑降温、冬季取暖补贴、上下班交通补贴等	
劳动保护费	指企业按规定发放的劳动保护用品的支出。如工作服、手套、防暑降温饮料以及在有碍身体健康的环境中施工的保健费用等	(3)以人工费为计算基础: 企业管理费费率(%)=生产工人年平均管理费÷(年有效施工天数×人工单价)×100% (1-13)
检验试验费	指施工企业按照有关标准规定,对建筑以及材料、构件和建筑安装物进行一般鉴定、检查所发生的费用,包括自设试验室进行试验所耗用的材料等费用。不包括新结构、新材料的试验费,对构件做破坏性试验及其他特殊要求检验试验的费用和建设单位委托检测机构进行检测的费用,对此类检测发生的费用,由建设单位在工程建设其他费用中列支。但对施工企业提供的具有合格证明的材料进行检测不合格的,该检测费用由施工企业支付	注:上述公式适用于施工企业投标报价时自主确定管理费,是工程造价管理机构编制计价定额确定企业管理费的参考依据。
工会经费	指企业按《工会法》规定的全部职工工资总额比例计提的工会经费	工程造价管理机构在确定计价定额中企业管理费时,应以定额人工费或(定额人工费+定额机械费)作为计算基数,其费率根据历年工程造价积累的资料,辅以调查数据确定,列入分部分项工程和措施项目中
职工教育经费	指按职工工资总额的规定比例计提,企业为职工进行专业技术和职业技能培训,专业技术人员继续教育、职工职业技能鉴定、职业资格认定以及根据需要对职工进行各类文化教育所发生的费用	
财产保险费	指施工管理用财产、车辆等的保险费用	
财务费	指企业为施工生产筹集资金或提供预付款担保、履约担保、职工工资支付担保等所发生的各种费用	
税金	指企业按规定缴纳的房产税、车船使用税、土地使用税、印花税等	
其他	包括技术转让费、技术开发费、投标费、业务招待费、绿化费、广告费、公证费、法律顾问费、审计费、咨询费、保险费等	

(5)利润、规费及税金。利润、规费及税金的组成内容及参考计算方法见表 1-9。

表 1-9　　　　　　　　　　利润、规费及税金的组成内容及参考计算方法

利润、规费及税金的组成内容		利润、规费及税金的参考计算方法
项目	项目说明	
利润	指施工企业完成所承包工程获得的盈利	（1）施工企业根据企业自身需求并结合建筑市场实际自主确定，列入报价中。 （2）工程造价管理机构在确定计价定额中利润时，应以定额人工费或（定额人工费＋定额机械费）作为计算基数，其费率根据历年工程造价积累的资料，并结合建筑市场实际确定，以单位（单项）工程测算，利润在税前建筑安装工程费的比重可按不低于 5% 且不高于 7% 的费率计算。利润应列入分部分项工程和措施项目中
规费	指按国家法律、法规规定，由省级政府和省级有关权力部门规定必须缴纳或计取的费用。包括以下几项： （1）社会保险费。 1）养老保险费，是指企业按照规定标准为职工缴纳的基本养老保险费。 2）失业保险费，是指企业按照规定标准为职工缴纳的失业保险费。 3）医疗保险费，是指企业按照规定标准为职工缴纳的基本医疗保险费。 4）生育保险费，是指企业按照规定标准为职工缴纳的生育保险费。 5）工伤保险费，是指企业按照规定标准为职工缴纳的工伤保险费。 （2）住房公积金，是指企业按规定标准为职工缴纳的住房公积金。 （3）工程排污费，是指按规定缴纳的施工现场工程排污费。 其他应列而未列入的规费，按实际发生计取	（1）社会保险费和住房公积金： 社会保险费和住房公积金应以定额人工费为计算基础，根据工程所在地省、自治区、直辖市或行业建设主管部门规定费率计算。 社会保险费和住房公积金＝$\sum$（工程定额人工费×社会保险费和住房公积金费率）　　　　　　　（1-14） 式中，社会保险费和住房公积金费率可以每万元发承包价的生产工人人工费和管理人员工资含量与工程所在地规定的缴纳标准综合分析取定。 （2）工程排污费： 工程排污费等其他应列而未列入的规费应按工程所在地环境保护等部门规定的标准缴纳，按实计取列入
税金	指国家税法规定的应计入建筑安装工程造价内的营业税、城市维护建设税、教育费附加以及地方教育附加	（1）税金计算公式： 　　　税金＝税前造价×综合税率（%）　　　（1-15） （2）综合税率按下列规定确定： 1）纳税地点在市区的企业： 综合税率（%）＝$\dfrac{1}{1-3\%-(3\%\times7\%)-(3\%\times3\%)-(3\%\times2\%)}-1$　　（1-16） 2）纳税地点在县城、镇的企业： 综合税率（%）＝$\dfrac{1}{1-3\%-(3\%\times5\%)-(3\%\times3\%)-(3\%\times2\%)}-1$　　（1-17） 3）纳税地点不在市区、县城、镇的企业： 综合税率（%）＝$\dfrac{1}{1-3\%-(3\%\times1\%)-(3\%\times3\%)-(3\%\times2\%)}-1$　　（1-18） 4）实行营业税改增值税的，按纳税地点现行税率计算

2. 按造价形成划分

建筑安装工程费按照工程造价形成,由分部分项工程费、措施项目费、其他项目费、规费、税金组成。分部分项工程费、措施项目费、其他项目费包含人工费、材料费、施工机具使用费、企业管理费和利润。

(1)分部分项工程费。分部分项工程费是指各专业工程的分部分项工程应予列支的各项费用。其组成内容及参考计算方法见表 1-10。

表 1-10 分部分项工程费的组成内容及参考计算方法

分部分项工程费的组成内容		分部分项工程费的参考计算方法
项目	项目说明	
专业工程	指按现行国家计量规范划分的房屋建筑与装饰工程、仿古建筑工程、通用安装工程、市政工程、园林绿化工程、矿山工程、构筑物工程、城市轨道交通工程、爆破工程等各类工程	分部分项工程费 $= \sum$ (分部分项工程量 × 综合单价) (1-19) 式中,综合单价包括人工费、材料费、施工机具使用费、企业管理费和利润以及一定范围的风险费用(下同)
分部分项工程	指按现行国家计量规范对各专业工程划分的项目。如房屋建筑与装饰工程划分的土石方工程、地基处理与桩基工程、砌筑工程、钢筋及钢筋混凝土工程等。 各类专业工程的分部分项工程划分见现行国家或行业计量规范	

(2)措施项目费。措施项目费是指为完成建设工程施工,发生于该工程施工前和施工过程中的技术、生活、安全、环境保护等方面的费用。其组成内容及参考计算方法见表 1-11。

表 1-11 措施项目费的组成内容及参考计算方法

措施项目费的组成内容		措施项目费的参考计算方法
项目	项目说明	
安全文明施工费	(1)环境保护费,是指施工现场为达到环保部门要求所需要的各项费用。 (2)文明施工费,是指施工现场文明施工所需要的各项费用。 (3)安全施工费,是指施工现场安全施工所需要的各项费用。 (4)临时设施费,是指施工企业为进行建设工程施工所必须搭设的生活和生产用的临时建筑物、构筑物和其他临时设施费用。包括临时设施的搭设、维修、拆除、清理费或摊销费等	(1)国家计量规范规定应予计量的措施项目,其计算公式为: 措施项目费 $= \sum$ (措施项目工程量 × 综合单价) (1-20) (2)国家计量规范规定不宜计量的措施项目计算方法如下: 1)安全文明施工费。 安全文明施工费 = 计算基数 × 安全文明施工费费率(%) (1-21) 计算基数应为定额基价(定额分部分项工程费 + 定额中可以计量的措施项目费)、定额人工费或(定额人工费 + 定额机械费),其费率由工程造价管理机构根据各专业工程的特点综合确定。 2)夜间施工增加费。 夜间施工增加费 = 计算基数 × 夜间施工增加费费率(%) (1-22)
夜间施工增加费	指因夜间施工所发生的夜班补助费、夜间施工降效、夜间施工照明设备摊销及照明用电等费用	
二次搬运费	指因施工场地条件限制而发生的材料、构配件、半成品等一次运输不能到达堆放地点,必须进行二次或多次搬运所发生的费用	
冬雨期施工增加费	指在冬期或雨期施工需增加的临时设施、防滑、排除雨雪,人工及施工机械效率降低等费用	

措施项目费的组成内容		措施项目费的参考计算方法
项目	项目说明	
已完工程及设备保护费	指竣工验收前,对已完工程及设备采取的必要保护措施所发生的费用	3)二次搬运费。 二次搬运费=计算基数×二次搬运费费率(%) (1-23)
工程定位复测费	指工程施工过程中进行全部施工测量放线和复测工作的费用	4)冬雨期施工增加费。 冬雨期施工增加费=计算基数×冬雨期施工增加费费率(%) (1-24)
特殊地区施工增加费	指工程在沙漠或其边缘地区、高海拔、高寒、原始森林等特殊地区施工增加的费用	5)已完工程及设备保护费。 已完工程及设备保护费=计算基数×已完工程及设备保护费费率(%) (1-25)
大型机械设备进出场及安拆费	指机械整体或分体自停放场地运至施工现场或由一个施工地点运至另一个施工地点,所发生的机械进出场运输及转移费用及机械在施工现场进行安装、拆卸所需的人工费、材料费、机械费、试运转费和安装所需的辅助设施的费用	上述2)~5)项措施项目的计费基数应为定额人工费或(定额人工费+定额机械费),其费率由工程造价管理机构根据各专业工程特点和调查资料综合分析后确定
脚手架工程费	指施工需要的各种脚手架搭、拆、运输费用以及脚手架购置费的摊销(或租赁)费用	

注:措施项目及其包含的内容详见各类专业工程的现行国家或行业计量规范。

(3)其他项目费。其他项目费的组成内容及参考计算方法见表1-12。

表 1-12 其他项目费的组成内容及参考计算方法

措施项目费的组成内容		措施项目费的参考计算方法
项目	项目说明	
暂列金额	指建设单位在工程量清单中暂定并包括在工程合同价款中的一笔款项。用于施工合同签订时尚未确定或者不可预见的所需材料、工程设备、服务的采购,施工中可能发生的工程变更、合同约定调整因素出现时的工程价款调整以及发生的索赔、现场签证确认等的费用	(1)暂列金额由建设单位根据工程特点,按有关计价规定估算,施工过程中由建设单位掌握使用、扣除合同价款调整后如有余额,归建设单位。
计日工	指在施工过程中,施工企业完成建设单位提出的施工图纸以外的零星项目或工作所需的费用	(2)计日工由建设单位和施工企业按施工过程中的签证计价。 (3)总承包服务费由建设单位在招标控制价中根据总包服务范围和有关计价规定编制,施工企业投标时自主报价,施工过程中按签约合同价执行
总承包服务费	指总承包人为配合、协调建设单位进行的专业工程发包,对建设单位自行采购的材料、工程设备等进行保管以及施工现场管理、竣工资料汇总整理等服务所需的费用	

(4)规费和税金。规费和税金人组成内容及参考计算方法见表1-9。建设单位和施工企业均应按照省、自治区、直辖市或行业建设主管部门发布标准计算规费和税金,不得作为竞争性费用。

四、其他费用构成与计算

工程建设其他费用是指从工程筹建到工程竣工验收交付使用为止的整个建设期间,除建筑安装工程费用和设备、工器具购置费以外的,为保证工程建设顺利完成和交付使用后能够正常发挥效用而发生的一些费用。

工程建设其他费用主要由土地使用费、与项目建设有关的费用、与未来企业生产和经营活动有关的费用三类构成。

1. 土地使用费

土地使用费是指通过划拨方式取得土地使用权而支付的土地征用及迁移补偿费,或者通过土地使用权出让方式取得土地使用权而支付的土地使用权出让金。

(1)土地征用及迁移补偿费。土地征用及迁移补偿费是指建设项目通过划拨方式取得无限期的土地使用权,其总和一般不得超过被征土地年产值的20倍,土地年产值则按该地被征用前3年的平均产量和国家规定的价格计算。其通常包括以下几项:

1)土地补偿费。征用耕地(包括菜地)的补偿标准,按政府规定,为该耕地年产值的若干倍,具体补偿标准由省、自治区、直辖市人民政府在此范围内制定。征用园地、鱼塘、藕塘、苇塘、宅基地、林地、牧场、草原等的补偿标准,由省、自治区、直辖市人民政府制定。征收无收益的土地,不予补偿。

2)青苗补偿费。青苗补偿费和被征用土地上的房屋、水井、树木等附着物补偿费。这些补偿费的标准由省、自治区、直辖市人民政府制定。征用城市郊区的菜地时,还应按照有关规定向国家缴纳新菜地开发建设基金。

3)安置补助费。征用耕地、菜地的,每个农业人口的安置补助费为该地每亩年产值的2~3倍,每亩耕地的安置补助费最高不得超过其年产值的10倍。

4)征地动迁费。征地动迁费包括征用土地上的房屋及附属构筑物、城市公共设施等拆除、迁建补偿费、搬迁运输费,企业单位因搬迁造成的减产、停工损失补贴费,拆迁管理费等。

(2)取得国有土地使用费。取得国有土地使用费包括土地使用权出让金、城市建设配套费、拆迁补偿与临时安置补助费等。

1)土地使用权出让金。土地使用权出让金是指建设工程通过土地使用权出让方式,取得有限期的土地使用权,依照《中华人民共和国城镇国有土地使用权出让和转让暂行条例》规定,支付的土地使用权出让金。

2)城市土地的出让和转让可采用协议、招标、公开拍卖等方式。

①协议方式是由用地单位申请,经市政府批准同意后双方洽谈具体地块及地价。该方式适用于市政工程、公益事业用地以及需要减免地价的机关、部队用地和需要重点扶持、优先发展的产业用地。

②招标方式是在规定的期限内,由用地单位以书面形式投标,市政府根据投标报价、所提供的规划方案以及企业信誉综合考虑,择优而取。该方式适用于一般工程建设用地。

③公开拍卖是指在指定的地点和时间,由申请用地者叫价应价,价高者得。这完全是由市场竞争决定,适用于盈利高的行业用地。

3)城市建设配套费。城市建设配套费指因进行城市公共设施的建设而分摊的费用。

2. 与项目建设有关费用

根据项目的不同,与项目建设有关的其他费用构成也不尽相同,一般包括建设单位管理费、勘察设计费、研究试验费、建设单位临时设施费、工程监理费、工程保险费、引进技术和进口设备其他费用及工程承包费等费用。

（1）建设单位管理费。建设单位管理费是指建设项目从立项、筹建、建设、联合试运转、竣工验收、交付使用及后评估等全过程管理所需的费用。内容包括以下几项：

1）建设单位开办费。建设单位开办费指新建项目为保证筹建和建设工作正常进行所需办公设备、生活家具、用具、交通工具等购置费用。

2）建设单位经费。建设单位经费包括工作人员的基本工资、工资性补贴、职工福利费、劳动保护费、劳动保险费、办公费、差旅交通费、工会经费、职工教育经费、固定资产使用费、工具用具使用费、技术图书资料费、生产人员招募费、工程招标费、合同契约公证费、工程质量监督检测费、工程咨询费、法律顾问费、审计费、业务招待费、排污费、竣工交付使用清理及竣工验收费、后评估等费用。不包括应计入设备、材料预算价格的建设单位采购及保管设备材料所需的费用。

建设单位管理费按照单项工程费用之和（包括设备工、器具购置费和建筑安装工程费用）乘以建设单位管理费率计算。

建设单位管理费率按照建设项目的不同性质、不同规模确定。有的建设项目按照建设工期和规定的金额计算建设单位管理费。

（2）勘察设计费。勘察设计费是指为本建设项目提供项目建议书、可行性研究报告及设计文件等所需费用。内容包括以下几项：

1）编制项目建议书、可行性研究报告及投资估算、工程咨询、评价以及为编制上述文件所进行勘察、设计、研究试验等所需费用。

2）委托勘察、设计单位进行初步设计、施工图设计及概预算编制等所需费用。

3）在规定范围内由建设单位自行完成的勘察、设计工作所需费用。

（3）研究试验费。研究试验费是指为建设项目提供和验证设计参数、数据、资料等所进行的必要的试验费用以及设计规定在施工中必须进行试验、验证所需费用，内容包括自行或委托其他部门研究试验所需人工费、材料费、试验设备及仪器使用费等。这项费用按照设计单位根据本工程项目的需要提出的研究试验内容和要求计算。

（4）建设单位临时设施费。建设单位临时设施费是指建设期间建设单位所需临时设施的搭设、维修、摊销费用或租赁费用。

（5）工程监理费。工程监理费是指建设单位委托工程监理单位对工程实施监理工作所需费用。工程监理费的计算有以下两种方法：

1）按工程建设监理收费标准计算，即按所监理工程概算或预算的百分比计算。

2）对于单工种或临时性项目可根据参与监理的年度平均人数按 3.5～5 万元/人·年计算。

（6）工程保险费。工程保险费是指建设项目在建设期间根据需要实施工程保险所需的费用。包括以各种建筑工程及其在施工过程中的物料、机器设备为保险标的的建筑工程一切险，以安装工程中的各种机器、机械设备为保险标的的安装工程一切险，以及机器损坏保险等。

（7）引进技术和进口设备其他费用。引进技术及进口设备其他费用包括出国人员费用、国外工程技术人员来华费用、技术引进费、分期或延期付款利息、担保费以及进口设备检验鉴定费。

1）出国人员费用。出国人员费用是指为引进技术和进口设备派出人员在国外培训和进行设计联络、设备检验等的差旅费、制装费、生活费等。这项费用根据设计规定的出国培训和工作的人数、时间及派往国家,按财政部、外交部规定的临时出国人员费用开支标准及中国民用航空公司现行国际航线票价等进行计算,其中使用外汇部分应计算银行财务费用。

2)国外工程技术人员来华费用。国外工程技术人员来华费用是指为安装进口设备,引进国外技术等聘用外国工程技术人员进行技术指导工作所发生的费用,包括技术服务费、外国技术人员的在华工资、生活补贴、差旅费、医药费、住宿费、交通费、宴请费、参观游览等招待费用。这项费用按每人每月费用指标计算。

3)技术引进费。技术引进费指为引进国外先进技术而支付的费用,包括专利费、专有技术费(技术保密费)、国外设计及技术资料费、计算机软件费等。这项费用根据合同或协议的价格计算。

4)分期或延期付款利息。分期或延期付款利息是指利用出口信贷引进技术或进口设备采取分期或延期付款的办法所支付的利息。

5)担保费。担保费是指国内金融机构为买方出具保函的担保费。这项费用按有关金融机构规定的担保费率计算(一般可按承保金额的 0.5％计算)。

6)进口设备检验鉴定费用。进口设备检验鉴定费用是指进口设备按规定付给商品检验部门的进口设备检验鉴定费。这项费用按进口设备货价的 0.3％～0.5％计算。

(8)工程承包费。工程承包费是指具有总承包条件的工程公司,对工程建设项目从开始建设至竣工投产全过程的总承包所需的管理费用。包括组织勘察设计、设备材料采购、非标设备设计制造与销售、施工招标、发包、工程预决算、项目管理、施工质量监督、隐蔽工程检查、验收和试车直至竣工投产的各种管理费用。

3. 与未来企业生产和经营活动有关费用

(1)联合试运转费。联合试运转费是指新建企业或改扩建企业在工程竣工验收前,按照设计的生产工艺流程和质量标准对整个企业进行联合试运转所发生的费用支出与联合试运转期间的收入部分的差额部分。联合试运转费一般根据不同性质的项目按需进行试运转工艺设备的购置费的百分比计算。

(2)生产准备费。生产准备费是指新建企业或新增生产能力的企业,为保证竣工交付使用进行必要的生产准备所发生的费用。主要包括以下几项:

1)生产人员自行培训、委托其他单位培训的人员的工资、工资性补贴、职工福利费、差旅交通费、学习资料费、学习费、劳动保护费等。

2)生产单位提前进厂参加施工、设备安装、调试等以及熟悉工艺流程及设备性能等人员的工资、工资性补贴、职工福利费、差旅交通费、劳动保护费等。

生产准备费一般根据需要培训和提前进厂人员的人数及培训时间,按生产准备费指标进行估算。

(3)办公和生活家具购置费。办公和生活家具购置费是指为保证新建、改建、扩建项目初期正常生产、使用和管理所必须购置的办公和生活家具、用具的费用。

五、预备费及建设期利息

1. 预备费

一般而言,预备费包括基本预备费和涨价预备费两种。

(1)基本预备费。基本预备费是按设备及工具、器具购置费,建筑安装工程费用和工程建设其他费用三者之和为计取基础,乘以基本预备费率进行计算。

基本预备费＝(设备及工具、器具购置费＋建筑安装工程费用＋工程建设其他费用)×基本预备费率

基本预备费率的取值应执行国家及部门的有关规定。

(2)涨价预备费。涨价预备费是指建设项目在建设期间内由于材料、人工、设备等价格变化引起工程造价变化的预测预留费用。费用内容包括人工、设备、材料、施工机械的价差费;建筑安装工程费及工程建设其他费用调整;利率、汇率调整等增加的费用。

涨价预备费一般根据国家规定的投资综合价格指数,以估算年份价格水平的投资额为基数采用复利法计算,计算公式如下:

$$PF = \sum_{t=1}^{n} I_t \left[(1+f)^m (1+f)^{0.5} (1+f)^{t-1} - 1 \right]$$

式中　PF——涨价预备费;

n——建设期年份数;

I_t——建设期中第 t 年的投资计划额,包括工程费用、工程建设其他费及基本预备费。即第 t 年的静态投资;

f——平均投资价格上涨率;

m——建设前期年限(从编制估算到开工建设,单位为"年")。

2. 建设期利息

建设期投资贷款利息是指建设项目使用银行或其他金融机构的贷款,在建设期应归还的借款的利息。建设项目筹建期间借款的利息,按规定可以计入购建资产的价值或开办费。贷款机构在贷出款项时,一般都是按复利考虑的。作为投资者来说,在项目建设期间,投资项目一般没有还本付息的资金来源,即使按要求还款,其资金也可能是通过再申请借款来支付。

当项目建设期长于一年时,为简化计算,可假定借款发生当年均在年中支用,按半年计息,年初欠款按全年计息,这样,建设期投资贷款的利息可按下式计算:

$$q_j = \left(P_{j-1} + \frac{1}{2} A_j \right) \cdot i$$

式中　q_j——建设期第 j 年应计利息;

P_{j-1}——建设期第($j-1$)年末贷款累计金额与利息累计金额之和;

A_j——建设期第 j 年贷款金额;

i——年利率。

第三节　装饰装修工程施工图识读

一、常用房屋建筑室内装饰装修材料和设备图例

(1)房屋建筑室内装饰装修材料的图例画法应符合现行国家标准《房屋建筑制图统一

标准》(GB/T 50001—2010)的规定。

(2)常用房屋建筑室内材料、装饰装修材料应按表1-13所示图例画法绘制。

表 1-13　　　　　　　　　　　常用房屋建筑室内装饰装修材料图例

序号	名称	图例	备注
1	夯实土壤		—
2	砂砾石、碎砖三合土		—
3	石材		注明厚度
4	毛石		必要时注明石料块面大小及品种
5	普通砖		包括实心砖、多孔砖、砌块等砌体。断面较窄不易绘出图例线时,可涂红,并在图纸备注中加注说明,画出该材料图例
6	轻质砌块砖		指非承重砖砌体
7	轻钢龙骨板材隔墙		注明材料品种
8	饰面砖		包括铺地砖、马赛克、陶瓷锦砖、人造大理石等
9	混凝土		1. 本图例指能承重的混凝土及钢筋混凝土 2. 包括各种强度等级、骨料、添加剂的混凝土
10	钢筋混凝土		3. 在剖面图上画出钢筋时,不画图例线 4. 断面图形小,不易画出图例线时,可涂黑
11	多孔材料		包括水泥珍珠岩、沥青珍珠岩、泡沫混凝土、非承重加气混凝土、软木、蛭石制品等
12	纤维材料		包括矿棉、岩棉、玻璃棉、麻丝、木丝板、纤维板等
13	泡沫塑料材料		包括聚苯乙烯、聚乙烯、聚氨酯等多孔聚合物类材料
14	密度板		注明厚度

序号	名称	图　例	备　注
15	实木		表示垫木、木砖或木龙骨
			表示木材横断面
			表示木材纵断面
16	胶合板		注明厚度或层数
17	多层板		注明厚度或层数
18	木工板		注明厚度
19	石膏板		1. 注明厚度 2. 注明石膏板品种名称
20	金属		1. 包括各种金属,注明材料名称 2. 图形小时,可涂黑
21	液体		注明具体液体名称
		（平面）	
22	玻璃砖		注明厚度
23	普通玻璃		注明材质、厚度
		（立面）	
24	磨耗玻璃	（立面）	1. 注明材质、厚度 2. 本图例采用较均匀的点
25	夹层(夹绢、夹纸)玻璃	（立面）	注明材质、厚度

续二

序号	名称	图例	备注
26	镜面	（立面）	注明材质、厚度
27	橡胶		—
28	塑料		包括各种软、硬塑料及有机玻璃等
29	地毯		注明种类
30	防水材料	（小尺度比例）　（大尺度比例）	注明材质、厚度
31	粉刷		本图例采用较稀的点
32	窗帘	（立面）	箭头所示为开启方向

注：序号 1、3、5、6、10、11、16、17、20、23、25、27、28 图例中的斜线、短斜线、交叉斜线等均为 45°。

(3)《房屋建筑室内装饰装修制图标准》(JGJ/T 244—2011)规定：当采用表 1-13 所列图例中未包括的建筑装饰材料时，可自编图例，但不得与表 1-13 所列的图例重复，且在绘制时，应在适当位置现出该材料图例，并应加以说明。下列情况，可不画建筑装饰材料图例，但应加文字说明：

1)图纸内的图样只用一种图例时。

2)图形较小无法画出建筑装饰材料图例时。

3)图形较复杂，画出建筑装饰材料图例影响图纸理解时。

(4)常用家具图例应按表 1-14 所示图例画法绘制。

表 1-14　　　　　　　　　　常用家具图例

序号	名称		图例	备注
1	沙发	单人沙发		1. 立面样式根据设计自定 2. 其他家具图例根据设计自定
		双人沙发		
		三人沙发		
2	办公桌			

序号	名称		图例	备注
3	椅	办公椅		
		休闲椅		
		躺椅		
4	床	单人床		1. 立面样式根据设计自定 2. 其他家具图例根据设计自定
		双人床		
5	橱柜	衣柜		
		低柜		
		高柜		

（5）常用电器图例应按表 1-15 所示图例画法绘制。

表 1-15 　　　　　　　　　　　　　　　　**常用电器图例**

序号	名称	图例	备注
1	电视	TV	
2	冰箱	REF	
3	空调	A C	
4	洗衣机	W M	1. 立面样式根据设计自定 2. 其他电器图例根据设计自定
5	饮水机	WD	
6	电脑	PC	
7	电话	TEL	

（6）常用厨具图例应按表 1-16 所示图例画法绘制。

表 1-16　　　　　　　　　　　　　常用厨具图例

序号	名称		图例	备注
1	灶具	单头灶	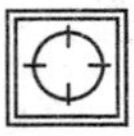	
		双头灶	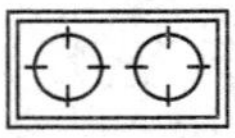	
		三头灶	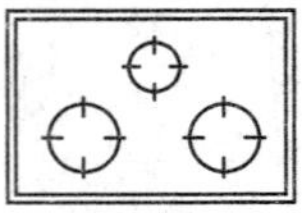	1. 立面样式根据设计自定
		四头灶	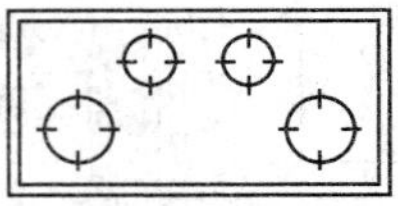	2. 其他厨具图例根据设计自定
		六头灶	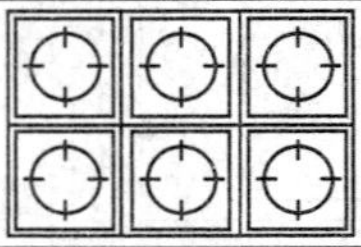	
2	水槽	单盆	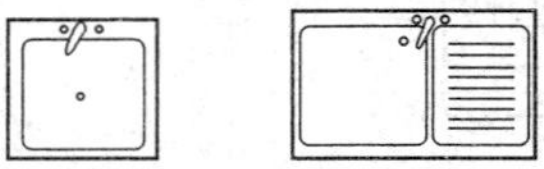	
		双盆	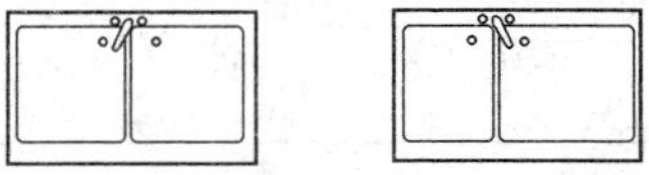	

（7）常用洁具图例宜按表 1-17 所示图例画法绘制。

表 1-17　　　　　　　　　　　　　常用洁具图例

序号	名称		图例	备注
1	大便器	坐式	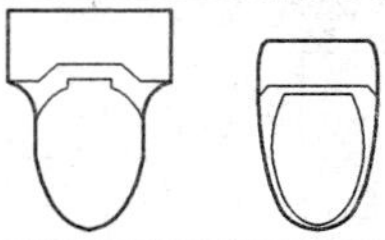	
		蹲式	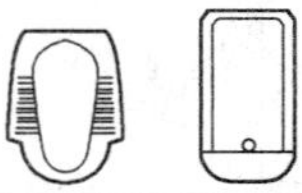	1. 立面样式根据设计自定
2	小便器		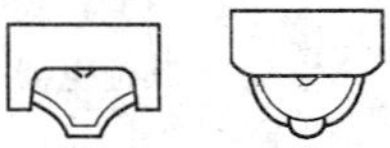	2. 其他厨具图例根据设计自定
3	台盆	立式	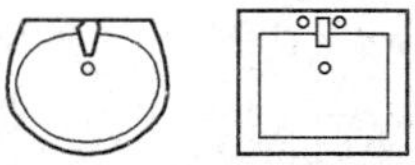	
		台式	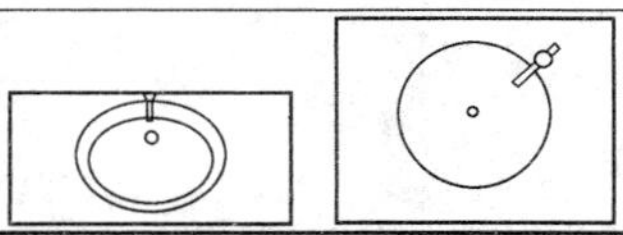	

序号	名称		图例	备注
3	台盆	挂式		
4	污水池			
5	浴缸	长方形		1. 立面样式根据设计自定 2. 其他厨具图例根据设计自定
		三角形		
		圆形		
6	沐浴房			

（8）室内常用景观配饰图例宜按表 1-18 所示图例画法绘制。

表 1-18　　　　　　　　　　　　室内常用景观配饰图例

序号	名称		图例	备注
1	阔叶植物			
2	针叶植物			
3	落叶植物			1. 立面样式根据设计自定 2. 其他景观配饰图例根据设计自定
4	盆景类	树桩类		
		观花类		
		观叶类		
		山水类		

续表

序号	名称		图例	备注
5	插花类			
6	吊挂类			
7	棕榈植物			
8	水生植物			1. 立面样式根据设计自定 2. 其他景观配饰图例根据设计自定
9	假山石			
10	草坪			
11	铺地	卵石类		
		条石类		
		碎石类		

(9)常用灯光照明图例应按表 1-19 所示图例画法绘制。

表 1-19　　　　　　　　　常用灯光照明图例

序号	名称	图例
1	艺术吊灯	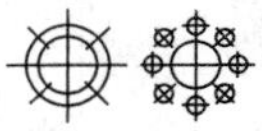
2	吸顶灯	
3	筒灯	
4	射灯	
5	轨道射灯	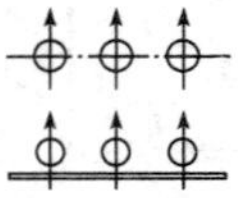
6	格栅射灯	(单头) (双头) (三头)
7	格栅荧光灯	(正方形) (长方形)
8	暗藏灯带	- - - - - - - -

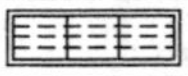

序号	名称	图例
9	壁灯	
10	台灯	
11	落地灯	
12	水下灯	
13	踏步灯	
14	荧光灯	
15	投光灯	
16	泛光灯	
17	聚光灯	

（10）常用设备图例应按表 1-20 所示图例画法绘制。

表 1-20　　　　　　　　　　　常用设备图例

序号	名称	图例
1	送风口	（条形） （方形）
2	回风口	（条形） （方形）
3	侧送风、侧回风	
4	排气扇	
5	风机盘管	（立式明装） （卧式明装）
6	安全出口	EXIT
7	防火卷帘	F
8	消防自动喷淋头	
9	感温探测器	↓
10	感烟探测器	S
11	室内消火栓	（单口） （双口）
12	扬声器	

(11)常用开关、插座图例应按表1-21、表1-22所示图例画法绘制。

表 1-21　　　　　　　　　　　　常用开关、插座立面图例

序号	名称	图例
1	单相二级 电源插座	⊕
2	单相三级 电源插座	Y
3	单相二、三级 电源插座	⊕Y
4	电话、信息插座	△ (单孔) △△ (双孔)
5	电视插座	◎ (单孔) ◎◎ (双孔)
6	地插座	
7	连接盒、接线盒	⊙
8	音响出线盒	Ⓜ
9	单联开关	□
10	双联开关	□□
11	三联开关	□□□
12	四联开关	□□□□
13	钥匙开关	⊟
14	请勿打扰开关	
15	可调节开关	⊙
16	紧急呼叫按钮	⊙

表 1-22　　　　　　　　　　　　常用开关、插座平面图例

序号	名称	图例
1	(电源)插座	
2	三个插座	
3	带保护极的(电源)插座	
4	单相二、三极电源插座	
5	带单极开关的(电源)插座	
6	带保护极的单极开关的 (电源)插座	

续表

序号	名称	图例
7	信息插座	⊢C
8	电接线箱	⊢J
9	公用电话插座	◁|
10	直线电话插座	◀|
11	传真机插座	◀|F
12	网络插座	◀|C
13	有线电视插座	⊢TV
14	单联单控开关	✎
15	双联单控开关	✎
16	三联单控开关	✎
17	单极限时开关	✎t
18	双极开关	✎
19	多位单极开关	✎
20	双控单极开关	✎
21	按钮	⊙
22	配电箱	☐AP

二、装饰装修工程图纸绘制深度

1. 方案设计图

(1)方案设计应包括设计说明、平面图、天棚平面图、主要立面图、必要的分析图、效果图等。

(2)方案设计的平面图绘制应符合下列规定：

1)宜标明房屋建筑室内装饰装修设计的区域位置及范围。

2)宜标明房屋建筑室内装饰装修设计中对原房屋建筑改造的内容。

3)宜标注轴线编号,并应使轴线编号与原房屋建筑图相符。

4)宜标注总尺寸及主要空间的定位尺寸。

5)宜标明房屋建筑室内装饰装修设计后的所有室内外墙体、门窗、管道井、电梯和自动扶梯、楼梯、平台和阳台等位置。

6)宜标明主要使用房间的名称和主要部位的尺寸,并应标明楼梯的上下方向。

7)宜标明主要部位固定和可移动的装饰造型、隔断、构件、家具、陈设、厨卫设施、灯具以及其他配置、配饰的名称和位置。

8)宜标明主要装饰装修材料和部品部件的名称。

9)宜标注房屋建筑室内地面的装饰装修设计标高。

10)宜标注指北针、图纸名称、制图比例以及必要的索引符号、编号。

11)根据需要,宜绘制主要房间的放大平面图。

12)根据需要,宜绘制反映方案特性的分析图,并宜包括:功能分区、空间组合、交通分析、消防分析、分期建设等图示。

（3）天棚平面图的绘制应符合下列规定:

1)应标注轴线编号,并应使轴线编号与原房屋建筑图相符。

2)应标注总尺寸及主要空间的定位尺寸。

3)应标明房屋建筑室内装饰装修设计调整过后的所有室内外墙体、管道井、天窗等的位置。

4)应标明装饰造型、灯具、防火卷帘以及主要设施、设备、主要饰品的位置。

5)应标明天棚的主要装饰装修及饰品的名称。

6)应标注天棚主要装饰装修造型位置的设计标高。

7)应标注图纸名称、制图比例以及必要的索引符号、编号。

（4）方案设计的立面图绘制应符合下列规定:

1)应标注立面范围内的轴线和轴线编号,以及立面两端轴线之间的尺寸。

2)应绘制有代表性的立面、标明房屋建筑室内装饰装修完成面的底界面线和装饰装修完成面的顶界面线、标注房屋建筑室内主要部位装饰装修完成面的净高,并应根据需要标注楼层的层高。

3)应绘制墙面和柱面的装饰装修造型、固定隔断、固定家具、门窗、栏杆、台阶等立面形状位置,并应标注主要部位的定位尺寸。

4)应标注主要装饰装修材料和部品部件的名称。

5)标注图纸名称、制图比例以及必要的索引符号、编号。

（5）方案设计的剖面图绘制应符合下列规定。

1)方案设计可不绘制剖面图,对于在空间关系比较复杂、高度和层数不同的部位,应绘制剖面。

2)应标明房屋建筑室内空间中高度方向的尺寸和主要部位的设计标高及总高度。

3)当遇有高度控制时,尚应标明最高点的标高。

4)标注图纸名称、制图比例以及必要的索引符号、编号。

（6）方案设计的效果图应反映方案设计的房屋建筑室内主要空间的装饰装修形态,并应符合下列规定:

1)应做到材料、色彩、质地真实,尺寸、比例准确。

2)应体现设计的意图及风格特征。

3)图面应美观,并应具有艺术性。

2. 扩初设计图

（1）规模较大的房屋建筑室内装饰装修工程,根据需要,可绘制扩大初步设计图。

（2）扩大初步设计图的深度应符合下列规定:

1)应对设计方案进一步深化。

2)应能作为深化施工图的依据。

3)应能作为工程概算的依据。

4)应能作为主要材料和设备的订货依据。

(3)扩大初步设计应包括设计说明、平面图、天棚平面图、主要立面图、主要剖面图等。

(4)平面图绘制应标明或标注下列内容:

1)房屋建筑室内装饰装修设计的区域位置及范围。

2)房屋建筑室内装饰装修中对原房屋建筑改造的内容及定位尺寸。

3)房屋建筑图中柱网、承重墙以及需要装饰装修设计的非承重墙、房屋建筑设施、设备的位置和尺寸。

4)轴线编号,并应使轴线编号与原房屋建筑图相符。

5)轴线间尺寸及总尺寸。

6)房屋建筑室内装饰装修设计后的所有室内外墙体、门窗、管道井、电梯和自动扶梯、楼梯、平台、阳台、台阶、坡道等位置和使用的主要材料。

7)房间的名称和主要部位的尺寸,楼梯的上下方向。

8)固定的和可移动的装饰装修造型、隔断、构件、家具、陈设、厨卫设施、灯具以及其他配置、配饰的名称和位置。

9)定制部品部件的内容及所在位置。

10)门窗、橱柜或其他构件的开启方向和方式。

11)主要装饰装修材料和部品部件的名称。

12)房屋建筑平面或空间的防火分区和防火分区分隔位置,及安全出口位置示意,并应单独成图,当只有一个防火分区,可不注防火分区面积。

13)房屋建筑室内地面设计标高。

14)索引符号、编号、指北针、图纸名称和制图比例。

(5)天棚平面图的绘制应标明或标注下列内容:

1)房屋建筑图中柱网、承重墙以及房屋建筑室内装饰装修设计需要的非承重墙。

2)轴线编号,并使轴线编号与原房屋建筑图相符。

3)轴线间尺寸及总尺寸。

4)房屋建筑室内装饰装修设计调整过后的所有室内外墙体、管井、天窗等的位置,必要部位的名称和主要尺寸。

5)装饰造型、灯具、防火卷帘以及主要设施、设备、主要饰品的位置。

6)天棚的主要饰品的名称。

7)天棚主要部位的设计标高。

8)索引符号、编号、指北针、图纸名称和制图比例。

(6)立面图绘制应绘制、标注或标明符合下列内容:

1)绘制需要设计的主要立面。

2)标注立面两端的轴线、轴线编号和尺寸。

3)标注房屋建筑室内装饰装修完成面的地面至天棚的净高。

4)绘制房屋建筑室内墙面和柱面的装饰装修造型、固定隔断、固定家具、门窗、栏杆、台阶、坡道等立面形状和位置,标注主要部位的定位尺寸。

5)标明立面主要装饰装修材料和部品部件的名称。

6)标注索引符号、编号、图纸名称和制图比例。

（7）剖面应剖在空间关系复杂、高度和层数不同的部位和重点设计的部位。剖面图应准确、清晰表示出剖到或看到的各相关部位内容，其绘制应标明或标注下列内容：

1)标明剖面所在的位置。

2)标注设计部位结构、构造的主要尺寸、标高、用材做法。

3)标注索引符号、编号、图纸名称和制图比例。

3. 施工设计图

（1）施工设计图纸应包括平面图、天棚平面图、立面图、剖面图、详图和节点图。

（2）施工图的平面图应包括设计楼层的总平面图、房屋建筑现状平面图、各空间平面布置图、平面定位图、地面铺装图、索引图等。

（3）施工图中的总平面图除了应符合上述扩初设计图中平面图绘制的有关规定外，尚应符合下列规定：

1)应全面反映房屋建筑室内装饰装修设计部位平面与毗邻环境的关系，包括交通流线、功能布局等。

2)应详细注明设计后对房屋建筑的改造内容。

3)应标明需做特殊要求的部位。

4)在图纸空间允许的情况下，可在平面图旁绘制需要注释的大样图。

（4）施工图中的平面布置图可分为陈设、家具平面布置图、部品部件平面布置图、设备设施布置图、绿化布置图、局部放大平面布置图等。平面布置图除应符合上述扩初设计图中平面图绘制的有关规定外，尚应符合下列规定：

1)陈设、家具平面布置图应标注陈设品的名称、位置、大小、必要的尺寸以及布置中需要说明的问题；应标注固定家具和可移动家具及隔断的位置、布置方向，以及柜门或橱门开启方向，并应标注家具的定位尺寸和其他必要的尺寸。必要时，还应确定家具上电器摆放的位置。

2)部品部件平面布置图应标注部品部件的名称、位置、尺寸、安装方法和需要说明的问题。

3)设备设施布置图应标明设备设施的位置、名称和需要说明的问题。

4)规模较小的房屋建筑室内装饰装修中陈设、家具平面布置图、设备设施布置图以及绿化布置图，可合并。

5)规模较大的房屋建筑室内装饰装修中应有绿化布置图，应标注绿化品种、定位尺寸和其他必要尺寸。

6)房屋建筑单层面积较大时，可根据需要绘制局部放大平面布置图，但应在各分区平面布置图适当位置上给出分区组合示意图，并应明显表示本分区部位编号。

7)应标注所需的构造节点详图的索引号。

8)当照明、绿化、陈设、家具、部品部件或设备设施另行委托设计时，可根据需要绘制照明、绿化、陈设、家具、部品部件及设施施工的示意性和控制性布置图。

9)对于对称平面，对称部分的内部尺寸可省略，对称轴部位应用对称符号表示，轴线号不得省略；楼层标准层可共用同一平面，但应注明层次范围及各层的标高。

（5）施工图中的平面定位图应表达与原房屋建筑图的关系，并应体现平面图的定位尺寸。平面定位图除应符合上述扩初设计图中平面图绘制的有关规定外，尚应标注下列内容：

1)房屋建筑室内装饰装修设计对原房屋建筑或原房屋建筑室内装饰装修的改造状况。

2)房屋建筑室内装饰装修设计中新设计的墙体和管井等的定位尺寸、墙体厚度与材料种类,并注明做法。

3)房屋建筑室内装饰装修设计中新设计的门窗洞定位尺寸、洞口宽度与高度尺寸、材料种类、门窗编号等。

4)房屋建筑室内装饰装修设计中新设计的楼梯、自动扶梯、平台、台阶、坡道等的定位尺寸、设计标高及其他必要尺寸,并注明材料及其做法。

5)固定隔断、固定家具、装饰造型、台面、栏杆等的定位尺寸和其他必要尺寸,并注明材料及其做法。

(6)施工图中的地面铺装图除应符合上述扩初设计图中平面图绘制和施工设计图中平面布置图绘制的有关规定外,尚应标注下列内容:

1)地面装饰材料的种类、拼接图案、不同材料的分界线。

2)地面装饰的定位尺寸、规格和异形材料的尺寸、施工做法。

3)地面装饰嵌条、台阶和梯段防滑条的定位尺寸、材料种类及做法。

(7)房屋建筑室内装饰装修设计应绘制索引图。索引图应注明立面、剖面、详图和节点图的索引符号及编号,并可增加文字说明帮助索引。在图面比较拥挤的情况下,可适当缩小图面比例。

(8)施工图中的天棚平面图应包括装饰装修楼层的天棚总平面图、天棚装饰灯具布置图、天棚综合布点图、各空间天棚平面图等。

(9)施工图中天棚总平面图的绘制除应符合上述扩初设计图中天棚平面图绘制的有关规定外,尚应符合下列规定:

1)应全面反映天棚平面的总体情况,包括天棚造型、天棚装饰、灯具布置、消防设施及其他设备布置等内容。

2)应标明需做特殊工艺或造型的部位。

3)应标注天棚装饰材料的种类、拼接图案、不同材料的分界线。

4)在图纸空间允许的情况下,可在平面图旁边绘制需要注释的大样图。

(10)施工图中天棚平面图的绘制除应符合上述扩初设计图中天棚平面图绘制的有关规定外,尚应符合下列规定:

1)应标明天棚造型、天窗、构件、装饰垂挂物及其他装饰配置和饰品的位置,注明定位尺寸、标高或高度、材料名称和做法。

2)房屋建筑单层面积较大时,可根据需要单独绘制局部的放大天棚图,但应在各放大天棚图的适当位置上绘出分区组合示意图,并应明显地表示本分区部位编号。

3)应标注所需的构造节点详图的索引号。

4)表述内容单一的天棚平面,可缩小比例绘制。

5)对于对称平面,对称部分的内部尺寸可省略,对称轴部位应用对称符号表示,但轴线号不得省略;楼层标准层可共用同要一天棚平面,但应注明层次范围及各层的标高。

(11)施工图中的天棚综合布点图除应符合上述扩初设计图中天棚平面图绘制的有关规定外,还应标明天棚装饰装修造型与设备设施的位置、尺寸关系。

(12)施工图中天棚装饰灯具布置图的绘制除应符合上述扩初设计图中天棚平面图绘制

的有关规定外,还应标注所有明装和暗藏的灯具(包括火灾和事故照明灯具)、发光天棚、空调风口、喷头、探测器、扬声器、挡烟垂壁、防火卷帘、防火挑檐、疏散和指示标志牌等的位置,标明定位尺寸、材料名称、编号及做法。

(13)施工图中立面图的绘制除应符合上述扩初设计图中立面图绘制的有关规定外,尚应符合下列规定:

1)应绘制立面左右两端的墙体构造或界面轮廓线、原楼地面至装修地面的构造层、天棚面层、装饰装修的构造层。

2)应标注设计范围内立面造型的定位尺寸及细部尺寸。

3)应标注立面投视方向上装饰物的形状、尺寸及关键控制标高。

4)应标明立面上装饰装修材料的种类、名称、施工工艺、拼接图案、不同材料的分界线。

5)应标注所需的构造节点详图的索引号。

6)对需要特殊和详细表达的部位,可单独绘制其局部放大立面图,并应标明其索引位置。

7)无特殊装饰装修要求的立面,可不画立面图,但应在施工说明中或相邻立面的图纸上予以说明。

8)各个方向的立面应绘齐全,对于差异小、左右对称的立面可简略,但应在与其对称的立面的图纸上予以说明;中庭或看不到的局部立面,可在相关剖面图上表示,当剖面图未能表示完全时,应单独绘制。

9)对于影响房屋建筑室内装饰装修效果的装饰物、家具、陈设品、灯具、电源插座、通信和电视信号插孔、空调控制器、开关、按钮、消火栓等物体,宜在立面图中绘制出其位置。

(14)施工图中的剖面图应标明平面图、天棚平面图和立面图中需要清楚表达的部位。剖面图除应符合上述扩初设计图中剖面图绘制的有关规定外,尚应符合下列规定:

1)应标注平面图、天棚平面图和立面图中需要清楚表达部分的详细尺寸、标高、材料名称、连接方式和做法。

2)剖切的部位应根据表达的需要确定。

3)应标注所需的构造节点详图的索引号。

(15)施工图应将平面图、天棚平面图、立面图和剖面图中需要更清晰表达的部位索引出来,并应绘制详略或节点图。

(16)施工图中的详图的绘制应符合下列规定:

1)应标明物体的细部、构件或配件的开关、大小、材料名称及具体技术要求,注明尺寸和做法。

2)对于在平、立、剖面图或文字说明中对物体的细部形态无法交代或交代不清的,可绘制详图。

3)应标注详图名称和制图比例。

(17)施工图中节点图的绘制应符合下列规定:

1)应标明节点外构造层材料的支撑、连接的关系,标注材料的名称及技术要求,注明尺寸和构造做法。

2)对于在平、立、剖面图或文字说明中对物体的构造做法无法交代或交代不清的,可绘制节点图。

3)应标注节点图名称和制图比例。

三、装修装修施工图绘制方法与视图布置

1. 施工图绘制方法与视图布置

（1）施工图绘制方法——投影法。

1）房屋建筑室内装饰装修的视图，应采用位于建筑内部的视点按正投影法并用第一角画法绘制，且自 A 的投影镜像图应为天棚平面图，自 B 的投影应为平面图，自 C、D、E、F 的投影应为立面图（图1-4）。

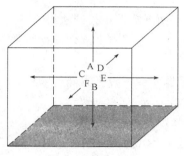

图1-4　第一角法

2）天棚平面图应采用镜像投影法绘制，其图像中纵横轴线排列应与平面图完全一致（图1-5）。

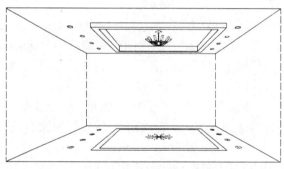

图1-5　镜像投影法

3）装饰装修界面与投影面不平行时，可用展开图表示。

（2）视图布置。

1）同一张图纸上绘制若干个视图时，各视图的位置应根据视图的逻辑关系和版面的美观决定（图1-6）。

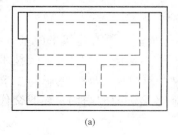

(a)

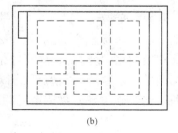

(b)

图1-6　常规的布图方法

2)每个视图均应在视图下方、一侧或相近位置标注图名。

四、装饰装修施工平面图识读

建筑装饰平面图是建筑功能、建筑技术、装饰艺术、装饰经济等在平面上的体现,在建筑装饰装修工程中是非常受人重视的。其效用主要表现为:①建筑结构与尺寸;②装饰布置与装饰结构及其尺寸的关系;③设备、家具陈设位置及尺寸关系。

(一)施工平面图的画法

(1)除天棚平面图外,各种平面图应按正投影法绘制。

(2)平面图宜取视平线以下适宜高度水平剖切俯视所得,并根据表现内容的需要,可增加剖视高度和剖切平面。

(3)平面图应表达室内水平界面中正投影方向的物象,且需要时,还应表示剖切位置中正投影方向墙体的可视物象。

(4)局部平面放大图的方向宜与楼层平面图的方向一致。

(5)平面图中应注写房间的名称或编号,编号应注定在直径为 6mm 细实线绘制的圆圈内,其字体大小应大于图中索引用文字标注,并应在同张图纸上列出房间名称表。

(6)对于平面图中的装饰装修物件,可注写名称或用相应的图例符号表示。

(7)在同一张图纸上绘制多于一层的平面图时,应按现行国家标准《建筑制图标准》(GB/T 50104—2010)的规定执行。

(8)对于较大的房屋建筑室内装饰装修平面,可分区绘制平面图,且每张分区平面图均应以组合示意图表示所在位置。对于在组合示意图中要表示的分区,可采用阴影线或填充色块表示。各分区应分别用大写拉丁字母或功能区名称表示。名分区视图的分区部位及编号应一致,并应与组合示意图对应。

(9)房屋建筑室内装饰装修平面起伏较大的呈弧形、曲折形或异形时,可用展开图表示,不同的转角面应用转角符号表示连接,且画法应符合现行国家标准《建筑制图标准》(GB/T 50104—2010)的规定。

(10)在同一张平面图内,对于不在设计范围内的局部区域应用阴影线或填充色块的方式表示。

(11)为表示室内立面的平面上的位置,应在平面图上表示出相应的索引符号。

(12)对于平面图上未被剖切到的墙体立面的洞、龛等,在平面图中可用细虚线连接表明其位置。

(13)房屋建筑室内各种平面中出现异形的凹凸形状时,可用剖面图表示。

(二)施工平面图识读要点

(1)首先看图名、比例、标题栏,弄清是什么平面图。再看建筑平面基本结构及尺寸,把各个房间的名称、面积及门窗、走道等主要尺寸记住。

(2)通过装饰面的文字说明,弄清施工图对材料规格、品种、色彩的要求,对工艺的要求。结合装饰面的面积,组织施工和安排用料。明确各装饰面的结构材料与饰面材料的衔接关系与固定方式。

(3)确定尺寸。先要区分建筑尺寸与装饰装修尺寸,再在装饰装修尺寸中,分清定位尺寸、外形尺寸和结构尺寸(平面上的尺寸标注一般分布在图形的内外)。

(4)通过平面布置图上的符号：①通过投影符号，明确投影面编号和投影方向，并进一步查出各投影方向的立面图；②通过剖切符号，明确剖切位置及其剖切方向，进一步查阅相应的剖面图；③通过索引符号，明确被索引部位和详图所在位置。

五、装饰装修天棚平面图识读

(一)天棚平面图的画法

(1)天棚平面图中应省去平面图中门的符号，并应用细实线连接门洞以表明位置。墙体立面的洞、龛等，在天棚平面中可用细虚线连接表明其位置。

(2)天棚平面图应表示出镜像投影后水平界面上的物象，且需要时，还应表示剖切位置中投影方向的墙体的可视内容。

(3)平面为圆形、弧形、曲折形、异形的天棚平面，可用展开图表示，不同的转角面应用转角符号表示连接，画法应符合现行国家标准《建筑制图标准》(GB/T 50104—2010)的规定。

(4)房屋建筑室内天棚上出现异形的凹凸形状时，可用剖面图表示。

(二)天棚平面图识读要点

(1)首先应弄清楚天棚平面图与平面布置图各部分的对应关系，核对天棚平面图与平面布置图的基本结构和尺寸上是否相符。

(2)对于某些有迭级变化的天棚，要分清它的标高尺寸和线型尺寸，并结合造型平面分区线，在平面上建立起二维空间的尺度概念。

(3)通过天棚平面图，了解顶部灯具和设备设施的规格、品种与数量。

(4)通过天棚平面图上的文字标注，了解天棚所用材料的规格、品种及其施工要求。

(5)通过天棚平面图上的索引符号，找出详图对照着阅读，弄清楚天棚的详细构造。

六、装饰装修立面图识读

(一)装饰装修立面图的画法

(1)房屋建筑室内装饰装修立面图应按正投影法绘制。

(2)立面图应表达室内垂直界面中投影方向的物体，需要时，还应表示剖切位置中投影方向的墙体、天棚、地面的可视内容。

(3)立面图的两端宜标注房屋建筑平面定位轴线编号。

(4)平面为圆形、弧形、曲折形、异形的室内立面，可用展开图表示，不同的转角面应用转角符号表示连接，画法应符合现行国家标准《建筑制图标准》(GB/T 50104—2010)的规定。

(5)对称式装饰装修面或物体等，在不影响物象表现的情况下，立面图可绘制一半，并应在对称轴线处画对称符号。

(6)在房屋建筑室内装饰装修立面图上，相同的装饰装修构造样式可选择一个样式给出完整图样，其余部分可只画图样轮廓线。

(7)在房屋建筑室内装饰装修立面图上，表面分隔线应表示清楚，并应用文字说明各部位所用材料及色彩等。

(8)图形或弧线形的立面图应以细实线表示出该立面的弧度感(图1-7)。

（9）立面图宜根据平面图中立面索引编号标注图名。有定位轴线的立面，也可根据两端定位轴线号编注立面图名称。

（二）装饰装修立面图识读要点

（1）明确建筑装饰装修立面图上与该工程有关的各部分尺寸和标高。

（2）弄清地面标高，装饰立面图一般都以首层室内地坪为零，高出地面者以正号表示，反之则以负号表示。

（3）弄清每个立面上有几种不同的装饰面，这些装饰面所用材料以及施工工艺要求。

（4）立面上各不同材料饰面之间的衔接收口较多，要注意收口的方式、工艺和所用材料。

（5）要注意电源开关、插座等设施的安装位置和方式。

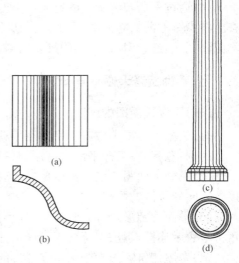

图 1-7　圆形或弧线形图样立面
(a)立面图；(b)平面图；(c)立面图；(d)平面图

（6）弄清建筑结构与装饰结构之间的衔接，装饰结构之间的连接方法和固定方式，以便提前准备预埋件和紧固件。仔细阅读立面图中文字说明。

七、装饰装修剖面图识读

装饰装修剖面图的效用主要是为表达建筑物、建筑空间的竖向形象和装饰结构内部构造以及有关部件的相对关系。在建筑装饰装修工程中存在着极其密切的关联和控制作用。

装饰装修剖面图识读应注意以下几点：

（1）看剖面图首先要弄清该图从何处剖切而来。分清是从平面图上，还是从立面图上剖切的。剖切面的编号或字母，应与剖面图符号一致，了解该剖面的剖切位置与方向。

（2）通过对剖面图中所示内容的阅读研究，明确装饰装修工程各部位的构造方法、尺寸、材料要求与工艺要求。

（3）注意剖面图上索引符号，以便识读构件或节点详图。

（4）仔细阅读剖面图竖向数据及有关尺寸、文字说明。

（5）注意剖面图中各种材料结合方式以及工艺要求。

（6）弄清剖面图中标注、比例。

八、装饰装修详图识读

建筑装饰装修工程详图是补充平、立、剖图的最为具体的图式手段。

建筑装饰施工平、立、剖三图主要是用以控制整个建筑物、建筑空间与装饰结构的原则性做法。但在建筑装饰全过程的具体实施中还存在着一定的限度，还必须加以深化和提供更为详细和具体的图示内容，建筑装饰的施工才能得以继续下去，以求得其竣工后的满意效果。所指的详图应包含"三详"：①图形详；②数据详；③文字详。

1. 局部放大图

放大图就是把原状图放大而加以充实,并不是将原状图进行较大的变形。

(1)室内装饰平面局部放大图以建筑平面图为依据,按放大的比例图示出厅室的平面结构形式和形状大小、门窗设置等,对家具、卫生设备、电器设备、织物、摆设、绿化等平面布置表达清楚,同时还要标注有关尺寸和文字说明等。

(2)室内装饰立面局部放大图是重点表现墙面的设计,先图示出厅室围护结构的构造形式,再对墙面上的附加物以及靠墙的家具都详细地表现出来,同时标注有关详细尺寸、图示符号和文字说明等。

2. 建筑装饰件详图

建筑装饰件项目很多,如暖气罩、吊灯、吸顶灯、壁灯、空调箱孔、送风口、回风口等。这些装饰件都可能要依据设计意图画出详图。其内容主要是表明它在建筑物上的准确位置,与建筑物其他构配件的衔接关系,装饰件自身构造及所用材料等内容。

建筑装饰件的图示法要视其细部构造的繁简程度和表达的范围而定。有的只要一个剖面详图就行,有的还需要另加平面详图或立面详图来表示,有的还需要同时用平、立、剖面详图来表现。对于复杂的装饰件,除本身的平、立、剖面图外,还需增加节点详图才能表达清楚。

3. 节点详图

节点详图是将两个或多个装饰面的交汇点,按垂直或水平方向切开,并加以放大绘出的视图。

节点详图主要是表明某些构件、配件局部的详细尺寸、做法及施工要求;表明装饰结构与建筑结构之间详细的衔接尺寸与连接形式;表明装饰面之间的对接方式及装饰面上的设备安装方式和固定方法。

节点详图是详图中的详图。识读节点详图一定要弄清该图从何处剖切而来,同时注意剖切方向和视图的投影方向,对节点图中各种材料结合方式以及工艺要求要弄清。

第二章　装饰装修工程造价计价依据

第一节　装饰装修工程造价计价依据概述

工程造价计价依据,包括工程定额、工程量清单、工程造价指数、工程量计算规则,以及政府主管部门发布的有关工程造价的法律法规、政策等。根据工程造价计价依据的不同,目前我国处于工程定额计价和工程量清单计价并存的状态。

一、工程定额计价方法

(一)工程定额体系

工程建设定额反映了工程建设产品和各种资源消耗之间的客观规律。工程建设定额是一个综合概念,它是多种类、多层次单位产品生产消耗数量标准的总和。为了对工程建设定额有一个全面的了解,可以按照不同原则和方法对它进行科学的分类。

1. 按照专业性质分类

工程建设定额按照专业性质可分为建筑工程定额、安装工程定额、仿古建筑及园林工程定额、装饰工程定额、公路工程定额、铁路工程定额、井巷工程定额、水利工程定额等。

2. 按照定额反映的生产要素消耗内容分类

生产要素包括劳动者、劳动手段和劳动对象,反映其消耗的定额分为人工消耗定额、材料消耗定额和机械台班消耗定额三种,如图 2-1 所示。

图 2-1　按照定额反映的生产要素消耗内容分类

3. 按照编制单位和执行范围分类

工程建设定额按照编制和执行范围的不同可分为全国统一定额、行业统一定额、地区统一定额、企业定额和补充定额五种,如图 2-2 所示。

4. 按照定额的编制程序和用途分类

根据定额的编制程序和用途,可把工程建设定额分为施工定额、预算定额、概算定额、概算指标和投资估算指标五种,如图 2-3 所示。

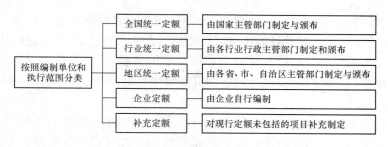

图 2-2　按编制单位和执行范围分类

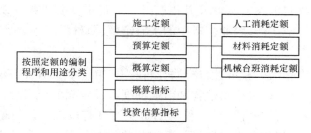

图 2-3　按照定额的编制程序和用途分类

(二)工程建设定额特点

工程建设定额具有科学性、稳定性与时效性、统一性、权威性、系统性等特点。

1. 科学性

工程建设定额的科学性首先表现在定额是在认真研究客观规律的基础上,自觉遵守客观规律的要求,实事求是制定的。因此,它能正确地反映单位产品生产所必需的劳动量,从而以最少的劳动消耗取得最大的经济效果,促进劳动生产率的不断提高。

工程建设定额的科学性还表现在制定定额所采用的方法上。通过不断吸收现代科学技术的新成就,不断加以完善,形成了一套严密的确定定额水平的科学方法。这些方法不仅在实践中已经行之有效,而且还有利于研究建筑产品生产过程中的工时利用情况,从中找出影响劳动消耗的各种主客观因素,设计出合理的施工组织方案,挖掘生产潜力,提高企业管理水平,减少乃至杜绝生产中的浪费现象,促进生产的不断发展。

2. 稳定性与时效性

工程建设定额中的任何一项都是一定时期技术发展和管理水平的反映,因而在一段时间内都表现出稳定的状态。稳定的时间有长有短,一般在 5～10 年。保持定额的稳定性是维护定额的权威性所必需的,更是有效地贯彻定额所必需的。如果某种定额处于经常修改变动之中,那么必然造成执行中的困难和混乱,使人们感到没有必要去认真对待它,很容易导致定额权威性的丧失。工程建设定额的不稳定也会给定额的编制工作带来极大的困难。但是工程建设定额的稳定性又是相对的。当生产力向前发展了,定额就会与已经发展了的生产力不相适应。这样,它原有的作用就会逐步减弱以至消失,需要重新编制或修订。

3. 统一性

工程建设定额的统一性,主要是由国家对经济发展有计划的宏观调控职能决定的。为了使国民经济按照既定的目标发展,就需要借助于某些标准、定额、参数等,对工程建设进行规划、组织、调节、控制。而这些标准、定额、参数必须在一定的范围内是一种统一的尺度,才能实现上述职能,才能利用它对项目的决策、设计方案、投标报价、成本控制进行比选和评价。

工程建设定额的统一性按照其影响力和执行范围来看,有全国统一定额、地区统一定额和行业统一定额等;按照定额的制定、颁布和贯彻使用来看,有统一的程序、统一的原则、统一的要求和统一的用途。

在生产资料私有制的条件下,定额的统一性是很难想象的,充其量也只是工程量计算规则的统一和信息提供。我国工程建设定额的统一性和工程建设本身的巨大投入和巨大产出有关。它对国民经济的影响不仅表现在投资的总规模和全部建设项目的投资效益等方面,而且还往往在具体建设项目的投资数额及其投资效益方面需要借助统一的工程建设定额进行社会监督。这一点和工业生产、农业生产中的工时定额、原材料定额也是不同的。

4. 权威性

工程建设定额具有很大的权威性,这种权威在一些情况下具有经济法规性质。权威性反映统一的意志和统一的要求,也反映信誉和信赖程度以及定额的严肃性。工程建设定额的权威性的客观基础是定额的科学性。只有科学的定额才具有权威性。但是在社会主义市场经济条件下,它必然涉及各有关方面的经济关系和利益关系。赋予工程建设定额以一定的权威性,就意味着在规定的范围内,对于定额的使用者和执行者来说,不论主观上愿不愿意,都必须按定额的规定执行。在当前市场不规范的情况下,赋予工程建设定额以权威性是十分重要的。但是在竞争机制被引入工程建设的情况下,定额的水平必然会受市场供求状况的影响,从而在执行中可能产生定额水平的浮动。

在社会主义市场经济条件下,对定额的权威性不应该绝对化。定额毕竟是主观对客观的反映,定额的科学性会受到人们认识的局限。与此相关,定额的权威性也就会受到削弱和挑战。更为重要的是,随着投资体制的改革和投资主体多元化格局的形成以及企业经营机制的转换,都可以根据市场的变化和自身的情况,自主地调整自己的决策行为。因此,一些与经营决策有关的工程建设定额的权威性特征就弱化了。

5. 系统性

工程建设定额是相对独立的系统。它是由多种定额结合而成的有机整体。它的结构复杂,有鲜明的层次和明确的目标。

工程建设定额的系统性是由工程建设的特点决定的。按照系统论的观点,工程建设就是庞大的实体系统,工程建设定额是为这个实体系统服务的。因而,工程建设本身的多种类、层次多就决定了以它为服务对象的工程建设定额的多种类、多层次。从整个国民经济来看,进行固定资产生产和再生产的工程建设,是一个由多项工程集合体组成的整体。其中,包括农林水利、轻纺、机械、煤炭、电力、石油、冶金、化工、建材工业、交通运输、邮电工程,以及商业物资、科学教育文化、卫生体育、社会福利和住宅工程等。这些工程的建设都有严格的项目划分,如建设项目、单项工程、单位工程、分部分项工程;在计划和实施过程中有严密的逻辑阶段,如规划、可行性研究、设计、施工、竣工交付使用,以及投入使用后的维修。与此相适应必然形成工程建设定额的多种类、多层次。

(三)工程定额计价基本程序

我国长期以来在工程价格形成中采用定额计价模式,即按预算定额规定的分部分项子目,逐项计算工程量,套用预算定额(或单位估价表)确定人工费、材料费或施工机具使用费,然后按规定的取费标准确定企业管理费、利润、规费和税金,加上材料调差系数和适当的不可预见费,经汇总后即为工程预算或标底,而标底则作为评标定标的主要依据。

以定额单价法确定工程造价,是我国采用的一种与计划经济相适应的工程造价管理制度。定额计价实际上是国家通过颁布统一的估算指标、概算指标,以及概算、预算和有关定额,来对建筑产品价格进行有计划的管理。国家以假定的建筑安装产品为对象,制定统一的预算和概算定额,计算出每一单元子项的费用后,再综合形成整个工程的价格。

定额计价方法从产生到完善的数十年中,对国内的工程造价管理发挥了巨大作用,为政府进行工程项目的投资控制提供了很好的工具。但是随着国内市场经济体制改革的深度和广度的不断增加,传统的定额计价方法受到了冲击。自 20 世纪 80 年代末开始,建设要素市场放开,各种建筑材料不再统购统销,随之人力、机械市场等也逐步放开,人工、材料、机械台班的价格随市场供求的变化而变化。定额中所提供的要素价格资料与市场实际价格不能保持一致,按照统一定额计算出的工程造价已经不能很好地实现投资控制的目的,从而引起了定额计价方法的改革。

工程定额计价方法的改革核心思想是"量价分离",即由国务院建设行政主管部门制定符合国家有关标准、规范并反映一定时期施工水平的人工、材料、机械等消耗量标准,实现了国家对消耗量标准的宏观管理;对人工、材料、机械的单价等,由工程造价管理机构依据市场价格的变化发布工程造价相关信息和指数,将过去完全由政府计划统一管理的定额计价改变为"控制量、指导价、竞争费。"工程造价改革的最终目标是实现"市场形成价格"的工程造价管理体制。

二、工程量清单计价方法

工程量清单计价法是一种有别于定额计价模式的方法,是一种主要由市场定价的计价模式,是由建筑产品发承包双方在建筑市场上根据供求状况、信息状况进行自由竞价,从而最终能够签订工程合同的方法。

工程量清单计价是指投标人完成由招标人提供的招标工程量清单所需的全部费用,包括分部分项工程费、措施项目费、其他项目费、规费和税金。工程量清单应采用综合单价计价法。

(一)工程量清单计价过程

工程量清单计价的基本过程可以描述为:在统一的工程量计算规则的基础上,制定工程量清单项目设置规则,根据具体工程的施工图纸计算出各个清单项目的工程量,再根据各种渠道所获得的工程造价信息和经验数据计算得到工程造价。图 2-4 所示为工程造价工程量清单计价过程示意图。

(二)工程量清单计价步骤

一般而言,工程量清单计价通常有以下几个步骤:

(1)熟悉工程量清单。在进行工程量清单计价时必须对每一个清单项目的特征描述、工作内容进行全面了解,以便在计价时做到不漏项,不重复计算,工程量清单是计算工程造价费用的重要依据。

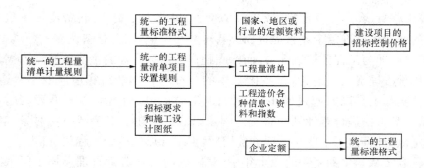

图 2-4　工程造价工程量清单计价过程示意图

（2）研究招标文件。工程招标文件的有关条款、要求和合同条件，是工程计价的重要依据。在招标文件中，对有关承发包工程范围、内容、期限、工程材料、设备采购供应办法等都有具体规定，只有按规定计价，才能保证计价的有效性。因此，投标人应根据招标文件的要求，对照图纸，对招标文件提供的工作量清单进行复查或复核。

（3）熟悉施工图纸。进行工程量清单计价应全面的、系统的熟悉施工图纸。

（4）了解施工组织设计。对施工组织设计或施工方案中涉及的施工技术措施、安全措施、施工机械配置、是否增加辅助项目等内容，应在工程计价的过程中予以注意，其是施工单位的技术部门针对具体工程编制的指导性文件。

（5）计算工程量。工程量清单计价的工程量计算主要包括以下两个方面内容：

1）核算工程量清单所提供清单项目工程量是否准确。

2）计算每一个清单主体项目所组合的辅助项目工程量，以便计算综合单价，清单计价时，辅助项目随主体项目计算，将不同工作内容发生的辅助项目组合在一起，计算出主体项目的综合单价。

（6）确定措施项目清单内容。措施项目清单的内容必须结合拟建工程实际情况填写，在确定措施项目清单内容时，一定要根据自己的施工方案或施工组织设计加以修改。

（7）计算综合单价。将工程量清单主体项目及其组合的辅助项目汇总，填入分部分项工程综合单价计算表。

（8）计算费用。计算分部分项工程费、措施项目费、其他项目费、规费和税金等。

（9）计算工程造价。将分部分项工程项目费、措施项目费、其他项目费和规费、税金汇总、合并，计算出工程造价。

三、定额计价与工程量清单计价的区别

1. 编制工程量的单位不同

传统定额预算计价办法是：建设工程的工程量分别由招标单位和投标单位分别按图计算；工程量清单计价是：工程量由招标单位统一计算或委托有工程造价咨询资质单位统一计算，"招标工程量清单"是招标文件的重要组成部分，各投标单位根据招标人提供的"招标工程量清单"，根据自身的技术装备、施工经验、企业成本、企业定额、管理水平自主填写报价单。

2. 编制工程量的时间不同

传统的定额预算计价法是在发出招标文件后编制（招标与投标人同时编制或投标人编制

在前,招标人编制在后);工程量清单报价法必须在发出招标文件前编制。

3. 表现形式不同

采用传统的定额预算计价法一般是总价形式;工程量清单报价法采用综合单价形式。综合单价包括人工费、材料费、机械使用费、管理费、利润,并考虑风险因素。工程量清单报价具有直观、单价相对固定的特点,工程量发生变化时,单价一般不作调整。

4. 编制依据不同

传统的定额预算计价法依据工程图纸,人工、材料、机械台班消耗量依据建设行政主管部门颁发的预算定额,人工、材料、机械台班单价依据工程造价管理部门发布的价格信息进行计算;工程量清单报价法,根据原建设部第 107 号令规定,招标控制价的编制根据招标文件中的招标工程量清单和有关要求、施工现场情况、合理的施工方法,以及按建设行政主管部门制定的有关工程造价计价办法编制,企业的投标报价则根据企业定额和市场价格信息,或参照建设行政主管部门发布的社会平均消耗量定额编制。

5. 评标所用的方法不同

传统预算定额计价投标一般采用百分制评分法;工程量清单计价法投标,一般采用合理低报价中标法,既要对总价进行评分,又要对综合单价进行分析评分。

6. 项目编码不同

采用传统的预算定额项目编码,全国各省市采用不同的定额子目;采用工程量清单计价全国实行统一编码,项目编码采用十二位阿拉伯数字表示。一到九位为统一编码,其中,一、二位为专业工程代码,三、四位为专业工程附录分类顺序码;五、六位为分部工程顺序码;七、八、九位为分项工程项目名称顺序码;十至十二位为清单项目名称顺序码。前九位编码不能变动,后三位编码由清单编制人根据项目设置的清单项目编制。

7. 合同价调整方式不同

传统的定额预算计价合同价调整方式有:变更签证、定额解释、政策性调整;工程量清单计价法合同价调整方式主要是索赔。工程量清单的综合单价一般通过招标中报价的形式体现,一旦中标,报价作为签订施工合同的依据相对固定下来,工程结算按承包商实际完成工程量乘以清单中相应的单价计算,减少了调整活口。采用传统的预算定额经常有定额解释及定额规定,结算中又有政策性文件调整。工程量清单计价单价不能随意调整。

8. 工程量计算时间不同

工程量清单,在招标前由招标人编制。也可能业主为了缩短建设周期,通常在初步设计完成后就开始施工招标,在不影响施工进度的前提下陆续发放施工图纸,因此,承包商据以报价的工程量清单中,各项工作内容下的工程量一般为概算工程量。

9. 投标计算口径不同

各投标单位都根据统一的工程量清单报价,因此能达到投标计算口径统一。不再是传统预算定额招标,各投标单位各自计算工程量,各投标单位计算的工程量均不一致。

10. 索赔事件不同

因承包商对工程量清单单价包含的工作内容一目了然,故凡建设方不按清单内容任意要求修改清单的,都会增加施工索赔的因素。

第二节 装饰装修工程消耗量定额

一、装饰装修工程消耗量定额的概念

建筑装饰装修工程消耗量定额是指在正常的施工条件下,为了完成一定计量单位的合格建筑装饰装修工程产品所必需的人工、材料(或构配件)、机械台班的数量标准。

现有的建筑装饰装修工程消耗量定额名称是《全国统一建筑装饰装修工程消耗量定额》(GYD—901—2002),是从建筑安装工程中分离出来后单独编制的,具有科学性、指导性和群众性,是工程计量与计价的主要依据。

二、装饰装修工程消耗量定额的分类

(1)按生产要素划分。按生产要素划分可分为人工消耗量定额、材料消耗量定额和机械台班消耗量定额。

(2)按编制程序与用途划分。按编制程序与用途划分可分为施工消耗量定额、预算消耗量定额和概算消耗量定额。

(3)按主编单位划分。按主编单位划分可分为全国统一消耗量定额、地区统一消耗量定额、专业消耗量定额和企业消耗量定额等。

三、装饰装修工程消耗量定额的组成

《全国统一建筑装饰装修工程消耗量定额》(GYD—901—2002)主要由总说明、目录、分部分项章节(表)和附录四部分组成,如图 2-5 所示。

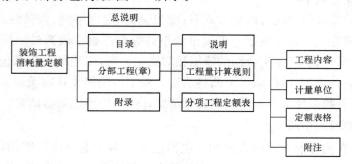

图 2-5 装饰装修工程消耗量定额组成示意图

1. 总说明

总说明主要阐述了建筑装饰装修工程消耗量定额的用途和适用范围,编制原则和编制依据,消耗量定额中已经考虑的有关问题的处理办法和尚未考虑的因素,以及使用中应该注意的事项和有关问题等。

2. 目录

目录将定额中的主要内容章节陈列出来便于读者迅速了解、翻阅和查找。

3. 分章说明

章(分部)工程说明主要说明了消耗量定额中各分部(章)所包括的主要分项工程,以及使用消耗量定额的一些基本规定,并列出了各分部分项工程的工程量计算规则和方法。

4. 附录

附录一般编在定额手册的最后,主要提供编制定额的有关数据及定额给出的装饰装修材料、半成品和成品的损耗率。

四、装饰装修工程消耗量定额表的内容

定额表是定额的核心内容。表 2-1 为《全国统一建筑装饰装修工程消耗量定额》(GYD—901—2002)中分项工程的定额表。

工作内容:清理基层、试排弹线、锯板修边、铺贴饰面、清理净面。

表 2-1　　　　楼地面铺贴陶瓷地砖　　　　计量单位:m²

定　额　编　号			1—062	1—063	1—064	1—065	1—066	1—067
项　　目			楼地面					
			周长(mm 以内)					
			800	1200	1600	2000	2400	3200
名　　称	单位	代码	数　　量					
人工	综合人工	工日	00001	0.3230	0.2857	0.2644	0.2537	0.2791	0.2903
材料	白水泥	kg	AA0050	0.1030	0.1030	0.1030	0.1030	0.1030	0.1030
	陶瓷地面砖 200×200	m²	AH0991	1.0200	—				
	陶瓷地面砖 300×300	m²	AH0992	—	1.0250				
	陶瓷地面砖 400×400	m²	AH0993			1.0250			
	陶瓷地面砖 600×600	m²	AH0994					1.0250	
	陶瓷地面砖 800×800	m²	AH0995						1.0400
	陶瓷地面砖 500×500	m²	AH0996				1.0250		
	石料切割锯片	片	AN5900	0.0032	0.0032	0.0032	0.0032	0.0032	0.0032
	棉纱头	kg	AQ1180	0.0100	0.0100	0.0100	0.0100	0.0100	0.0100
	水	m³	AV0280	0.0260	0.0260	0.0260	0.0260	0.0260	0.0260
	锯木屑	m³	AV0470	0.0060	0.0060	0.0060	0.0060	0.0060	0.0060
	水泥砂浆 1:3	m³	AX0684	0.0202	0.0202	0.0202	0.0202	0.0202	0.0202
	素水泥浆	m³	AX0720	0.0010	0.0010	0.0010	0.0010	0.0010	0.0010
机械	灰浆搅拌机 200L	台班	TM0200	0.0035	0.0035	0.0035	0.0035	0.0035	0.0035
	石料切割机	台班	TM0640	0.0151	0.0151	0.0151	0.0151	0.0151	0.0151

续表

定额编号			1—068	1—069	1—070	1—071	1—072
项目			楼地面周长（mm 以内）3200	踢脚线	台阶	楼梯	零星项目
名称	单位	代码	数量				
人工　综合人工	工日	00001	0.4510	0.4280	0.4620	0.5950	0.8390
材料　白水泥	kg	AA0050	0.1030	0.1400	0.1550	0.1410	0.1100
陶瓷砖	m²	AH0535	—	1.0200	1.5690	1.4470	1.0600
陶瓷地面砖 1000×1000	m²	AH0997	1.0400	—	—	—	—
石料切割锯片	片	AN5900	0.0032	0.0032	0.0140	0.0143	0.0160
棉纱头	kg	AQ1180	0.0100	0.0100	0.0150	0.0140	0.0200
水	m³	AV0280	0.0299	0.0300	0.0390	0.0360	0.0290
锯木屑	m³	AV0470	0.0060	0.0060	0.0090	0.0080	0.0067
水泥砂浆 1:3	m³	AX0684	0.0202	0.0121	0.0299	0.0276	0.0202
素水泥浆	m³	AX0720	0.0010	0.0010	0.0015	0.0014	0.0011
机械　灰浆搅拌机 200L	台班	TM0200	0.0035	0.0022	0.0052	0.0048	0.0035
石料切割机	台班	TM0640	0.0151	0.0126	0.0190	0.0170	0.0076

五、装饰装修定额人工、材料、机械台班消耗量的确定

1. 人工消耗量指标的确定

人工定额，也称劳动定额，是指在正常的施工技术、组织条件下，为完成一定量的合格产品，或完成一定量的工作所预先规定的人工消耗量标准。2002 年新定额人工消耗量标准是以劳动定额为基础确定的，内容通常包括以下几项：

（1）基本工。基本工是指完成单位合格产品所必须消耗的技术工种用工。按技术工种相应劳动定额工时定额计算，以不同工种列出定额工日。

（2）超运距用工。超运距用工是指预算定额的平均水平运距超过劳动定额规定水平运距部分。其计算公式如下：

超运距＝预算定额取定运距－劳动定额已包括的运距

（3）人工幅度差。人工幅度差是指在劳动定额作业时间之外，在预算定额应考虑的在正常施工条件下所发生的各种工时损耗。其计算公式如下：

人工幅度差＝（基本用工＋超运距用工）×人工幅度差系数

（4）辅助用工。辅助用工是指技术工种劳动定额内不包括而在此预算定额内又必须考虑的工时。

2. 材料消耗量指标的确定

定额材料消耗量也称定额含量，是指完成一定计量单位合格装饰产品所规定消耗某种材料的数量标准。在定额表中，定额含量列在各子项的"数量"栏内，是计算分项工程综合单价和单位工程材料用量的重要指标。

3. 施工机械台班消耗量指标的确定

预算定额中的施工机械台班消耗量指标，是以台班为单位计算的，每台班为 8 小时。定

额的机械化水平是以多数施工企业采用和已推广的先进方法为标准。确定机械台班消耗量是以统一劳动定额中机械施工项目的台班产量为基础进行计算,还应考虑在合理的施工组织条件下机械的停歇因素,这些因素会影响机械的效率,因而需加上一定的机械幅度差。

六、装饰装修工程消耗量定额的编制

1. 装饰装修工程消耗量定额的编制依据

(1)国家现行的经济政策。

(2)现行设计规范、施工及验收规范、质量评定标准和安全操作规程。

(3)现行劳动定额和施工定额。

(4)现行的消耗量定额及有关文件规定等。

(5)具有代表性的典型工程施工图及有关标准图。

(6)新技术、新结构、新材料和先进的施工方法等。

(7)有关科学实验、技术测定等资料。

2. 装饰装修工程消耗量定额的编制步骤

(1)编制准备工作阶段。

(2)收集资料阶段。

(3)编制阶段。

(4)审核定稿报批阶段。

(5)水平测算、修改定稿阶段。

七、装饰装修工程定额的换算

当施工图样的设计要求与拟套的定额项目的工作内容、材料规格、施工工艺等不完全相符时,则不能直接套用定额,应根据定额规定进行调整的过程。如果定额规定允许换算,则应按照定额规定的换算方法进行换算;如果定额规定不允许换算,则该定额项目不能进行换算。

定额换算常用的换算方法有系数换算法、数值增减法、按比例换算法、砂浆配合比的换算和材料换算法五种。

1. 系数换算法

系数换算法是根据定额规定的系数,对定额项目中的人工、材料、机械或工程量等进行调整的一种方法。

用系数换算法进行调整时,只要将定额基本项目的定额含量乘以定额规定的系数即可,但在大多数情况下,定额规定的系数只是对项目中的用工、用料(或部分用料)或机械台班规定系数,因此,只能按规定把需要换算的人工、材料、机械按系数计算后,将其增减部分的工、料并入基本项目内,其计算公式如下:

$$调整含量 = 人工 \times 系数 + 材料 \times 系数 + 机械台班 \times 系数$$

2. 数值增减法

数值增减法是指按定额规定增减的数量(或比例)调整人工、材料、机械的方法。

换算时,只要用定额给出的增减工日、材料、机械台班增减到基本项的含量中即可。

3. 按比例换算法

由于设计条件与定额规定的不同,可根据定额相关说明按照设计用量与定额用量的比例

对人工、材料或机械台班消耗量进行调整换算。

4. 砂浆配合比的换算

设计砂浆配合比与定额取定不同,便会引起价格的变化,定额规定应进行换算的,则应换算配合比,其计算公式如下:

换算后的定额基价＝换算前原定额基价＋(应换入砂浆的单价－应换出砂浆的单价)× 应换算砂浆的定额用量

5. 材料换算法

材料换算法主要是用工程项目设计用材料代替定额中的相应材料,换算材料价格,材料量不变。

《全国统一建筑装饰装修工程消耗量定额》(GYD－901－2002)的总说明中规定:定额所采用的材料、半成品、成品的品种、规格型号与设计不符时,可按各章规定调整。如定额中的饰面夹板、实木(以锯材取定)、装饰线条,其材质包括榉木、橡木、柚木、枫木、核桃木、樱桃木、桦木、水曲柳等;部分列有榉木或橡木、枫木的项目,如实际使用的材质与定额取定的不符时,可以换算,但其消耗量不变。

此外,在制作工艺相同的情况下,如果分项工程的主材规格和单价同时发生改变,则计算公式如下:

换算后的定额基价＝换算前定额基价＋(定额单位主材定额消耗量×换入主材单价－定额单位主材定额)

第三节　工程量清单计价依据

一、2013 版清单计价规范简介

(一)清单计价规范的内容及适用范围

2012 年 12 月 25 日,住房和城乡建设部发布了《建设工程工程量清单计价规范》(GB 50500—2013)(以下简称"13 计价规范")和《房屋建筑与装饰工程工程量计算规范》(GB 50854—2013)、《仿古建筑工程工程量计算规范》(GB 50855—2013)、《通用安装工程工程量计算规范》(GB 50856—2013)、《市政工程工程量计算规范》(GB 50857—2013)、《园林绿化工程工程量计算规范》(GB 50858—2013)、《矿山工程工程量计算规范》(GB 50859—2013)、《构筑物工程工程量计算规范》(GB 50860—2013)、《城市轨道交通工程工程量计算规范》(GB 50861—2013)、《爆破工程工程量计算规范》(GB 50862—2013)等 9 本计量规范(以下简称"13 工程计量规范"),全部共 10 本规范于 2013 年 7 月 1 日起实施。

"13 计价规范"及"13 工程计量规范"是在《建设工程工程量清单计价规范》(GB 50500—2008)(以下简称"08 计价规范")基础上,以原建设部发布的工程基础定额、消耗量定额、预算定额以及各省、自治区、直辖市或行业建设主管部门发布的工程计价定额为参考,以工程计价相关的国家或行业的技术标准、规范、规程为依据,收集近年来新的施工技术、工艺和新材料的项目资料,经过整理,在全国广泛征求意见后编制而成。

"13 计价规范"共设置 16 章、54 节、329 条,各章名称为:总则、术语、一般规定、工程量清

单编制、招标控制价、投标报价、合同价款约定、工程计量、合同价款调整、合同价款期中支付、竣工结算与支付、合同解除的价款结算与支付、合同价款争议的解决、工程造价鉴定、工程计价资料与档案和工程计价表格。相比"08 计价规范"而言，分别增加了 11 章、37 节、192 条。

"13 计价规范"适用于建设工程发承包及实施阶段的招标工程量清单、招标控制价、投标报价的编制，工程合同价款的约定，竣工结算的办理以及施工过程中的工程计量、合同价款支付、施工索赔与现场签证、合同价款调整和合同价款争议的解决等计价活动。相对于"08 计价规范"，"13 计价规范"将"建设工程工程量清单计价活动"修改为"建设工程发承包及实施阶段的计价活动"，从而对清单计价规范的适用范围进一步进行了明确，表明了不分何种计价方式，建设工程发承包及实施阶段的计价活动必须执行"13 计价规范"。之所以规定"建设工程发承包及实施阶段的计价活动"，主要是因为工程建设具有周期长、金额大、不确定因素多的特点，从而决定了建设工程计价具有分阶段计价的特点，建设工程决策阶段、设计阶段的计价要求与发承包及实施阶段的计价要求是有区别的，这就避免了因理解上的歧义而发生纠纷。

"13 计价规范"规定："建设工程发承包及实施阶段的工程造价应由分部分项工程费、措施项目费、其他项目费、规费和税金组成。"这说明了不论采用什么计价方式，建设工程发承包及实施阶段的工程造价均由这五部分组成，这五部分也称之为建筑安装工程费。

根据原人事部、原建设部《关于印发〈造价工程师执业制度暂行规定〉的通知》（人发〔1996〕77 号）、《注册造价工程师管理办法》（建设部第 150 号令）以及《全国建设工程造价员管理办法》（中价协〔2011〕021 号）的有关规定，"13 计价规范"规定："招标工程量清单、招标控制价、投标报价、工程计量、合同价款调整、合同价款结算与支付，以及工程造价鉴定等工程造价文件的编制与核对，应由具有专业资格的工程造价人员承担。""承担工程造价文件的编制与核对的工程造价人员及其所在单位，应对工程造价文件的质量负责。"

另外，由于建设工程造价计价活动不仅要客观反映工程建设的投资，更应体现工程建设交易活动的公正、公平的原则，因此"13 计价规范"规定，工程建设双方，包括受其委托的工程造价咨询方，在建设工程发承包及实施阶段从事计价活动均应遵循客观、公正、公平的原则。

（二）清单计价规范的特点

《建设工程工程量清单计价规范》具有明显的强制性、竞争性、通用性和实用性。

1. 强制性

强制性主要表现在：一是由建设主管部门按照强制性国家标准的要求批准发布，规定使用国有资金投资的建设工程发承包，必须采用工程量清单计价；非国有资金投资的建设工程，宜采用工程量清单计价。二是明确招标工程量清单必须作为招标文件的组成部分，其准确性和完整性由招标人负责。规定招标人在编制分部分项工程项目和单价措施项目清单时，必须载明项目编码、项目名称、项目特征、计量单位和工程量五个要件，并明确安全文明施工费、规费和税金，应按国家或省级、行业建设主管部门的规定计价，不得作为竞争性费用，为建立全国统一的建设市场和规范计价行为提供了依据。

2. 竞争性

竞争性表现在：一方面，《建设工程工程量清单计价规范》中从政策性规定到一般内容的具体规定，充分体现了工程造价由市场竞争形成价格的原则。对于"13 工程计量规范"中的总价措施项目，在工程量清单中只列出"项目编码"和"项目名称"，具体采用什么措施，由投标人根据企业的施工组织设计,视具体情况报价;另一方面,《建设工程工程量清单计价规范》中人工、材料和施工机械没有具体的消耗量,为企业报价提供了自主的空间。

3. 通用性

通用性主要表现在:一是《建设工程工程量清单计价规范》中对工程量清单计价表格规定了统一的表达格式,这样,不同省市、地区和行业在工程施工招投标过程中,互相竞争就有了统一标准,利于公平、公正竞争;二是《建设工程工程量清单计价规范》编制考虑了与国际惯例的接轨,工程量清单计价是国际上通行的计价方法。

《建设工程工程量清单计价规范》的相关规定符合工程量计算方法标准化、工程量计算规则统一化、工程造价确定市场化的要求。

4. 实用性

实用性表现在:在"13 工程计量规范"中,工程量清单项目及工程量计算规则的项目名称表现的是工程实体项目,项目名称明确清晰,工程量计算规则简洁明了。

二、招标工程量清单

工程量清单是指载明建设工程分部分项工程项目、措施项目、其他项目的名称和相应数量以及规费、税金项目等内容的明细清单。招标工程量清单是招标人依据国家标准、招标文件、设计文件以及施工现场实际情况编制的,随招标文件发布供投标报价的工程量清单,包括其说明和表格。

招标工程量清单应由招标人负责编制,若招标人不具有编制工程量清单的能力,则可根据《工程造价咨询企业管理办法》(建设部第 149 号令)的规定,委托具有工程造价咨询性质的工程造价咨询人编制。招标工程量清单必须作为招标文件的组成部分,其准确性(数量不算错)和完整性(不缺项漏项)应由招标人负责。招标人应将工程量清单连同招标文件一起发(售)给投标人。投标人依据工程量清单进行投标报价时,对工程量清单不负有核实的义务,更不具有修改和调整的权力。如招标人委托工程造价咨询人编制工程量清单,其责任仍由招标人负责。招标工程量清单是工程量清单计价的基础,应作为编制招标控制价、投标报价、计算或调整工程量以及工程索赔等的依据之一。

招标工程量清单应以单位(项)工程为单位编制,应由分部分项工程项目清单、措施项目清单、其他项目清单、规费和税金项目清单组成。

(一)分部分项工程项目清单

分部分项工程项目清单应根据《房屋建筑与装饰工程工程量计算规范》(GB 50854—2013)附录规定的项目编码、项目名称、项目特征、计量单位和工程量计算规则进行编制。

1. 项目编码

项目编码按《房屋建筑与装饰工程工程量计算规范》(GB 50854—2013)附录项目编码栏内规定的九位数字另加三位顺序码共十二位阿拉伯数字组成。其中一、二位(一级)为专业工程代码;三、四位(二级)为专业工程附录分类顺序码;五、六位(三级)为分部工程顺序码;七、八、九位(四级)为分项工程项目名称顺序码;十至十二位(五级)为清单项目名称顺序码,第五级编码应根据拟建工程的工程量清单项目名称设置。

(1)第一、二位专业工程代码。房屋建筑与装饰工程为 01,仿古建筑为 02,通用安装工为 03,市政工程为 04,园林绿化工程为 05,矿山工程为 06,构筑物工程为 07,城市轨道交通工程为 08,爆破工程为 09。

(2)第三、四位专业工程附录分类顺序码(相当于章)。以房屋建筑与装饰工程为例,在《房屋建筑与装饰工程工程量计算规范》(GB 50854—2013)附录中,房屋建筑与装饰工程共分为 17 部分,其各自专业工程附录分类顺序码分别为:附录 A 土石方工程,附录分类顺序码 01;附录 B 地基处理与边坡支护工程,附录分类顺序码 02;附录 C 桩基工程,附录分类顺序码 03;附录 D 砌筑工程,附录分类顺序码 04;附录 E 混凝土及钢筋混凝土工程,附录分类顺序码 05;附录 F 金属结构工程,附录分类顺序码 06;附录 G 木结构工程,附录分类顺序码 07;附录 H 门窗工程,附录分类顺序码 08;附录 J 屋面及防水工程,附录分类顺序码 09;附录 K 保温、隔热、防腐工程,附录分类顺序码 10;附录 L 楼地面装饰工程,附录分类顺序码 11;附录 M 墙、柱面装饰与隔断、幕墙工程,附录分类顺序码 12;附录 N 天棚工程,附录分类顺序码 13;附录 P 油漆、涂料、裱糊工程,附录分类顺序码 14;附录 Q 其他装饰工程,附录分类顺序码 15;附录 R 拆除工程,附录分类顺序码 16;附录 S 措施项目,附录分类顺序码 17。

(3)第五、六位分部工程顺序码(相当于章中的节)。以房屋建筑与装饰工程中墙、柱面装饰与隔断、幕墙工程为例,在《房屋建筑与装饰工程工程量计算规范》(GB 50854—2013)附录 M 中,墙、柱面装饰与隔断、幕墙工程共分为 10 节,其各自分部工程顺序码分别为:M.1 墙面抹灰,分部工程顺序码 01;M.2 柱(梁)面抹灰,分部工程顺序码 02;M.3 零星抹灰,分部工程顺序码 03;M.4 墙面块料面层,分部工程顺序码 04;M.5 柱(梁)面镶贴块料,分部工程顺序码 05;M.6 镶贴零星块料,分部工程顺序码 06;M.7 墙饰面,分部工程顺序码 07;M.8 柱(梁)饰面,分部工程顺序码 08;M.9 幕墙工程,分部工程顺序码 09;M.10 隔断,分部工程顺序码 10。

(4)第七、八、九位分项工程项目名称顺序码。以墙、柱面装饰与隔断、幕墙工程中墙面块料面层为例,在《房屋建筑与装饰工程工程量计算规范》(GB 50854—2013)附录 M.4 中,墙面块料面层共分为 4 项,其各自分项工程项目名称顺序码分别为:石材墙面 001;拼装石材墙面 002;块料墙面;003;干挂石材钢骨架 004。

(5)第十至十二位清单项目名称顺序码。以墙面块料面层中石材墙面为例,按《房屋建筑与装饰工程工程量计算规范》(GB 50854—2013)的有关规定,石材墙面需描述的清单项目特征包括:墙体类型;安装方式;面层材料品种、规格、颜色;缝宽、嵌缝材料种类;防护材料种类;磨光、酸洗、打蜡要求。清单编制人在对石材墙面进行编码时,即可在全国统一九位编码 011204001 的基础上,根据不同的墙体类型、安装方式、面层材料、缝宽、嵌缝材料、防护材料、磨光、酸洗、打蜡要求等因素,对十至十二位编码自行设置,编制出清单项目名称顺序码 001、002、003、004…

清单编制人在自行设置编码时应注意以下几点:

(1)编制工程量清单时,应注意对项目编码的设置不得有重码,一个项目编码对应一个项目名称、计量单位、计算规则、工作内容、综合单价,因而清单编制人在自行设置编码时,以上五项中只要有一项不同,就应另设编码。例如,同一个单位工程中分别用砂浆、胶粘剂粘贴、挂贴等安装方式进行石材墙面安装施工,虽然都是石材墙面,但由于安装方式不一样,因而其综合单价就不同,故第五级编码就应分别设置,其编码分别为 011204001001(砂浆粘贴)、011204001002(胶粘剂粘贴)、011204001003(挂贴)。特别应注意的是当同一标段(或合同段)的一份工程量清单中含有多个单项或单位工程,且工程量清单是以单项或单位工程为编制对象时,应注意项目编码中的十至十二位的设置不得重码。例如,一个标段(或合同段)的工程量清单中含有三个单项或单位工程,每一单项或单位工程中都有项目特征相同的墙面一般抹灰,在工程量清单中又需反映三个不同单项或单位工程的墙面一般抹灰工程量时,此时工程量清单应以单项或单位工程为编制对象,第一个单项或单位工程的墙面一般抹灰的项目编码为011201001001,第二个单项或单位工程的墙面一般抹灰的项目编码为011201001002,第三个单项或单位工程的墙面一般抹灰的项目编码为011201001003,并分别列出各单项或单位工程墙面一般抹灰的工程量。

(2)项目编码不应再设副码,因第五级编码的编码范围从 001 至 999 共有 999 个,对于一个项目即使特征有多种类型,也不会超过 999 个,在实际工程应用中足够使用。如用011204001001－1(副码)、011204001001－2(副码)编码,分别表示砂浆粘贴石材墙面和胶粘剂粘贴石材墙面,就是错误的表示方法。

(3)同一个单位工程中第五级编码不应重复。即同一性质项目,只要形成的综合单价不同,第五级编码就应分别设置。如墙面抹灰中的混凝土墙面抹灰和砖墙面抹灰,其第五级编码就应分别设置。

(4)清单编制人在自行设置编码时,并项要慎重考虑。如某多层建筑物挑檐底部抹灰与室内天棚抹灰的砂浆种类、抹灰厚度都相同,但这两个项目的施工难易程度有所不同,因而要慎重考虑并项。

2. 项目名称

项目名称应按相关工程国家工程量计算规范的规定,根据拟建工程实际确定。在实际填写过程中,"项目名称"有两种填写方法:一是完全保持相关工程国家工程量计算规范的项目名称不变;二是根据工程实际在工程量计算规范项目名称下另行确定详细名称。

3. 项目特征

工程量清单的项目特征是确定一个清单项目综合单价不可缺少的主要依据。对工程量清单项目的特征描述具有十分重要的意义,其主要体现包括三个方面:①项目特征是区分清单项目的依据。工程量清单项目特征是用来表述分部分项清单项目的实质内容,用于区分计价规范中同一清单条目下各个具体的清单项目。没有项目特征的准确描述,对于相同或相似的清单项目名称,就无从区分。②项目特征是确定综合单价的前提。由于工程量清单项目的特征决定了工程实体的实质内容,必然直接决定了工程实体的自身价值。因此,工程量清单项目特征描述得准确与否,直接关系到工程量清单项目综合单价的准确确定。③项目特征是履行合同义务的基础。实行工程量清单计价,工程量清单及其综合单价是施工合同的组成部分,因此,如果工程量清单项目特征的描述不清甚至漏项、错误,从而引起在施工过程中的更改,都会引起分歧,导致纠纷。

在按"13 工程计量规范"对工程量清单项目的特征进行描述时,应注意"项目特征"与"工作内容"的区别。"项目特征"是工程项目的实质,决定着工程量清单项目的价值大小,而"工作内容"主要讲的是操作程序,是承包人完成能通过验收的工程项目所必须要操作的工序。在"13 工程计量规范"中,工程量清单项目与工程量计算规则、工作内容具有一一对应的关系,当采用"13 计价规范"进行计价时,工作内容即有规定,无需再对其进行描述。而"项目特征"栏中的任何一项都影响着清单项目的综合单价的确定,招标人应高度重视分部分项工程项目清单项目特征的描述,任何不描述或描述不清,均会在施工合同履约过程中产生分歧,导致纠纷、索赔。例如屋面卷材防水,按照"13计价规范"编码为010902001项目中"项目特征"栏的规定,发包人在对工程量清单项目进行描述时,就必须要对卷材的品种、规格、厚度,防水层数及防水层做法等进行详细的描述,因为这其中任何一项的不同都直接影响到屋面卷材防水的综合单价。而在该项"工作内容"栏中阐述了屋面卷材防水应包括基层处理、刷底油、铺油毡卷材、接缝等施工工序,这些工序即便发包人不提,承包人为完成合格屋面卷材防水工程也必然要经过,因而发包人在对工程量清单项目进行描述时,就没有必要对屋面卷材防水的施工工序承包人提出规定。

因此,在编制工程量清单时,必须对项目特征进行准确而且全面的描述,准确的描述工程量清单的项目特征对于准确的确定工程量清单项目的综合单价具有决定性的作用。

在对清单的项目特征描述时,可按下列要点进行:

(1)必须描述的内容:

1)涉及正确计量的内容必须描述。如对于门窗若采用"樘"计量,则1樘门或窗有多大,直接关系到门窗的价格,对门窗洞口或框外围尺寸进行描述是十分必要的。

2)涉及结构要求的内容必须描述。如混凝土构件的混凝土的强度等级,因混凝土强度等级不同,其价格也不同,必须描述。

3)涉及材质要求的内容必须描述。如油漆的品种,是调和漆还是硝基清漆等;管材的材质,是钢管还是塑料管等;还需要对管材的规格、型号进行描述。

4)涉及安装方式的内容必须描述。如管道工程中的管道的连接方式就必须描述。

(2)可不描述的内容:

1)对计量计价没有实质影响的内容可以不描述。如对现浇混凝土柱的高度、断面大小等的特征规定可以不描述,因为混凝土构件是按"m³"计量,对此的描述实质意义不大。

2)应由投标人根据施工方案确定的可以不描述。

3)应由投标人根据当地材料和施工要求确定的可以不描述。如对混凝土构件中的混凝土拌合料使用的石子种类及粒径、砂的种类的特征规定可以不描述。因为混凝土拌合料使用砾石还是碎石,使用粗砂还是中砂、细砂或特细砂,除构件本身有特殊要求需要指定外,主要取决于工程所在地砂、石子材料的供应情况。至于石子的粒径大小主要取决于钢筋配筋的密度。

4)应由施工措施解决的可以不描述。如对现浇混凝土板、梁的标高的特征规定可以不描述。因为同样的板或梁,都可以将其归并在同一个清单项目中,但由于标高的不同,将会导致因楼层的变化对同一项目提出多个清单项目,不同的楼层其工效是不一样的,但这样的差异可以由投标人在报价中考虑,或在施工措施中去解决。

(3)可不详细描述的内容:

1)无法准确描述的可不详细描述。如土壤类别,由于我国幅员辽阔,南北东西差异较大,特别是对于南方来说,在同一地点,由于表层土与表层土以下的土壤,其类别是不相同的,要求清单编制人准确判定某类土壤的所占比例是困难的,在这种情况下,可考虑将土壤类别描述为合格,注明由投标人根据地勘资料自行确定土壤类别,决定报价。

2)施工图纸、标准图集标注明确的,可不再详细描述。对这些项目可采取详见××图集或××图号的方式,对不能满足项目特征描述要求的部分,仍应用文字描述。由于施工图纸、标准图集是发承包双方都应遵守的技术文件,这样描述可以有效减少在施工过程中对项目理解的不一致。

3)有一些项目可不详细描述,但清单编制人在项目特征描述中应注明由投标人自定。如土方工程中的"取土运距"、"弃土运距"等。首先,要求清单编制人决定在多远取土或取、弃土运往多远是困难的;其次,由投标人根据在建工程施工情况统筹安排,自主决定取、弃土方的运距可以充分体现竞争的要求。

4)如清单项目的项目特征与现行定额中某些项目的规定是一致的,也可采用见×定额项目的方式进行描述。

(4)项目特征的描述方式。描述清单项目特征的方式大致可分为"问答式"和"简化式"两种。其中,"问答式"是指清单编写人按照工程计价软件上提供的规范,在要求描述的项目特征上采用答题的方式进行描述,如描述砖基础清单项目特征时,可采用"1. 砖品种、规格、强度等级:页岩标准砖 MU15,240mm×115mm×53mm;2. 砂浆强度等级:M10 水泥砂浆;3. 防潮层种类及厚度:20mm 厚 1:2 水泥砂浆(防水粉 5%)。";"简化式"是对需要描述的项目特征内容根据当地的用语习惯,采用口语化的方式直接表述,省略了规范上的描述要求,如同样在描述砖基础清单项目特征时,可采用"M10 水泥砂浆、MU15 页岩标准砖砌条形基础,20mm厚 1:2 水泥砂浆(防水粉 5%)防潮层。"

4. 计量单位

计量单位应按相关工程国家工程量计算规范规定的计量单位确定。有些项目工程量计算规范中有两个或两个以上计量单位,应根据拟建工程项目的实际,选择最适宜表现该项目特征并方便计量的单位。如泥浆护壁成孔灌注桩项目,工程量计算规范以 m³、m 和根三个计量单位表示,此时就应根据工程项目的特点,选择其中一个即可。

5. 工程量计算

工程量清单中所列工程量应按相关工程国家工程量计算规范规定的工程量计算规则计算。"13 计价规范"中规定:"工程量必须按照相关工程现行国家计量规范规定的工程量计算规则计算。"这就明确了不论采用何种计价方式,其工程量必须按照相关工程的现行国家计量规范规定的工程量计算规则计算。采用统一的工程量计算规则,对于规范工程建设各方的计量计价行为,有效减少计量争议具有十分重要的意义。

投标人投标报价时,应在综合单价中考虑施工中的各种损耗和需要增加的工程量。

6. 补充项目

随着科学技术日新月异的发展,工程建设中新材料、新技术、新工艺不断涌现,规范附录所列的工程量清单项目不可能包罗万象,很难避免新项目出现。因此,"13 工程计量规范"规定在实际编制工程量清单时,当出现规范附录中未包括的清单项目时,编制人应作补充。补充项目的编码由各专业工程代码(如房屋建筑与装饰工程 01)与 B 和三位阿拉伯数字组成,并应从×B001 起顺序编制,同一招标工程的项目不得重码。补充的工程量清单中需附有补充项目的名称、项目特征、计量单位、工程量计算规则、工作内容。不能计量的措施项目,需附有补充项目的名称、工作内容及包含范围。

(二)措施项目清单

措施项目是指为完成工程项目施工,发生于该工程施工准备和施工过程中的技术、生活、安全、环境保护等方面的非工程实体项目。措施项目清单应根据拟建工程的实际情况列项。

（1）能计量的措施项目（即单价措施项目），与分部分项工程项目清单一样，编制工程量清单时，必须列出项目编码、项目名称、项目特征、计量单位。

（2）对不能计量，《房屋建筑与装饰工程工程量计算规范》（GB 50854—2013）中仅列出项目编码、项目名称，未列出项目特征、计量单位和工程量计算规则的措施项目（即总价措施项目），编制工程量清单时可仅按项目编码、项目名称确定清单项目，不必描述其项目特征和确定其计量单位。

（三）其他项目清单

其他项目清单是指分部分项清单项目和措施项目以外，该工程项目施工中可能发生的其他费用项目和相应数量的清单。

（1）其他项目清单宜按照下列内容列项：

1）暂列金额。暂列金额是招标人在工程量清单中暂定并包括在合同价款中的一笔款项。清单计价规范中，明确规定暂列金额用于施工合同签订时尚未确定或者不可预见的所需材料、设备、服务的采购，施工中可能发生的工程变更、合同约定调整因素出现时的工程价款调整，以及发生的索赔、现场签证确认等的费用。

不管采用何种合同形式，工程造价理想的标准是，一份合同的价格就是其最终的竣工结算价格，或者至少两者应尽可能接近。我国规定对政府投资工程实行概算管理，经项目审批部门批复的设计概算是工程投资控制的刚性指标，即使商业性开发项目也有成本的预先控制问题，否则，无法相对准确预测投资的收益和科学合理地进行投资控制。但工程建设自身的特性决定了工程的设计需要根据工程进展不断地进行优化和调整，业主需求可能会随工程建设进展出现变化，工程建设过程还会存在一些不能预见、不能确定的因素。消化这些因素必然会影响合同价格的调整，暂列金额正是为这类不可避免的价格调整而设立，以便达到合理确定和有效控制工程造价的目标。

另外，暂列金额列入合同价格不等于就属于承包人所有了，即使是总价包干合同，也不等于列入合同价格的所有金额就属于承包人，是否属于承包人应得金额取决于具体的合同约定，只有按照合同约定程序实际发生后，才能成为承包人的应得金额，纳入合同结算价款中。扣除实际发生金额后的暂列金额余额仍属于发包人所有。设立暂列金额并不能保证合同结算价格就不会再出现超过合同价格的情况，是否超出合同价格完全取决于工程量清单编制人暂列金额预测的准确性，以及工程建设过程是否出现了其他事先未预测到的事件。

2）暂估价。暂估价是指招标阶段直至签订合同协议时，招标人在招标文件中提供的用于支付必然发生但暂时不能确定价格的材料以及专业工程的金额。暂估价包括材料暂估单价、工程设备暂估单价和专业工程暂估价。暂估价类似于 FIDIC 合同条款中的 Prime Cost Items，在招标阶段预见肯定要发生，只是因为标准不明确或者需要由专业承包人完成，暂时无法确定价格。暂估价数量和拟用项目应当结合工程量清单中的"暂估价表"予以补充说明。

为方便合同管理，需要纳入分部分项工程项目清单综合单价中的暂估价应只是材料费、工程设备费，以方便投标人组价。

专业工程的暂估价一般应是综合暂估价，应当包括除规费和税金以外的管理费、利润等取费。总承包招标时，专业工程设计深度往往是不够的，一般需要交由专业设计人设计，国际上，出于提高可建造性考虑，一般由专业承包人负责设计，以发挥其专业技能和专业施工经验的优势。这类专业工程交由专业分包人完成是国际工程的良好实践,目前在我国工程建设领域也已经比较普遍。公开透明地合理确定这类暂估价的实际开支金额的最佳途径,就是通过施工总承包人与工程建设项目招标人共同组织的招标。

3)计日工。计日工是为解决现场发生的零星工作的计价而设立的,其为额外工作和变更的计价提供了一个方便快捷的途径。计日工适用的所谓零星工作一般是指合同约定之外的或者因变更而产生的、工程量清单中没有相应项目的额外工作,尤其是那些时间不允许事先商定价格的额外工作。计日工以完成零星工作所消耗的人工工时、材料数量、机械台班进行计量,并按照计日工表中填报的适用项目的单价进行计价支付。

国际上常见的标准合同条款中,大多数都设立了计日工(Daywork)计价机制。但在我国以往的工程量清单计价实践中,由于计日工项目的单价水平一般要高于工程量清单项目的单价水平,因而经常被忽略。从理论上讲,由于计日工往往是用于一些突发性的额外工作,缺少计划性,承包人在调动施工生产资源方面难免不影响已经计划好的工作,生产资源的使用效率也有一定的降低,客观上造成超出常规的额外投入。另外,其他项目清单中计日工往往是一个暂定的数量,其无法纳入有效的竞争。所以,合理的计日工单价水平一定是要高于工程量清单的价格水平的。为获得合理的计日工单价,发包人在其他项目清单中对计日工一定要给出暂定数量,并需要根据经验尽可能估算一个较接近实际的数量。

4)总承包服务费。总承包服务费是为了解决招标人在法律、法规允许的条件下进行专业工程发包,以及自行供应材料、设备,并需要总承包人对发包的专业工程提供协调和配合服务,对供应的材料、设备提供收、发和保管服务以及进行施工现场管理时发生,并向总承包人支付的费用。招标人应预计该项费用并按投标人的投标报价向投标人支付该项费用。

(2)为保证工程施工建设的顺利实施,投标人在编制招标工程量清单时应对施工过程中可能出现的各种不确定因素对工程造价的影响进行估算,列出一笔暂列金额。暂列金额可根据工程的复杂程度、设计深度、工程环境条件(包括地质、水文、气候条件等)进行估算,一般可按分部分项工程费的10%～15%作为参考。

(3)暂估价中的材料、工程设备暂估单价应根据工程造价信息或参照市场价格估算,列出明细表;专业工程暂估价应分不同专业,按有关计价规定估算,列出明细表。

(4)计日工应列出项目名称、计量单位和暂估数量。

(5)总承包服务费应列出服务项目及其内容等。

(6)出现上述第(1)条中未列的项目,应根据工程实际情况补充。如办理竣工结算时,就需将索赔及现场鉴证列入其他项目中。

(四)规费和税金项目清单

1. 规费

规费是根据省级政府或省级有关权力部门规定必须缴纳的,应计入建筑安装工程造价的费用。根据住房和城乡建设部、财政部"关于印发《建筑安装工程费用项目组成》的通知"(建标〔2013〕44 号)的规定,规费主要包括社会保险费、住房公积金、工程排污费,其中社会保险费包括养老保险费、医疗保险费、失业保险费、工伤保险费和生育保险费;税金主要包括营业税、城市维护建设税、教育费附加和地方教育附加。规费作为政府和有关权力部门规定必须缴纳的费用,政府和有关权力部门可根据形势发展的需要,对规费项目进行调整,因此,清单编制人对《建筑安装工程费用项目组成》中未包括的规费项目,在编制规费项目清单时,应根据省级政府或省级有关权力部门的规定列项。

规费项目清单应按照下列内容列项:

(1)社会保险费:包括养老保险费、失业保险费、医疗保险费、工伤保险费、生育保险费。

(2)住房公积金。

(3)工程排污费。

相对于"08 计价规范","13 计价规范"对规费项目清单进行了以下调整:

(1)根据《中华人民共和国社会保险法》的规定,将"08 计价规范"使用的"社会保障费"更名为"社会保险费",将"工伤保险费、生育保险费"列入社会保险费。

(2)根据十一届全国人大常委会第 20 次会议将《中华人民共和国建筑法》第四十八条由"建筑施工企业必须为从事危险作业的职工办理意外伤害保险,支付保险费"修改为"建筑施工企业应当依法为职工参加工伤保险缴纳工伤保险费。鼓励企业为从事危险作业的职工办理意外伤害保险,支付保险费"。由于建筑法将意外伤害保险由强制改为鼓励,因此,"13 计价规范"中规费项目增加了工伤保险费,删除了意外伤害保险,将其列入企业管理费中列支。

(3)根据《财政部、国家发展改革委关于公布取消和停止征收 100 项行政事业性收费项目的通知》(财综〔2008〕78 号)的规定,工程定额测定费从 2009 年 1 月 1 日起取消,停止征收。因此,"13 计价规范"中规费项目取消了工程定额测定费。

2. 税金

根据住房和城乡建设部、财政部"关于印发《建筑安装工程费用项目组成》的通知"(建标〔2013〕44 号)的规定,目前,我国税法规定应计入建筑安装工程造价的税种包括营业税、城市建设维护税、教育费附加和地方教育附加。如国家税法发生变化,税务部门依据职权增加了税种,应对税金项目清单进行补充。

税金项目清单应按下列内容列项:

(1)营业税。

(2)城市维护建设税。

(3)教育费附加。

(4)地方教育附加。

根据《财政部关于统一地方教育政策有关内容的通知》(财综〔2011〕98 号)的有关规定,"13 计价规范"相对于"08 计价规范",在税金项目增列了地方教育附加项目。

第四节　建筑面积计算

《建筑工程建筑面积计算规范》(GB/T 50353—2005)在建筑工程造价管理方面有着非常重要的地位,其是计算建筑房屋工程量和单位工程每平方米预算造价的主要依据。

一、建筑面积的相关概念

1. 建筑面积

建筑面积(亦称建筑展开面积),是指建筑物各层水平面积的总和。建筑面积由使用面

积、辅助面积和结构面积组成,其中使用面积与辅助面积之和称为有效面积。其计算公式如下:

$$建筑面积=使用面积+辅助面积+结构面积=有效面积+结构面积$$

2. 使用面积

使用面积,是指建筑物各层布置中可直接为生产或生活使用的净面积总和,例如住宅建筑中的卧室、起居室、客厅等。住宅建筑中的使用面积也称为居住面积。

3. 辅助面积

辅助面积,是指建筑物各层平面布置中为辅助生产和生活所占净面积的总和。例如,住宅建筑中的楼梯、走道、厕所、厨房等。

4. 结构面积

结构面积,是指建筑物各层平面布置中的墙体、柱等结构所占的面积的总和。

5. 首层建筑面积

首层建筑面积,也称底层建筑面积,是指建筑物底层勒脚以上外墙外围水平投影面积。首层建筑面积是"二线一面"中的一个重要指标。

二、建筑面积计算相关术语

为了准确计算建筑物的建筑面积,《建筑工程建筑面积计算规范》(GB/T 50353—2005)对相关术语做了明确规定。具体如下:

(1)层高。层高是指上下两层楼面或楼面与地面之间的垂直距离。一般来说也指室内地面标高至屋面板板面结构标高之间的垂直距离。具体划分如下:

1)建筑物最底层的层高。

①有基础底板的,按基础底板上表面结构至上层楼面的结构标高之间的垂直距离确定。

②没有基础底板的,按室外设计地面标高至上层楼面结构标高之间的垂直距离确定。

2)最上一层的层高。按楼面结构标高至屋面板板面结构标高之间的垂直距离,遇有以屋面板找坡的屋面,层高指楼面结构标高至屋面板最低处板面结构标高之间的垂直距离。

(2)净高。净高是指楼面或地面至上部楼板底或吊顶底面之间的垂直距离。首层净高是指室外设计地坪至上部楼板底或吊顶底面之间的垂直距离。

(3)自然层。自然层是指按楼板、地面结构分层的楼层。

(4)架空层。架空层是指建筑物深基础或坡地建筑吊脚架空部位不回填土石方形成的建筑空间。

(5)走廊。走廊是指建筑物的水平交通空间。

(6)挑廊。挑廊是指挑出建筑物外墙的水平交通空间。

(7)檐廊。檐廊是指设置在建筑物底层出檐下的水平交通空间。

(8)回廊。回廊是指在建筑物门厅、大厅内设置的在二层或二层以上的回形走廊。

(9)门斗。门斗是指在建筑物出入口设置的起分隔、挡风、御寒等作用的建筑过渡空间。

(10)建筑物通道。建筑物通道是指为道路穿过建筑物而设置的建筑空间。

(11)架空走廊。架空走廊是指建筑物与建筑物之间,在二层或二层以上专门为水平交通设置的走廊。

(12)勒脚。勒脚是指建筑物的外墙与室外地面或散水接触部位墙体的加厚部分。

(13)围护结构。围护结构是指围合建筑空间四周的墙体、门、窗等。

(14)围护性幕墙。围护性幕墙是指直接作为外墙起围护作用的幕墙。

(15)装饰性幕墙。装饰性幕墙是指设置在建筑物墙体外起装饰作用的幕墙。

(16)落地橱窗。落地橱窗是指突出外墙面根基落地的橱窗。

(17)阳台。阳台是指供使用者进行活动和晾晒衣物的建筑空间。

(18)眺望间。眺望间是指设置在建筑物顶层或挑出房间的供人们远眺或观察周围情况的建筑空间。

(19)雨篷。雨篷是指设置在建筑物进出口上部的遮雨、遮阳篷。

(20)地下室。地下室是指房间地平面低于室外地平面的高度超过该房间净高的1/2者。

(21)半地下室。半地下室是指房间地平面低于室外地平面的高度超过该房间净高的1/3,且不超过1/2者。

(22)变形缝。变形缝是伸缩缝(温度缝)、沉降缝和抗震缝的总称。

(23)永久性顶盖。永久性顶盖是指经规划批准设计的永久使用的顶盖。

(24)飘窗。飘窗是指为房间采光和美化造型而设置的突出外墙的窗。

(25)骑楼。骑楼是指楼层部分跨在人行道上的临街楼房。

(26)过街楼。过街楼是指有道路穿过建筑空间的楼房。

三、建筑面积计算规则及方法

1. 计算建筑面积的范围

(1)单层建筑物建筑面积的计算。单层建筑物应按其外墙勒脚以上结构外围水平面积计算。

勒脚是指建筑物外墙与室外地面或散水接触部位墙体的加厚部位,起保护墙身和增加建筑物立面美观的作用,如图 2-6 所示。

1)单层建筑物高度在 2.20m 及以上者应计算全面积;高度不足 2.20m 者应计算 1/2 面积。

2)利用坡屋顶内空间时,净高超过 2.10m 的部位应计算全面积;净高在 1.20m 至 2.10m 的部位应计算 1/2 面积;净高不足 1.20m 的部位不应计算面积。

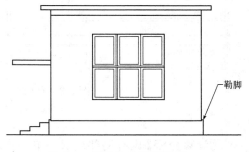

图 2-6　建筑物勒脚示意图

3)单层建筑物内设有局部楼层者,局部楼层的二层及以上楼层,有围护结构的应按其围护结构外围水平面积计算,无围护结构的应按其结构底板水平面积计算。层高在 2.20m 及以上者应计算全面积;层高不足 2.20m 者应计算 1/2 面积。

【计算实例 1】

图 2-7 所示为单层建筑物示意图,试计算其建筑面积。

【计算分析】利用坡屋顶内空间时,净高超过 2.10m 的部位应计算全面积;该单层建筑物净高为 2.8m,故应计算全面积。

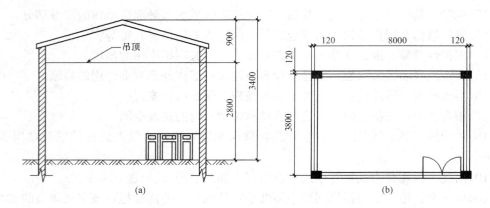

图 2-7　单层建筑物示意图

(a)剖面；(b)平面

【解】　建筑面积 $S=(3.8+0.24)\times(8+0.24)=33.29\mathrm{m}^2$

【计算实例 2】

图 2-8 所示为有局部楼层的单层平屋顶建筑物示意图，试计算其建筑面积。

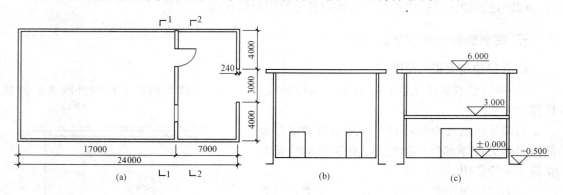

图 2-8　有局部楼层的单层平屋顶建筑物示意图

(a)平面；(b)1—1 剖面；(c)2—2 剖面

【计算分析】设有局部楼层的单层建筑物，局部楼层的二层及以上楼层，有围护结构的应按其围护结构外围水平面积计算，层高在 2.2m 以上者应计算全面积。

【解】　建筑面积 $S=(24+0.24)\times(11+0.24)+(7+0.24)\times(11+0.24)=353.84\mathrm{m}^2$

【计算实例 3】

图 2-9 所示为某单层坡屋顶建筑物示意图，试计算其建筑面积。

【计算分析】单层建筑物应按不同的高度确定其面积的计算。其高度指室内地面标高至屋面板板面结构标高之间的垂直距离。遇有以屋面板找坡的平屋顶单层建筑物，其高度指室内地面标高至屋面板最低处板面结构标高之间的垂直距离。本例中局部楼层层高为 2.1m，应计算 1/2 面积。

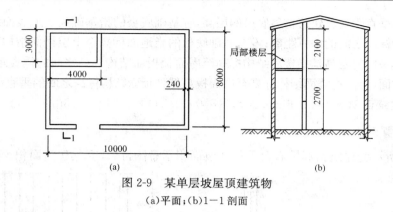

图 2-9　某单层坡屋顶建筑物

(a)平面;(b)1—1 剖面

【解】　建筑面积 $S=(10+0.24)\times(8+0.24)+1/2\times(4+0.24)\times(3+0.24)=91.25\text{m}^2$

(2)多层建筑物建筑面积的计算。

1)首层应按其外墙勒脚以上结构外围水平面积计算;二层及以上楼层应按其外墙结构外围水平面积计算。层高在 2.20m 及以上者应计算全面积;层高不足 2.20m 者应计算 1/2 面积。

2)多层建筑坡屋顶内和场馆看台下,当设计加以利用时净高超过 2.10m 的部位应计算全面积;净高在 1.20m 至 2.10m 的部位应计算 1/2 面积;当设计不利用或室内净高不足 1.20m 时不应计算面积。

【计算实例 4】

图 2-10 所示为某办公楼的建筑示意图,试计算其建筑面积。

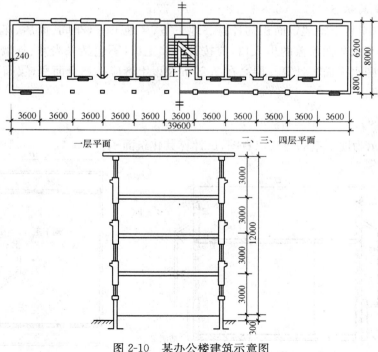

图 2-10　某办公楼建筑示意图

【计算分析】多层建筑物的建筑面积应按不同的层高分别计算。层高是指上下两层楼面结构标高之间的垂直距离。建筑物最底层的层高,有基础底板的指基础底板上表面结构标高至上层楼面的结构标高之间的垂直距离;没有基础底板的指地面标高至上层楼面结构标高之间的垂直距离。最上一层的层高是指楼面结构标高至屋面板板面结构标高之间的垂直距离,遇有以屋面板找坡的屋面,层高指楼面结构标高至屋面板最低处板面结构标高之间的垂直距离。

【解】 建筑面积 $S=(39.6+0.24)\times(8.0+0.24)\times4=1313.13\text{m}^2$

【计算实例 5】

图 2-11 所示为建筑物场馆看台下的建筑面积示意图,试计算其建筑面积。

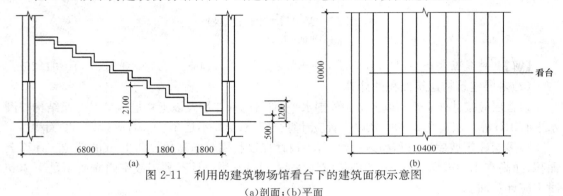

图 2-11 利用的建筑物场馆看台下的建筑面积示意图
(a)剖面;(b)平面

【计算分析】多层建筑坡屋顶内和场馆看台下的空间应视为坡屋顶内的空间,设计加以利用时,应按其净高确定其面积计算。设计不利用的空间,不应计算建筑面积。

【解】 建筑面积 $S=10\times(6.8+1.8\times0.5)=77\text{m}^2$

(3)地下室、半地下室建筑面积的计算。地下室、半地下室(车间、商店、车站、车库、仓库等)包括相应的有永久性顶盖的出入口,应按其外墙上口(不包括采光井、外墙防潮层及其保护墙)外边线所围水平面积计算。层高在 2.20m 及以上者应计算全面积;层高不足 2.20m 者应计算 1/2 面积。

【计算实例 6】

图 2-12 所示为地下室的建筑示意图,试计算其建筑面积。

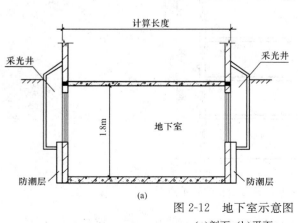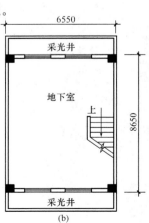

图 2-12 地下室示意图
(a)剖面;(b)平面

【计算分析】地下室、半地下室应以其外墙上口外边线所围水平面积计算。《全国统一建筑工程预算工程量计算规则》中规定按地下室、半地下室上口外墙外围水平面积计算，文字上不甚严密，"上口外墙"切勿理解为地下室、半地下室的上一层建筑的外墙。由于上一层建筑外墙与地下室墙的中心线不一定完全重叠，多数情况是凸出或凹进地下室外墙中心线。

【解】　建筑面积 $S = 6.55 \times 8.65 \times 1/2 = 28.33\text{m}^2$

（4）坡地的建筑物吊脚架空层、深基础架空层的计算。坡地的建筑物吊脚架空层、深基础架空层，设计加以利用并有围护结构的，层高在 2.20m 及以上的部位应计算全面积；层高不足 2.20m 的部位应计算 1/2 面积。设计加以利用、无围护结构的吊脚架空层，应按其利用部位水平面积的 1/2 计算；设计不利用的深基础架空层、坡地吊脚架空层、多层建筑坡屋顶内、场馆看台下的空间不应计算建筑面积。

（5）建筑物的门厅、大厅建筑面积的计算。建筑物的门厅、大厅按一层计算建筑面积。门厅、大厅内设有回廊时，应按其结构底板水平面积计算。层高在 2.20m 及以上者应计算全面积；层高不足 2.20m 者应计算 1/2 面积。

【计算实例 7】

图 2-13 所示为带回廊的二层平面示意图，试计算其建筑面积。

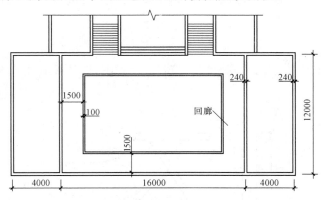

图 2-13　带回廊的二层平面示意图

【计算分析】若该回廊层高在 2.2m 及以上应计算全面积，层高不足 2.2m 者应计算 1/2 面积，故该题应分两种情况来分析。

【解】　1）若层高不小于 2.20m，则回廊面积为：

$S = (16 - 0.24) \times 1.5 \times 2 + (12 - 0.24 - 1.5 \times 2) \times 1.5 \times 2 = 73.56\text{m}^2$

2）若层高小于 2.20m，则回廊面积为：

$S = [(16 - 0.24) \times 1.5 \times 2 + (12 - 0.24 - 1.5 \times 2) \times 1.5 \times 2] \times 0.5 = 36.78\text{m}^2$

（6）立体书库、立体仓库、立体车库建筑面积的计算。立体书库、立体仓库、立体车库，无结构层的应按一层计算，有结构层的应按其结构层面积分别计算。层高在 2.20m 及以上者应计算全面积；层高不足 2.20m 者应计算 1/2 面积。

【计算实例 8】

图 2-14 所示为货台建筑示意图，试计算其建筑面积。

图 2-14　货台建筑示意图

(a)标准层货台平面;(b)1—1 剖面图

【计算分析】立体车库、立体仓库、立体书库不规定是否有围护结构,均按是否有结构层进行计算。

【解】　货台建筑面积 $S=4.6\times1.5\times5\times5\times0.5=86.25\mathrm{m}^2$

(7)有围护结构的舞台灯光控制室建筑面积的计算。有围护结构的舞台灯光控制室,应按其围护结构外围水平面积计算。层高在 2.20m 及以上者应计算全面积;层高不足 2.20m 者应计算 1/2 面积。

【计算实例 9】

图 2-15 所示为有围护结构的舞台灯光控制室示意图,试计算其建筑面积。

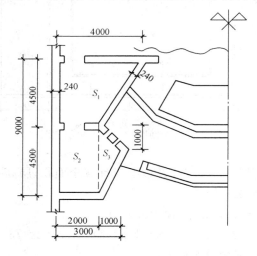

图 2-15　有围护结构的舞台灯光控制室示意图

(层高为 2.3m)

【计算分析】由图可看出,该控制室平面图为不规则形状,可将其分三部分来计算。因层高为 2.3m,故应计算全面积。

【解】　$S_1=(4+0.24+2+0.24)\times(4.5+0.12)/2=14.97\mathrm{m}^2$

$S_2=(2+0.24)\times(4.5+0.12)=10.35\mathrm{m}^2$

$S_3 = (4.5+0.12) \times 1.0 \times 1/2 = 2.31 \text{m}^2$

$S = S_1 + S_2 + S_3 = 27.63 \text{m}^2$

(8)建筑物外有围护结构的落地橱窗、门斗、挑廊、檐廊建筑面积的计算。建筑物外有围护结构的落地橱窗、门斗、挑廊、走廊、檐廊,应按其围护结构外围水平面积计算。层高在2.20m 及以上者应计算全面积;层高不足 2.20m 者应计算 1/2 面积。

有永久性顶盖无围护结构的应按其结构底板水平面积的 1/2 计算。

【计算实例 10】

图 2-16 所示为某建筑物的门斗建筑示意图,试计算其建筑面积。

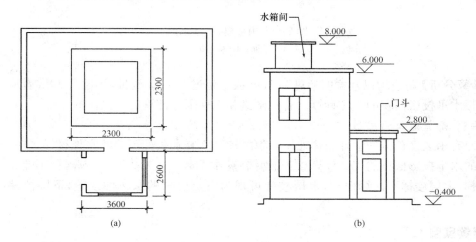

图 2-16 门斗建筑示意图
(a)底层平面;(b)侧立面

【计算分析】建筑物外有围护结构的门斗、眺望间、观光电梯间、橱窗、走廊等按围护结构外围水平面积计算建筑面积。

【解】 $S_{门斗} = 3.6 \times 2.6 = 9.36 \text{m}^2$

(9)有永久性顶盖无围护结构的场馆看台建筑面积的计算。有永久性顶盖无围护结构的场馆看台应按其顶盖水平投影面积的 1/2 计算。

"场馆"实质上是指"场"(如:足球场、网球场等)看台上有永久性顶盖部分;"馆"应是有永久性顶盖和围护结构的,应按单层或多层建筑相关规定计算面积。

(10)建筑物顶部有围护结构的楼梯间、水箱间、电梯机房建筑面积的计算。建筑物顶部有围护结构的楼梯间、水箱间、电梯机房等,层高在 2.20m 及以上者应计算全面积;层高不足2.20m 者应计算 1/2 面积。

(11)雨篷结构建筑面积的计算。雨篷结构的外边线至外墙结构外边线的宽度在 2.10m或之上者,应按雨篷结构板的水平投影面积的 1/2 计算。宽度在 2.10m 及以内的雨篷则不计算建筑面积。

【计算实例 11】

图 2-17 所示为某雨篷建筑示意图,试计算其建筑面积。

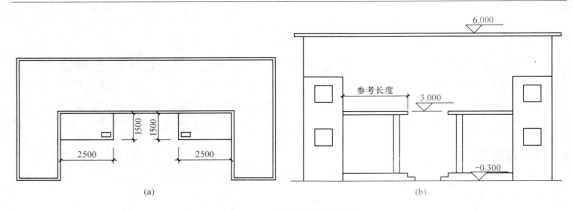

图 2-17 雨篷建筑示意图

(a)平面;(b)南立面

【计算分析】雨篷均以其宽度超过 2.10m 或不超过 2.10m 衡量,超过 2.10m 者应按雨篷的结构板水平投影面积的 1/2 计算。有柱雨篷和无柱雨篷计算应一致。

【解】 雨篷建筑面积 $S = 2.5 \times 1.5 \times 1/2 \times 2 = 3.75\text{m}^2$

(12)有永久性顶盖的室外楼梯建筑面积的计算。有永久性顶盖的室外楼梯,应按建筑物自然层的水平投影面积的 1/2 计算。若最上层室外楼梯无永久性顶盖,或雨篷不能完全遮盖室外楼梯,上层楼梯不计算面积,上层楼梯可视为下层楼梯的永久性顶盖,下层楼梯应计算面积。

【计算实例 12】

某三层建筑物,室外楼梯有永久性顶盖,如图 2-18 所示。试求室外楼梯的建筑面积。

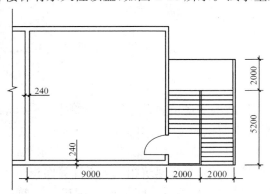

图 2-18 室外楼梯建筑示意图

【计算分析】有永久性顶盖的室外楼梯应按建筑物自然层的水平投影面积的 1/2 计算。

【解】 $S = (4 - 0.12) \times 7.2 \times 2 \times 1/2 = 27.936\text{m}^2$

(13)阳台的建筑面积计算。建筑物的阳台均应按其水平投影面积的 1/2 计算。

【计算实例 13】

图 2-19 所示为建筑物阳台平面示意图,试计算其建筑面积。

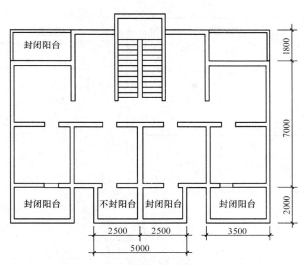

图 2-19 建筑物阳台平面示意图

【计算分析】凸阳台、凹阳台如图 2-20 所示。建筑面积按水平投影面积的 1/2 计算。凹阳台有全凹式和半凸半凹式两种。计算时,凹进主墙身内的部分,按墙边线尺寸规定;凸出主墙身外的部分,按结构板水平投影尺寸规定。建筑面积的计算可表示为:

$$S=\frac{1}{2}(a\times b_1+c\times b_2)$$

式中 S——凹阳台或挑阳台的建筑面积(m²)。

   a——阳台板水平投影长度(m)。

   b_1——阳台凸出主墙身外宽度(m)。

   b_2——阳台凹进主墙身外宽度(m)。

   c——凹阳台两外墙外边线间长度(m)。

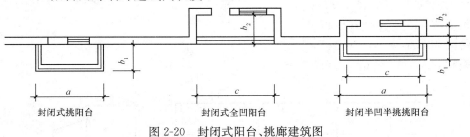

封闭式挑阳台   封闭式全凹阳台   封闭半凹半挑挑阳台

图 2-20 封闭式阳台、挑廊建筑图

【解】   阳台建筑面积 $=\frac{1}{2}\times(1.8\times3.5\times2+2.0\times3.5\times2+5.0\times2.0)=18.3\text{m}^2$

(14)有永久性顶盖无围护结构的车棚、货棚、站台、加油站、收费站等建筑面积的计算。有永久性顶盖无围护结构的车棚、货棚、站台、加油站、收费站等,应按其顶盖水平投影面积的 1/2 计算。

【计算实例 14】

图 2-21 所示为某车棚建筑示意图,试计算其建筑面积。

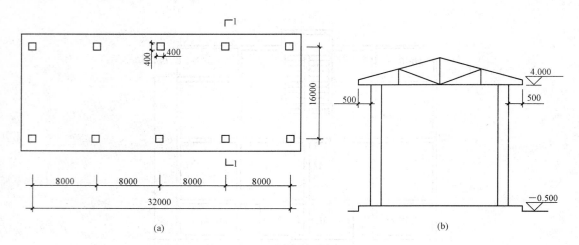

图 2-21　车棚建筑示意图

(a)平面示意图；(b)1—1 剖面示意图

【计算分析】关于车棚、货棚、站台、加油站、收费站等的面积计算，由于建筑技术的发展，出现许多新型结构，如柱不再是单纯的直立的柱，而出现正 V 形柱、倒 ∧ 形柱等不同类型的柱，给面积计算带来许多争议。为此，《建筑工程建筑面积计算规范》(GB/T 50353—2005)规定不以柱来确定面积的计算，而依据顶盖的水平投影面积计算。在车棚、货棚、站台、加油站、收费站内设有有围护结构的管理室、休息室等，应按《建筑工程建筑面积计算规范》(GB/T 50353—2005)相关条款计算面积。

【解】　$S=(32+0.4+0.5\times2)\times(16+0.4+0.5\times2)\times\dfrac{1}{2}=290.58\text{m}^2$

(15)高低联跨的建筑物建筑面积的计算。高低联跨的建筑物，应以高跨结构外边线为界分别计算建筑面积；高低跨内部连通时，其变形缝应计算在低跨面积内。

1)当高跨为边跨时(图 2-22)：

高跨面积　$A_1=a\times(b_1+c)$

低跨面积　$A_2=a\times(b_2-c)$

总面积　$A=A_1+A_2=a\times(b_1+b_2)$

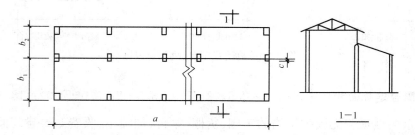

图 2-22　高低联跨建筑物(高跨为边跨)

2)当高跨为中跨时(图 2-23)：

高跨面积　$A_1=a\times(b_2+2c)$

低跨面积　$A_2 = a \times (b_1 + b_3 - 2c)$

总面积　$A = A_1 + A_2$

　　　　$= a \times (b_2 + 2c) + a \times (b_1 + b_3 - 2c)$

　　　　$= a \times (b_1 + b_2 + b_3)$

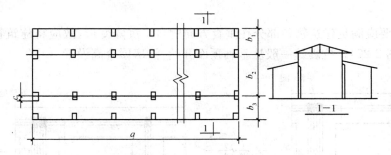

图 2-23　高低联跨建筑物（高跨为中跨）

【计算实例 15】

图 2-24 所示为某单层厂房高低联跨厂房剖面图，图中柱断面尺寸为 500mm × 500mm，墙厚为 240mm，两山墙间水平距离为 24m。试计算中跨的建筑面积。

【解】　$S = (12 + 0.25 \times 2) \times (24 + 0.24 \times 2)$

　　　　　$= 306 m^2$

(16)以幕墙作为维护结构的建筑物建筑面积的计算。按幕墙外边线计算建筑面积，对于围护性幕墙（图 2-25）应计算建筑面积，装饰性幕墙不应计算建筑面积。

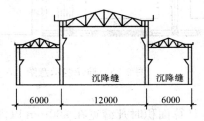

图 2-24　某单层厂房高低联跨厂房剖面图

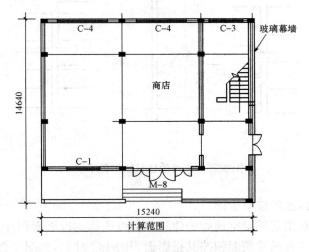

图 2-25　围护性幕墙示意图

(17)外墙外侧有保温隔热层的建筑物建筑面积的计算。建筑物外墙外侧有保温隔热层的,应按保温隔热层外边线计算建筑面积。

(18)建筑物变形缝建筑面积的计算。建筑物内的变形缝是指与建筑物相连通的变形缝,它是伸缩缝(湿度缝)、沉降缝和抗震缝的总称。伸缩缝是将基础以上的建筑构件全部分开,并在两个部分之间留适当缝隙,以保证伸缩缝两侧的建筑构件能在水平方向自由伸缩(图2-26)。

沉降缝主要应满足建筑物各部分在垂直方向的自由沉降变形,故应将建筑物从基础到屋顶全部断开(图2-27)。抗震缝一般从基础顶面开始,沿房屋全高设置。

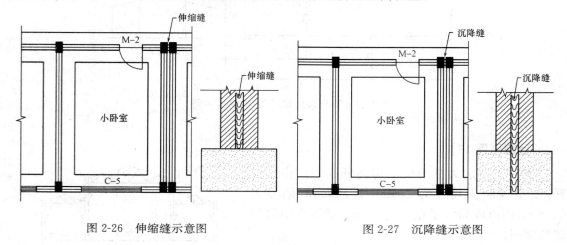

图 2-26　伸缩缝示意图　　　　　图 2-27　沉降缝示意图

计算面积时凡缝宽在 300mm 以内者均依其缝宽按自然层计算建筑面积。

缝两侧建筑物高度相同层数不同时,取自然层数多的一侧建筑物层数为缝的层数,如图 2-28 所示。建筑面积为:$A=a\times d\times f$。

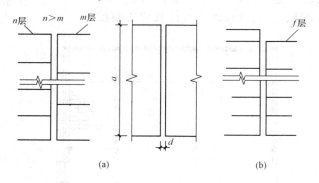

图 2-28　缝两侧建筑物层数不同

(19)建筑物间有顶盖的架空走廊。

1)两个建筑物间有顶盖的架空通廊的建筑面积按通廊的投影面积计算,如图 2-29 所示。

2)无顶盖的架空通廊的建筑面积按其投影面积的 1/2 计算,如图 2-29 所示。

3)如果架空通廊需穿过其他建筑物,那么无论有无顶盖均按投影面积计算建筑面积。

4)多层架空通廊根据各层的形式分层计算建筑面积。

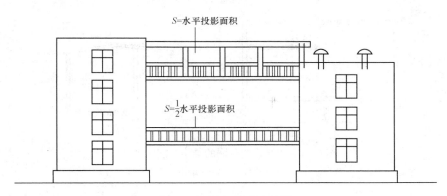

图 2-29　架空通廊建筑图

【计算实例 16】

图 2-30 所示为架空通廊示意图,试计算其建筑面积。

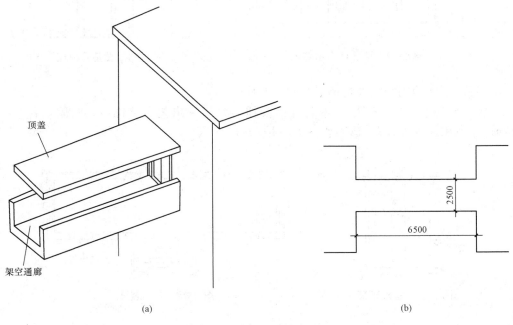

(a)　　　　　　　　　　　　　　　　　(b)

图 2-30　架空通廊示意图

(a)侧立面图;(b)平面图

【解】　$S=6.5\times2.5=16.25\text{m}^2$

2. 不应计算建筑面积的范围

(1)建筑物通道(骑楼、过街楼的底层)。

(2)建筑物内分隔的单层房间(图 2-31),舞台及后台悬挂幕布、布景的天桥、挑台等。

(3)屋顶水箱、花架、凉棚、露台、露天游泳池、天窗等,如图 2-32 所示。

(4)住宅首层平台(不包括挑台)、层高在 2.20m 以内的设备管道层、贮藏室,如图 2-33 所示。设计不利用的深基础架空层及吊脚架空层。

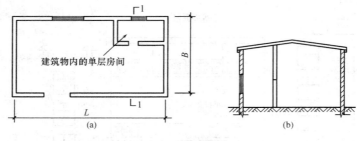

图 2-31　建筑物内分隔的单层房间示意图

(a)平面;(b)1—1 剖面

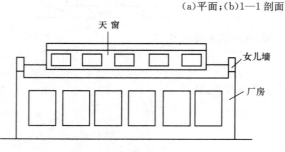

图 2-32　单层厂房示意图

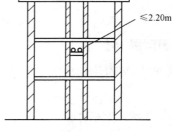

图 2-33　设备管道层

(5)抢修、消防等用的室外爬梯,如图 2-34 所示。

(6)突出外墙的构件、配件、艺术装饰以及挂(壁)板突出艺术装饰线,如:附墙柱、垛、勒脚、台阶、悬挑雨篷墙面抹灰、镶贴块材等,如图 2-35 所示。

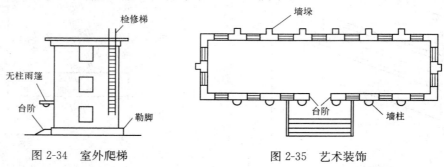

图 2-34　室外爬梯

图 2-35　艺术装饰

(7)建筑物内外的操作平台、上料平台及利用建筑物的空间安置箱罐的平台,如图 2-36 所示。

(8)自动扶梯、自动人行道。自动扶梯(斜步道滚梯),除两端固定在楼层板或梁之外,扶梯本身属于设备,为此扶梯不宜计算建筑面积。水平步道(滚梯)属于安装在楼板上的设备,不应单独计算建筑面积。

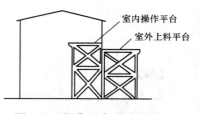

图 2-36　操作平台、上料平台

(9)层高小于 2.20m 的深基础地下架空层、坡地建筑物吊脚架空层。

(10)建筑物内宽度大于 300mm 的变形缝、沉降缝、抗震缝。

(11)独立烟囱、烟道、地沟、油(水)罐、气柜、水塔、贮油(水)池、贮仓、栈桥、地下人防通道、地铁隧道。

第三章 装饰装修各阶段造价文件编制

在装饰装修工程施工过程中,造价文件的编制占据着重要的地位,其造价文件按工程阶段不同可分为投资估算、设计概算、施工图预算、施工预算、工程结算和竣工决算。

第一节 投资估算

一、投资估算的概念

投资估算是指在可行性研究阶段和编制设计任务书阶段,由政府主管部门或建设单位对装饰装修工程项目投资数额进行估计的经济文件。

投资估算在投资决策过程中可划分为项目的投资机会研究或项目建设书阶段、初步可行性研究阶段及详细可行性研究阶段三个阶段。

(1)投资机会研究或项目建设书阶段。这一阶段主要是选择有利的投资机会,明确投资方向,提出概略的项目投资建议,并编制项目建议书。

(2)初步可行性研究阶段。这一阶段主要是在投资机会研究结论的基础上,弄清项目的投资规模,原材料来源,工艺技术,厂址,组织机构和建设进度等情况,进行经济效益评价,判断项目的可行性,作出初步投资评价。

(3)详细可行性研究阶段。详细可行性研究阶段也称为最终可行性研究阶段,主要是进行全面、详细、深入的技术经济分析论证阶段,要评价选择拟建项目的最佳投资方案,对项目的可行性提出结论性意见。

二、投资估算的编制

1. 投资估算编制依据

投资估算的编制依据是指在编制投资估算时,需要进行计量、价格确定、工程计价有关参数、率值确定的基础资料。其主要有以下几个方面:

(1)国家、行业和地方政府的有关规定。

(2)工程勘察与设计文件,图示计量或有关专业提供的主要工程量和主要设备清单。

(3)行业部门、项目所在地工程造价管理机构或行业协会等编制的投资估算指标、概算指标(定额)、工程建设其他费用定额(规定)、综合单价、价格指数和有关造价文件等。

(4)类似工程的各种技术经济指标和参数。

(5)工程所在地的同期的工、料、机市场价格,建筑、工艺及附属设备的市场价格和有关费用。

(6)政府有关部门、金融机构等部门发布的价格指数、利率、汇率、税率等有关参数。

(7)与建设项目相关的工程地质资料、设计文件、图纸等。

(8)委托人提供的其他技术经济资料。

2. 投资估算编制一般要求

(1)建设项目投资估算要根据主体专业设计的阶段和深度,结合各自行业的特点,所采用生产工艺流程的成熟性,以及编制者所掌握的国家及地区、行业或部门相关投资估算基础资料和数据的合理、可靠、完整程度(包括造价咨询机构自身统计和积累的、可靠的相关造价基础资料),采用生产能力指数法、系数估算法、比例估算法、混合法(生产能力指数法与比例估算法、系数估算法与比例估算法等综合使用)、指标估算法进行建设项目投资估算。

(2)建设项目投资估算无论采用何种办法,应充分考虑拟建项目设计的技术参数和投资估算所采用的估算系数、估算指标,在质和量方面所综合的内容,应遵循口径一致的原则。

(3)建设项目投资估算无论采用何种办法,应将所采用的估算系数和估算指标价格、费用水平调整到项目建设所在地及投资估算编制年的实际水平。

3. 投资估算编制内容

(1)投资估算编制说明的内容。投资估算编制说明一般包括以下内容:

1)工程概况。

2)编制范围。

3)编制方法。

4)编制依据。

5)主要技术经济指标。

6)有关参数、率值选定的说明。

7)特殊问题的说明(包括采用新技术、新材料、新设备、新工艺)。

8)必须说明的价格的确定。

9)进口材料、设备、技术费用的构成与计算参数的说明。

10)采用巨形结构、异形结构的费用估算方法的说明。

11)环保(不限于)投资占总投资的比重的说明。

12)采用限额设计的工程还应对投资限额和投资分解做进一步说明。

13)采用方案比选的工程还应对方案比选的估算和经济指标做进一步说明。

(2)投资分析的内容。投资分析应包括以下内容:

1)工程投资比例分析。

2)分析设备购置费、建筑工程费、安装工程费、工程建设其他费用、预备费占建设总投资的比例;分析引进设备费用占全部设备费用的比例等。

3)分析影响投资的主要因素。

4)与国内类似工程项目的比较,分析说明投资高低的原因。

(3)总投资估算的内容。总投资估算包括汇总单项工程估算、工程建设其他费用,估算基本预备费、价差预备费,计算建设期利息等。

(4)单项工程投资估算的内容。单项工程投资估算,应按建设项目划分的各个单项工程分别计算组成工程费用的建筑工程费、设备购置费、安装工程费。

(5)工程建设其他费用估算的内容。工程建设其他费用估算,应按预期将要发生的工程建设其他费用种类,逐渐详细估算其费用金额。

第二节 设计概算

一、设计概算的概念

设计概算,是在初步设计或扩大初步设计阶段,根据设计图样及说明书、设备清单、概算定额或概算指标、各项费用取费标准等资料、类似工程预(决)算文件等资料,用科学的方法计算和确定建筑安装工程全部建设费用的经济文件,其一般由设计单位编制。

设计概算包括:单位工程概算、单项工程综合概算、其他工程的费用概算,建设项目总概算以及编制说明等。其是由单个到综合,局部到总体,逐个进行编制。

二、设计概算文件的组成与格式

1. 设计概算文件的组成

(1)三级编制(总概算、综合概算、单位工程概算)形式设计概算文件的组成:

1)封面、签署页及目录。

2)编制说明。

3)总概算表。

4)其他费用表。

5)综合概算表。

6)单位工程概算表。

7)附件:补充单位估价表。

(2)二级编制(总概算、单位工程概算)形式设计概算文件的组成:

1)封面、签署页及目录。

2)编制说明。

3)总概算表。

4)其他费用表。

5)单位工程概算表。

6)附件:补充单位估价表。

2. 概算文件及各种表格格式规定

(1)设计概算封面、目录、编制说明样式见表3-1～表3-3。

(2)概算表格格式见表3-4～表3-16。

(3)总概算对比表、综合概算对比表分别见表3-13、表3-14。

表 3-1　　　　　　　　　　　　　设计概算封面式样

（工程名称）

设 计 概 算

档 案 号：

共　册　　第　册

（编制单位名称）
（工程造价咨询单位执业章）
年　月　日

表 3-2　　　　　　　　　　　　　　编制说明式样

编制说明

1　工程概况。

2　主要技术经济指标。

3　编制依据。

4　工程费用计算表

1)建筑工程工程费用计算表；

2)工艺安装工程工程费用计算表；

3)配套工程工程费用计算表；

4)其他工程工程费计算表。

5　引进设备、材料有关费率取定及依据：国外运输费、国外运输保险费、海关税费、增值税、国内运杂费、其他有关税费。

6　其他有关说明的问题。

7　引进设备、材料从属费用计算表。

表 3-3 设计概算目录式样

序 号	编 号	名 称	页 次
1		编制说明	
2		总概算表	
3		其他费用表	
4		预备费计算表	
5		专项费用计算表	
6		×××综合概算表	
7		×××综合概算表	
		……	
9		×××单项工程概算表	
10		×××单项工程概算表	
		……	
11		补充单位估价表	
12		主要设备、材料数量及价格表	
13		概算相关资料	

表 3-4 总概算表(三级编制形式)

总概算编号:_____ 工程名称:_____ 单位:万元 共 页 第 页

序号	概算编号	工程项目或费用名称	建筑工程费	设备购置费	安装工程费	其他费用	合计	其中:引进部分		占总投资比例(%)
								美元	折合人民币	
一		工程费用								
1		主要工程								
		××××								
		××××								
2		辅助工程								
		××××								
3		配套工程								
		××××								
二		其他费用								
1		××××								
2		××××								
三		预备费								

续表

序号	概算编号	工程项目或费用名称	建筑工程费	设备购置费	安装工程费	其他费用	合计	其中:引进部分		占总投资比例(%)
								美元	折合人民币	
四		专项费用								
1		××××								
2		××××								
		建设项目概算总投资								

编制人：　　　　　　　　　　审核人：　　　　　　　　　　审定人：

表 3-5　　　　　　　　　　**总概算表(二级编制形式)**

总概算编号：_____　　　工程名称：_____　　　　　单位:万元　共 页　第 页

序号	概算编号	工程项目或费用名称	建筑工程费	设备购置费	安装工程费	其他费用	合计	其中:引进部分		占总投资比例(%)
								美元	折合人民币	
一		工程费用								
1		主要工程								
(1)	××	××××								
(2)	××	××××								
2		辅助工程								
(1)	××	××××								
3		配套工程								
(1)	××	××××								
二		其他费用								
1		××××								
2		××××								
三		预备费								
四		专项费用								
1		××××								
2		××××								
		建设项目概算总投资								

编制人：　　　　　　　　　　审核人：　　　　　　　　　　审定人：

表 3-6 其他费用表

工程名称：_____ 单位:万元(元) 共 页 第 页

序号	费用项目编号	费用项目名称	费用计算基数	费率(%)	金额	计算公式	备注
1							
2							

编制人： 审核人：

表 3-7　　　　　　　　　　　　其他费用计算表

其他费用编号:_____　费用名称:_____　　　　　　　单位:万元(元)　共　页　第　页

序号	费用项目编号	费用项目名称	费用计算基数	费率(%)	金额	计算公式	备注

编制人:　　　　　　　　　　　　　　　　　　　　　　　　审核人:

表 3-8 综合概算表

综合概算编号:____ 工程名称(单项工程):____ 单位:万元 共 页 第 页

序号	概算编号	工程项目或费用名称	设计规模或主要工程量	建筑工程费	设备购置费	安装工程费	其他费用	合计	其中:引进部分	
									美元	折合人民币
一		主要工程								
1	××	×××××								
2	××	×××××								
二		辅助工程								
1	××	×××××								
2	××	×××××								
三		配套工程								
1	××	×××××								
2	××	×××××								
		单项工程概算费用合计								

编制人: 审核人: 审定人:

表 3-9　　　　　　　　　　　　　　建筑工程概算表

单位工程概算编号：_____　　工程名称（单项工程）：_____　　　　　共　页　第　页

序号	定额编号	工程项目或费用名称	单位	数量	单价/元					合价/元		
					定额基价	人工费	材料费	机械费	金额	人工费	材料费	机械费
一		土石方工程										
1	××	×××										
2	××	×××										
二		砌筑工程										
1	××	×××										
三		楼地面工程										
1	××	×××										
		小　计										
		工程综合取费										
		单位工程概算费用合计										

编制人：　　　　　　　　　　　　　　　　　　　　　　　　　　　　　审核人：

表 3-10 设备及安装工程概算表

单位工程概算编号：_____ 工程名称(单项工程)：_____ 共 页 第 页

序号	定额编号	工程项目或费用名称	单位	数量	单价/元					合价/元				
					设备费	主材费	定额基价	其中：		设备费	主材费	定额费	其中：	
								人工费	机械费				人工费	机械费
一		设备安装												
1	××	×××												
2	××	×××												
二		管道安装												
1	××	×××												
三		防腐保温												
1	××	×××												
		小 计												
		工程综合取费												
		合计(单位工程概算费用)												

编制人： 审核人：

表 3-11　　　　　　　　　　　　补充单位估价表

子目名称：　　　　　　　　　　工作内容：　　　　　　　共　页　第　页

补充单位估价表编号					
定 额 基 价					
人工费					
材料费					
机械费					
名　称	单位	单价	数　量		
综合工日					
材料					
	其他材料费				
机械					

编制人：　　　　　　　　　　　　　　　　　　　　　审核人：

表 3-12　　　　　　　　　　　　　　主要设备、材料数量及价格表

序号	设备、材料	规格型号及材质	单位	数量	单价/元	价格来源	备注

编制人：　　　　　　　　　　　　　　　审核人：

表 3-13　　　　　　　　　　　总概算对比表

总概算编号：_____　　工程名称：_____　　　　　单位:万元　共　页　第　页

序号	工程项目或费用名称	原批准概算					调整概算					差额（调整概算－原批准概算）	备注
		建筑工程费	设备购置费	安装工程费	其他费用	合计	建筑工程费	设备购置费	安装工程费	其他费用	合计		
一	工程费用												
1	主要工程												
(1)	×××												
(2)	×××												
2	辅助工程												
(1)	×××												
3	配套工程												
(1)	×××												
二	其他费用												
1	×××												
2	×××												
三	预备费												
四	专项费用												
1	×××												
2	×××												
	建设项目概算总投资												

编制人：　　　　　　　　　　　　　　　　　　　　　　　　　　　　　审核人：

表 3-14 综合概算对比表

综合概算编号：_____ 工程名称：_____ 单位:万元 共 页 第 页

序号	工程项目或费用名称	原批准概算					调整概算					差额（调整概算－原批准概算）	备注
		建筑工程费	设备购置费	安装工程费	其他费用	合计	建筑工程费	设备购置费	安装工程费	其他费用	合计		
一	主要工程												
1	×××												
2	×××												
二	辅助工程												
(1)	×××												
三	配套工程												
1	×××												
2	×××												
	单项工程概算费用合计												

编制人： 审核人：

表 3-15　　　　　　　　　　　进口设备、材料货价及从属费用计算表

序号	设备、材料规格、名称及费用名称	单位	数量	单价/美元	外币金额(美元)					折合人民币/元	关税	增值税	银行财务费	外贸手续费	国内运杂费	合计	合计/元
					货价	运输费	保险费	其他费用	合计								

编制人：　　　　　　　　　　　　　　　　　　　　　　　　　　　　　　　审核人：

表 3-16　　　　　　　　　　　　　工程费用计算程序表

序　号	费用名称	取费基础	费　率	计算公式

三、设计概算的内容

设计概算可分为单位工程概算、单项工程综合概算和建设项目总概算三级,如图 3-1 所示为其关系示意图。

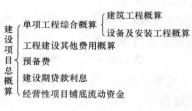

图 3-1　三级概算的关系

1. 单位工程概算

单位工程概算是确定各单位工程概算造价的文件,是编制单项工程综合概算的依据,是单项工程综合概算的组成部分。其按工程性质分为建筑工程概算和设备及安装工程概算两大类。

(1)建筑工程概算。建筑工程概算包括土建工程概算,给排水、采暖工程概算,通风、空调工程概算,电气照明工程概算,弱电工程概算,特殊构筑物工程概算等。

(2)设备及安装工程概算。设备及安装工程概算包括机械设备及安装工程概算,电气设备及安装工程概算,热力设备及安装工程概算,工具、器具及生产家具购置费概算等。

2. 单项工程综合概算

单项工程综合概算是确定一个单项工程概算造价的文件。其是建设项目总概算的组成部分,主要是由各单位工程概算汇总编制而成。

3. 建设项目总概算

建设项目总概算是确定整个建设项目从筹建到竣工验收所需全部费用的文件。其由各单项工程综合概算、工程建设其他费用概算、预备费、建设期贷款利息等汇总编制而成。

四、设计概算的编制

1. 设计概算编制的依据

(1)批准的可行性研究报告。

(2)设计工程量。

(3)项目涉及的概算指标或定额。

(4)国家、行业和地方政府有关法律、法规或规定。

(5)资金筹措方式。

(6)正常的施工组织设计。

(7)项目涉及的设备、材料供应及价格。

(8)项目的管理(含监理)、施工条件。

(9)项目所在地区有关的气候、水文、地质地貌等自然条件。

(10)项目所在地区有关的经济、人文等社会条件。

(11)项目的技术复杂程度,以及新技术、专利使用情况等。

(12)有关文件、合同、协议等。

2. 设计概算编制的方法

(1)单位工程概算的编制方法。

单位工程概算由建筑或安装工程的直接费、间接费、利润、税金组成。

单位工程概算分建筑工程概算和设备及安装工程概算两大类。

　　设备及安装工程概算的编制方法有预算单价法、扩大单价法、设备价值百分比法和综合吨位指标法等。

　　1)概算定额法。概算定额法又叫扩大单价法或扩大结构定额法,它是采用概算定额编制建筑工程概算的方法,类似于用预算定额编制建筑工程施工图预算。

　　2)概算指标法。概算指标法是用拟建工程项目的建筑面积(或体积)乘以技术条件相同(或基本相同)的概算指标得出分部分项工程费,然后按规定计算出措施项目费、其他项目费、规费和税金等,编制出单位工程概算的方法。概算指标法适用于初步设计深度不够、不能准确计算出扩大分项工程量时采用。

　　采用概算指标法编制概算有两种情况:一种是直接套用;另一种是修正概算指标后采用。

　　①直接套用概算指标编制概算。如设计对象的结构特征与概算指标的技术条件完全相符,就可以直接套用指标上的每 $100m^2$ 建筑面积造价指标,根据设计图纸的建筑面积分别乘以概算指标中的土建、水卫、采暖、电气照明各单位工程的概算造价指标。

　　②修正概算指标编制概算。当设计对象的结构特征与概算指标有局部差异时,应对指标作局部的调整才能使用。调整的方法如下:

　　修正概算指标＝原概算指标＋换入新结构的含量×换入新结构的单价－换出旧结构的含量×换出旧结构的单价

　　3)类似工程预算法。类似工程预算法是利用技术条件与设计对象相类似的已完工程或在建工程的工程造价资料来编制拟建工程设计概算的方法,其适用于拟建工程与已完工程或在建工程的设计相类似又没有可用的概算指标时采用,但必须对结构差异和价差进行调整。

　　(2)设备及安装工程概算的编制。设备安装工程费用概算有预算单价法、扩大单价法、设备价值百分比法、综合吨位指标法四种。

　　1)预算单价法。当初步设计较深,有规定的设备清单时,可直接按安装工程预算定额单价编制,编制程序基本与安装工程施工图预算相同。

　　2)扩大单价法。当初步设计深度不够,设备清单不完备,只有主体设备或成套设备重量时,可采用主体设备或成套设备的综合扩大安装单价来编制。

　　3)设备价值百分比法,又叫安装设备百分比法。当初步设计深度不够,只有设备出厂价而无详细规格、重量时,安装费可按占设备费的百分比计算,其百分比值(即安装费率)由主管部门制定或由设计单位根据已完类似工程确定。

$$设备安装费＝设备原价×安装费率$$

　　4)综合吨位指标法。当初步设计提供的设备清单有规格和设备重量时,可采用综合吨位指标编制概算,其综合吨位指标(元/t)由主管部门制定,或由设计单位根据已完类似工程资料确定。

$$设备安装费＝设备吨位×每吨设备安装费率指标$$

　　(3)单位工程综合概算的编制方法。

　　1)编制说明。列在综合概算表的前面,其内容如下:

　　①编制依据。说明设计文件、采用定额、材料价格及费用计算的依据。

　　②编制方法。即说明设计概算是采用概算定额法还是概算指标法。

　　③主要设备、材料(钢材、木材、水泥)的数量。

　　④其他需要说明的有关问题。

2)综合概算表。以单项工程所辖范围内的各单位工程概算为基础资料,按照国家或部委所规定的统一表格进行编制。

①综合概算表的项目组成。工业建设项目综合概算表由建筑工程和设备及安装工程两部分组成;民用工程项目综合概算表只包含建筑工程一项。

②综合概算的费用组成。一般应包括建筑工程费用、安装工程费用、设备购置及工器具和生产家具购置费等。

(4)建设项目总概算的编制方法。建设项目总概算是确定整个建设项目从筹建到竣工交付使用全部建设费用的总文件。由各单项工程综合概算、工程建设其他费用、预备费、建设期贷款利息、固定资产投资方向调节税和经营性项目铺底流动资金概算组成,按照主管部门规定的统一表格进行编制而成。

设计总概算文件一般应包括封面、编制说明、总概算表、单项工程综合概算表、单位工程概算表以及工程量计算表、主要材料汇总表、分年度投资汇总表等。

第三节　施工图预算

一、施工图预算的概念

施工图预算是根据施工图样、施工方案、消耗量定额、地区技术经济条件、人工、材料、机械市场价格及有关取费标准编制的,以确定装饰装修工程全部费用的经济性文件,其一般由施工单位编制。

二、施工图预算的内容

施工图预算的内容包括单位工程预算、单项工程预算和建设项目总预算。

单位工程预算是施工图设计文件、现行预算定额、单位估价表、费用定额以及人工、材料、设备、机班等预算价格资料,以一定方法,编制单位工程的施工图预算。

单项工程施工图预算是汇总所有各单位施工图预算。

建设项目总预算是汇总所有单项工程的施工图预算。

三、施工图预算的编制

1. 施工图预算编制的依据

(1)各专业设计施工图和文字说明、工程地质勘察资料。

(2)当地和主管部门颁布的现行建筑工程和专业安装工程预算定额(基础定额)、单位估价表、地区资料、构配件预算价格(或市场价格)、费用定额和有关费用规定等文件。

(3)现行的有关设备原价(出厂价或市场价)及运杂费率。

(4)现行的有关其他费用定额、指标和价格。

(5)建设场地中的自然条件和施工条件,并据此确定的施工方案或施工组织设计。

2. 施工图预算编制的方法

施工图预算的编制方法有工料单价法与综合单价法两种。

（1）工料单价法。工料单价法指以分部分项工程量乘以对应的分部分项工程单价后，汇总得出人工费、材料费和施工机具使用费之和。企业管理费、规费、利润、税金按照有关规定另行计算。

按照分部分项工程单价产生方法的不同，工料单价法可分为预算单价法和实物法两种。

预算单价法编制施工图预算的基本步骤如下：

1）准备资料，熟悉施工图。准备的资料包括施工组织设计、预算定额、工程量计算标准、取费标准、地区材料预算价格等。

2）计算工程量。

①要根据工作内容和定额项目，列出分项工程目录。

②根据计算顺序和计算规则列出计算式。

③根据图纸上的设计尺寸及有关数据，代入计算式进行计算。

④对计算结果进行整理，使之与定额中要求的计量单位保持一致，并予以核对。

3）套工料单价。核对计算结果后，按相应计算公式求得单位工程人工费、材料费和机械使用费之和。

4）编制工料分析表。根据各分部分项工程项目实物工程量和预算定额中项目所列的用工及材料数量，计算各分部分项工程所需人工及材料数量，汇总后算出该单位工程所需各类人工、材料的数量。

5）计算并汇总造价。根据规定的税、费率和相应的计取基础，分别计算企业管理费、规费、利润、税金等。将上述费用累计后进行汇总，求出单位工程预算造价。

6）复核。对项目填列、工程量计算公式、计算结果、套用的单价、采用的各项取费费率、数字计算、数据精确度等进行全面复核，以便及时发现差错，及时修改，提高预算的准确性。

7）填写封面、编制说明。封面应写明工程编号、工程名称、工程量、预算总造价和单方造价、编制单位名称、负责人和编制日期以及审核单位的名称、负责人和审核日期等。编制说明主要应写明预算所包括的工作内容范围、依据的图纸编号，承包企业的等级和承包方式，有关部门现行的调价文件号，套用单价需要补充说明的问题及其他需说明的问题等。

实物法编制施工图预算的基本编制步骤如下：

1）准备资料，熟悉施工图纸。

2）计算工程量。

3）套基础定额，计算人工、材料、机械数量。

4）根据当时、当地的人工、材料、机械单价，计算并汇总人工费、材料费、机械使用费。

5）计算企业管理费、规费、利润和税金，并进行汇总，得出单位工程造价（价格）。

6）复核。

7）填写封面、编写说明。

（2）综合单价法。按照单价综合的内容不同，综合单价法可分为全费用综合单价和清单综合单价。

1）全费用综合单价。全费用综合单价，即单价中综合了分部分项工程人工费、材料费、施工机具使用费，企业管理费、利润、规费以及有关文件规定的调价、税金以及一定范围的风险等全部费用。以各分部分项工程量乘以全费用单价的合价汇总后，再加上措施项目的完全价格，就生成了单位工程施工图造价。

2)清单综合单价。清单综合单价,是指分部分项工程和措施项目综合了人工费、材料费、施工机具使用费,企业管理费、利润,并考虑了一定范围的风险费用,但并未包括规费和税金,因此它是一种不完全单价。以各分部分项工程量和措施项目乘以该综合单价的合价汇总后,再加上规费和税金,就是单位工程的造价。

第四节　工程竣工结算

一、工程竣工结算的概念

工程结算是指施工企业按照承包合同和已完工程量向建设单位(业主)办理工程价款清算的经济文件。为使建筑安装企业在施工中耗用的资金及时得到补偿,需要对工程价款进行中间结算(进度款结算)、年终结算,全部工程竣工验收后应进行竣工结算。工程结算具有建设周期长、耗资大等特点,一般由施工单位编制。

二、办理竣工结算的内容

办理竣工结算的主要内容有专业分包结算与合同终止结算。

1. 专业分包结算

专业分别结算是指在签订的施工承发包合同或由发包人直接签订的分包工程合同中,按工程专业特征分类实施分包和结算。分包合同工作内容已完成,经总包人、发包人或有关机构对专业内容验收合格后,按合同的约定,由分包人在原合同价格基础上编制调整价格并提交总包人、发包人审核签认的工程价格。其是表达该专业分包工程造价和工程价款结算依据的工程分包结算文件。

2. 合同终止结算

合同终止结算是工程实施过程中合同终止,对施工承发包合同中已完成且经验收合格的工作内容,经发包人、总包人或有关机构点交后,由承包人按原合同价格或合同约定的定价条款,参照有关计价规定编制合同终止价格,提交发包人或总包人审核签认的工程价格。其是表达该工程合同终止后已完成工作内容的造价和工作价款结算依据的工程经济文件。

三、工程竣工结算的编制

工程竣工结算应由承包人或受其委托具有相应资质的工程造价咨询人编制,并应由发包人或受其委托具有相应资质的工程造价咨询人核对。实行总承包的工程,由总承包人对竣工结算的编制负总责。当发承包双方或一方对工程造价咨询人出具的竣工结算文件有异议时,可向工程造价管理机构投诉,申请对其进行执业质量鉴定。

1. 工程竣工结算编制依据

(1)建设工程工程量清单计价规范。

(2)工程合同。

(3)发承包双方实施过程中已确认的工程量及其结算的合同价款。

（4）发承包双方实施过程中已确认调整后追加（减）的合同价款。

（5）建设工程设计文件及相关资料。

（6）投标文件。

（7）其他依据。

2. 工程竣工结算编制内容

在采用工程量清单计价模式下，工程竣工结算的编制内容应包括工程量清单计价表中所包含的各项费用内容。

（1）分部分项工程和措施项目中的单价项目应依据发承包双方确认的工程量与已标价工程量清单的综合单价计算；发生调整的，应以发承包双方确认调整的综合单价计算。

（2）措施项目中的总价项目应依据已标价工程量清单的项目和金额计算；发生调整的，应以发承包双方确认调整的金额计算，其中安全文明施工费应按照国家或省级、行业建设主管部门的规定计算。施工过程中，国家或省级、行业建设主管部门对安全文明施工费进行了调整的，措施项目费中和安全文明施工费应作相应调整。

（3）办理竣工结算时，其他项目费的计算应按以下要求进行计价：

1）计日工的费用应按发包人实际签证确认的数量和合同约定的相应项目综合单价计算。

2）当暂估价中的材料、工程设备是招标采购的，其单价按中标价在综合单价中调整。当暂估价中的材料、设备为非招标采购的，其单价按发承包双方最终确认的单价在综合单价中调整。当暂估价中的专业工程是招标发包的，其专业工程费按中标价计算。当暂估价中的专业工程为非招标发包的，其专业工程费按发承包双方与分包人最终确认的金额计算。

3）总承包服务费应依据已标价工程量清单金额计算，发承包双方依据合同约定对总承包服务进行了调整，应按调整后的金额计算。

4）索赔事件产生的费用在办理竣工结算时应在其他项目费中反映。索赔费用的金额应依据发承包双方确认的索赔事项和金额计算。

5）现场签证发生的费用在办理竣工结算时应在其他项目费中反映。现场签证费用金额依据发承包双方签证资料确认的金额计算。

6）合同价款中的暂列金额在用于各项价款调整、索赔与现场签证后，若有余额，则余额归发包人，若出现差额，则由发包人补足并反映在相应的工程价款中。

（4）规费和税金应按国家或省级、行业建设主管部门对规费和税金的计取标准计算。规费中的工程排污费应按工程所在地环境保护部门规定的标准缴纳后按实列入。

（5）由于竣工结算与合同工程实施过程中的工程计量及其价款结算、进度款支付、合同价款调整等具有内在联系，因此发承包双方在合同工程实施过程中已经确认的工程计量结果和合同价款，在竣工结算办理中应直接进入结算，从而简化结算流程。

四、工程竣工结算支付流程

竣工结算的编制与核对是工程造价计价中发、承包双方应共同完成的重要工作。按照交易的一般原则，任何交易结束，都应做到钱、货两清，工程建设也不例外。工程施工的发承包活动作为期货交易行为，当工程竣工验收合格后，承包人将工程移交给发包人时，发承包双方应将工程价款结算清楚，即竣工结算办理完毕。

（1）合同工程完工后，承包人应在经发承包双方确认的合同工程期中价款结算的基础上汇总编制完成竣工结算文件,应在提交竣工验收申请的同时向发包人提交竣工结算文件。

承包人未在合同约定的时间内提交竣工结算文件,经发包人催告后 14 天内仍未提交或没有明确答复的,发包人有权根据已有资料编制竣工结算文件,作为办理竣工结算和支付结算款的依据,承包人应予以认可。

因承包人无正当理由在约定时间内未递交竣工结算书,造成工程结算价款延期支付的,责任由承包人承担。

(2)发包人应在收到承包人提交的竣工结算文件后的 28 天内核对。发包人经核实,认为承包人还应进一步补充资料和修改结算文件,应在上述时限内向承包人提出核实意见,承包人在收到核实意见后的 28 天内应按照发包人提出的合理要求补充资料,修改竣工结算文件,并应再次提交给发包人复核后批准。

(3)发包人应在收到承包人再次提交的竣工结算文件后的 28 天内予以复核,将复核结果通知承包人,并应遵守下列规定:

1)发包人、承包人对复核结果无异议的,应在 7 天内在竣工结算文件上签字确认,竣工结算办理完毕。

2)发包人或承包人对复核结果认为有误的,无异议部分按照本条第 1)款规定办理不完全竣工结算;有异议部分由发承包双方协商解决;协商不成的,应按照合同约定的争议解决方式处理。

(4)《最高人民法院关于审理建设工程施工合同纠纷案件适用法律问题的解释》(法释[2004]14 号)第二十条规定:"当事人约定,发包人收到竣工结算文件后,在约定期限内不予答复,视为认可竣工结算文件的,按照约定处理。承包人请求按照竣工结算文件结算工程价款的,应予支持"。根据这一规定,要求发承包双方不仅应在合同中约定竣工结算的核对时间,并应约定发包人在约定时间内对竣工结算不予答复,视为认可承包人递交的竣工结算。"13 计价规范"对发包人未在竣工结算中履行核对责任的后果进行了规定,即:发包人在收到承包人竣工结算文件后的 28 天内,不核对竣工结算或未提出核对意见的,应视为承包人提交的竣工结算文件已被发包人认可,竣工结算办理完毕。

(5)承包人在收到发包人提出的核实意见后的 28 天内,不确认也未提出异议的,应视为发包人提出的核实意见已被承包人认可,竣工结算办理完毕。

(6)发包人委托工程造价咨询人核对竣工结算的,工程造价咨询人应在 28 天内核对完毕,核对结论与承包人竣工结算文件不一致的,应提交给承包人复核;承包人应在 14 天内将同意核对结论或不同意见的说明提交工程造价咨询人。工程造价咨询人收到承包人提出的异议后,应再次复核,复核无异议的,应在 7 天内在竣工结算文件上签字确认,竣工结算办理完毕;复核后仍有异议的,对于无异议部分按照规定办理不完全竣工结算;有异议部分由发承包双方协商解决;协商不成的,应按照合同约定的争议解决方式处理。

承包人逾期未提出书面异议的,应视为工程造价咨询人核对的竣工结算文件已经承包人认可。

(7)对发包人或发包人委托的工程造价咨询人指派的专业人员与承包人指派的专业人员经核对后无异议并签名确认的竣工结算文件,除非发承包人能提出具体、详细的不同意见,发承包人都应在竣工结算文件上签名确认,如其中一方拒不签认的,按下列规定办理:

1)若发包人拒不签认的,承包人可不提供竣工验收备案资料,并有权拒绝与发包人或其上级部门委托的工程造价咨询人重新核对竣工结算文件。

2)若承包人拒不签认的,发包人要求办理竣工验收备案的,承包人不得拒绝提供竣工验收资料,否则,由此造成的损失,承包人承担相应责任。

(8)合同工程竣工结算核对完成,发承包双方签字确认后,发包人不得要求承包人与另一个或多个工程造价咨询人重复核对竣工结算。这可以有效地解决了工程竣工结算中存在的一审再审、以审代拖、久审不结的现象。

(9)发包人对工程质量有异议,拒绝办理工程竣工结算的,已竣工验收或已竣工未验收但实际投入使用的工程,其质量争议应按该工程保修合同执行,竣工结算应按合同约定办理;已竣工未验收且未实际投入使用的工程以及停工、停建工程的质量争议,双方应就有争议的部分委托有资质的检测鉴定机构进行检测,并应根据检测结果确定解决方案,或按工程质量监督机构的处理决定执行后办理竣工结算,无争议部分的竣工结算应按合同约定办理。

第五节　工程竣工决算

一、工程竣工决算的概念

竣工决算是指建设项目在竣工验收合格后,由业主或委托方根据各局部工程竣工结算和其他工程费用等实际开支的情况,计算和编制的综合反映该建设项目从筹建到竣工投产或交付使用的全过程以及各项资金使用情况和建设成果的总结性经济文件,其一般由建设单位编制。

二、竣工决算的内容

竣工决算主要由竣工财务决算报表、竣工财务说明书、竣工工程平面示意图和工程造价比较分析四部分内容组成。

1. 竣工财务决算报表

竣工财务决算报表主要有大、中型项目和小型项目三种。

(1)大、中型项目竣工财务决算报表。大、中型项目竣工财务决算报表包括:项目竣工财务决算审批表,大、中型项目概况表,大、中型项目竣工财务决算表和大、中型项目交付使用资产总表。

(2)小型项目竣工财务决算报表。小型项目竣工财务决算报表包括:项目竣工财务决算审批表、竣工财务决算总表和项目支付使用资产明细表。

2. 竣工财务决算说明书

竣工财务决算说明书主要是反映竣工工程建设成果和经验,是对竣工决算报表进行分析和补充说明的文件,是全面考核分析工程投资与造价的书面总结,其主要包括项目概况、资金来源及运用等财务分析、基本建设收入、投资包干结余、竣工结余资金的上交分配情况,各项经济技术指标的分析,工程建设的经验及其他需要说明的问题。

3. 竣工工程平面示意图

竣工工程平面示意图是工程交工验收的依据,是国家的重要技术档案。

竣工工程平面示意图的具体要求如下：

(1)凡按图竣工没有变动的，由施工单位(包括总包和分包施工单位，两者不同)在原施工图上加盖"竣工图"标志后，即作为竣工图。

(2)凡在施工过程中，虽有一般性设计变更，但能将原施工图加以修改补充作为竣工图的，可不重新绘制，由施工单位负责在原施工图(必须是新蓝图)上注明修改的部分，并附以设计变更通知单和施工说明，加盖"竣工图"标志后，作为竣工图。

(3)凡结构形式改变、施工工艺改变、平面布置改变、项目改变以及其他重大改变，不宜再在原施工图上修改、补充时，应重新绘制改变后的竣工图。

4. 工程造价比较分析

对控制工程造价所采取的措施、效果及其动态的变化进行认真的比较对比，总结经验教训。批准的概算是考核建设工程造价的依据。在分析时，可先对比整个项目的总概算，然后将建筑安装工程费、设备工器具费和其他工程费用逐一与竣工决算表中所提供的实际数据和相关资料及批准的概算、预算指标、实际的工程造价进行对比分析，以确定竣工项目总造价。

三、竣工决算的编制

1. 竣工结算编制的依据

(1)经批准的可行性研究报告及其投资估算。

(2)经批准的初步设计或扩大初步设计及其概算或修正概算。

(3)经批准的施工图设计及其施工图预算。

(4)设计交底或图纸会审纪要。

(5)招投标的标底、承包合同、工程结算资料。

(6)施工记录或施工签证单，以及其他施工中发生的费用记录，如：索赔报告与记录、停(交)工报告等。

(7)竣工图及各种竣工验收资料。

(8)历年基建资料、历年财务决算及批复文件。

(9)设备、材料调价文件和调价记录。

(10)有关财务核算制度、办法和其他有关资料、文件等。

2. 竣工结算编制的程序

按照国家财政部印发的关于《基本建设财务管理若干规定》的通知要求，竣工决算的编制程序如下：

(1)收集、整理、分析原始资料。从建设工程开始就按编制依据的要求，收集、清点、整理有关资料，主要包括建设工程档案资料，如：设计文件、施工记录、上级批文、概(预)算文件、工程结算的归集整理，财务处理、财产物资的盘点核实及债权债务的清偿，做到账账、账证、账实、账表相符。对各种设备、材料、工具、器具等要逐项盘点核实并填列清单，妥善保管，或按照国家有关规定处理，不准任意侵占和挪用。

(2)对照、核实工程变动情况，重新核实各单位工程、单项工程造价。将竣工资料与原设计图纸进行查对、核实，必要时可实地测量，确认实际变更情况；根据经审定的施工单位竣工结算等原始资料，按照有关规定对原概(预)算进行增减调整，重新核定工程造价。

（3）将审定后的待摊投资、设备工器具投资、建筑安装工程投资、工程建设其他投资严格划分和核定后，分别计入相应的建设成本栏目内。

（4）编制竣工财务决算说明书，力求内容全面、简明扼要、文字流畅、说明问题。

（5）填报竣工财务决算报表。

（6）做好工程造价对比分析。

（7）清理、装订好竣工图。

（8）按国家规定上报、审批、存档。

第四章 装饰装修工程工程量清单计价

第一节 工程量清单计价相关规定

一、计价方式

（1）使用国有资金投资的建设工程发承包，必须采用工程量清单计价。国有投资的资金包括国家融资资金、国有资金为主的投资资金。

1）国有资金投资的工程建设项目包括：

①使用各级财政预算资金的项目。

②使用纳入财政管理的各种政府性专项建设资金的项目。

③使用国有企事业单位自有资金，并且国有资产投资者实际拥有控制权的项目。

2）国家融资资金投资的工程建设项目包括：

①使用国家发行债券所筹资金的项目。

②使用国家对外借款或者担保所筹资金的项目。

③使用国家政策性贷款的项目。

④国家授权投资主体融资的项目。

⑤国家特许的融资项目。

3）国有资金为主的工程建设项目是指国有资金占投资总额 50％以上，或虽不足 50％但国有投资者实质上拥有控股权的工程建设项目。

（2）非国有资金投资的建设工程，"13 计价规范"鼓励采用工程量清单计价方式，但是否采用，由项目业主自主确定。

（3）不采用工程量清单计价的建设工程，应执行"13 计价规范"中除工程量清单等专门性规定外的其他规定。

（4）实行工程量清单计价应采用综合单价法，不论分部分项工程项目、措施项目、其他项目，还是以单价形式或以总价形式表现的项目，其综合单价的组成内容均包括完成该项目所需的、除规费和税金以外的所有费用。

．（5）根据《中华人民共和国安全生产法》、《中华人民共和国建筑法》、《建设工程安全生产管理条例》、《安全生产许可证条例》等法律、法规的规定，建设部办公厅印发了《建筑工程安全防护、文明施工措施费及使用管理规定》（建办〔2005〕89 号），将安全文明施工费纳入国家强制性标准管理范围，其费用标准不予竞争，并规定"投标方安全防护、文明施工措施的报价，不得低于依据工程所在地工程造价管理机构测定费率计算所需费用总额的 90％"。2012 年 2 月 14 日，财政部、国家安全生产监督管理总局印发《企业安全生产费用提取和使用管理办去》（财企〔2012〕16 号）规定："建设工程施工企业提取的安全费用列入工程造价，在竞标时，不得删减,列入标外管理"。

"13 计价规范"规定措施项目清单中的安全文明施工费必须按国家或省级、行业建设主管部门的规定费用标准计算,招标人不得要求投标人对该项费用进行优惠,投标人也不得将该项费用参与市场竞争。此处的安全文明施工费包括《建筑安装工程费用项目组成》(建标[2013]44 号)中措施费的文明施工费、环境保护费、临时设施费、安全施工费。

(6)根据建设部、财政部印发的《建筑安装工程费用项目组成》(建标[2013]44 号)的规定,规费是政府和有关权力部门规定必须缴纳的费用;税金是国家按照税法预先规定的标准,强制地、无偿地要求纳税人缴纳的费用。它们都是工程造价的组成部分,但是其费用内容和计取标准都不是发、承包人能自主确定的,更不是由市场竞争决定的。因而"13 计价规范"规定:"规费和税金必须按国家或省级、行业建设主管部门的规定计算,不得作为竞争性费用。"

二、发包人提供材料和机械设备

(1)《建设工程质量管理条例》第 14 条规定:"按照合同约定,由建设单位采购建筑材料、建筑构配件和设备的,建设单位应当保证建筑材料、建筑构配件和设备符合设计文件和合同要求";《中华人民共和国合同法》第 283 条规定:"发包人未按照约定的时间和要求提供原材料、设备、场地、资金、技术资料的,承包人可以顺延工程日期,并有权要求赔偿停工、窝工等损失"。"13 计价规范"根据上述法律条文对发包人提供材料和机械设备的情况进行了如下约定:

(1)发包人提供的材料和工程设备(以下简称甲供材料)应在招标文件中按照规定填写《发包人提供材料和工程设备一览表》,写明甲供材料的名称、规格、数量、单价、交货方式、交货地点等。承包人投标时,甲供材料价格应计入相应项目的综合单价中,签约后,发包人应按合同约定扣除甲供材料款,不予支付。

(2)承包人应根据合同工程进度计划的安排,向发包人提交甲供材料交货的日期计划。发包人应按计划提供。

(3)发包人提供的甲供材料如规格、数量或质量不符合合同要求,或由于发包人原因发生交货日期延误、交货地点及交货方式变更等情况的,发包人应承担由此增加的费用和(或)工期延误,并应向承包人支付合理利润。

(4)发承包双方对甲供材料的数量发生争议不能达成一致的,应按照相关工程的计价定额同类项目规定的材料消耗量计算。

(5)若发包人要求承包人采购已在招标文件中确定为甲供材料的,材料价格应由发承包双方根据市场调查确定,并应另行签订补充协议。

三、承包人提供材料和工程设备

《建设工程质量管理条例》第 29 条规定:"施工单位必须按照工程设计要求、施工技术标准和合同约定,对建筑材料、建筑构配件、设备和商品混凝土进行检验,检验应当有书面记录和专人签字;未经检验或者检验不合格的,不得使用。""13 计价规范"根据此法律条文对承包人提供材料和机械设备的情况进行了如下约定:

(1)除合同约定的发包人提供的甲供材料外,合同工程所需的材料和工程设备应由承包人提供,承包人提供的材料和工程设备均应由承包人负责采购、运输和保管。

（2）承包人应按合同约定将采购材料和工程设备的供货人及品种、规格、数量和供货时间等提交发包人确认，并负责提供材料和工程设备的质量证明文件，满足合同约定的质量标准。

（3）对承包人提供的材料和工程设备经检测不符合合同约定的质量标准，发包人应立即要求承包人更换，由此增加的费用和（或）工期延误应由承包人承担。对发包人要求检测承包人已具有合格证明的材料、工程设备，但经检测证明该项材料、工程设备符合合同约定的质量标准，发包人应承担由此增加的费用和（或）工期延误，并向承包人支付合理利润。

四、计价风险

（1）建设工程发承包，必须在招标文件、合同中明确计价中的风险内容及其范围，不得采用无限风险、所有风险或类似语句规定计价中的风险内容及范围。

风险是一种客观存在的、会带来损失的、不确定的状态。它具有客观性、损失性、不确定性的特点，并且风险始终是与损失相联系的。工程施工发包是一种期货交易行为，工程建设本身又具有单件性和建设周期长的特点。在工程施工过程中，影响工程施工及工程造价的风险因素很多，但并非所有的风险都是承包人能预测、控制和应承担其造成损失的。

工程施工招标发包是工程建设交易方式之一，一个成熟的建设市场应是一个体现交易公平性的市场。在工程建设施工发包中实行风险共担和合理分摊原则是实现建设市场交易公平性的具体体现，是维护建设市场正常秩序的措施之一。其具体体现则是应在招标文件或合同中对发、承包双方各自应承担的风险内容及其风险范围或幅度进行界定和明确，而不能要求承包人承担所有风险或无限度风险。

根据我国工程建设特点，投标人应完全承担的风险是技术风险和管理风险，如管理费和利润；应有限度承担的是市场风险，如材料价格、施工机械使用费等的风险；应完全不承担的是法律、法规、规章和政策变化的风险。

（2）由于下列因素出现，影响合同价款调整的，应由发包人承担：

1）由于国家法律、法规、规章或有关政策出台导致工程税金、规费等发生变化的。

2）对于根据我国目前工程建设的实际情况，各省、自治区、直辖市建设行政主管部门均根据当地人力资源和社会保障行政主管部门的有关规定发布人工成本信息或人工费调整，对此关系职工切身利益的人工费进行调整的，但承包人对人工费或人工单价的报价高于发布的除外。

3）按照《中华人民共和国合同法》第63条规定："执行政府定价或者政府指导价的，在合同约定的交付期限内价格调整时，按照交付的价格计价。逾期交付标的物的，遇价格上涨时，按照原价格执行；价格下降时，按照新价格执行。逾期提取标的物或者逾期付款的，遇价格上涨时，按照新价格执行；价格下降时，按照原价格执行"。因此，对政府定价或政府指导价管理的原材料价格按照相关文件规定进行合同价款调整的。

因承包人原因导致工期延误的，应按本书后叙"合同价款调整"中"法律法规变化"和"物价变化"中的有关规定进行处理。

（3）对于主要由市场价格波动导致的价格风险，如工程造价中的建筑材料、燃料等价格风险，应由发承包双方合理分摊，并按规定填写《承包人提供主要材料和工程设备一览表》作为合同附件；当合同中没有约定，发承包双方发生争议时，应按"13计价规范"的相关规定调整合同价款。

"13 计价规范"中提出承包人所承担的材料价格的风险宜控制在 5% 以内,施工机械使用费的风险可控制在 10% 以内,超过者予以调整。

(4)由于承包人使用机械设备、施工技术以及组织管理水平等自身原因造成施工费用增加的,应由承包人全部承担。

(5)当不可抗力发生,影响合同价款时,应按本书后叙"合同价款调整"中"不可抗力"的相关规定处理。

第二节　招标控制价编制

一、一般规定

招标控制价是招标人根据国家或省级、行业建设主管部门颁发的有关计价依据和办法,按设计施工图纸计算的,对招标工程限定的最高工程造价。国有资金投资的工程建设项目必须实行工程量清单招标,并必须编制招标控制价。

1. 招标控制价的作用

(1)我国对国有资金投资项目的是投资控制实行的投资概算审批制度,国有资金投资的工程原则上不能超过批准的投资概算。因此,在工程招标发包时,当编制的招标控制价超过批准的概算,招标人应当将其报原概算审批部门重新审核。

(2)国有资金投资的工程进行招标,根据《中华人民共和国招标投标法》的规定,招标人可以设标底。当招标人不设标底时,为有利于客观、合理的评审投标报价和避免哄抬标价,造成国有资产流失,招标人必须编制招标控制价。

(3)国有资金投资的工程,招标人编制并公布的招标控制价相当于招标人的采购预算,同时要求其不能超过批准的概算,因此,招标控制价是招标人在工程招标时能接受投标人报价的最高限价。

2. 招标控制价的编制人员

招标控制价应由具有编制能力的招标人编制,当招标人不具有编制招标控制价的能力时,可委托具有相应资质的工程造价咨询人编制。工程造价咨询人接受招标人委托编制招标控制价,不得再就同一工程接受投标人委托编制投标报价。

所谓具有相应工程造价咨询资质的工程造价咨询人是指根据《工程造价咨询企业管理办法》(建设部令第 149 号)的规定,依法取得工程造价咨询企业资质,并在其资质许可的范围内接受招标人的委托,编制招标控制价的工程造价咨询企业。即取得甲级工程造价咨询资质的咨询人可承担各类建设项目的招标控制价编制,取得乙级(包括乙级暂定)工程造价咨询资质的咨询人,则只能承担 5000 万元以下的招标控制价的编制。

3. 其他规定

(1)招标控制价的作用决定了招标控制价不同于标底,无须保密。为体现招标的公平、公正,防止招标人有意抬高或压低工程造价,招标人应在招标文件中如实公布招标控制价,不得对所编制的招标控制价进行上浮或下调。招标人在招标文件中公布招标控制价时,应公布招标控制价各组成部分的详细内容,不得只公布招标控制价总价。

(2)招标人应将招标控制价及有关资料报送工程所在地或有该工程管辖权的行业管理部门工程造价管理机构备查。

二、招标控制价编制与复核

1. 招标控制价编制依据

(1)"13 计价规范"。

(2)国家或省级、行业建设主管部门颁发的计价定额和计价办法。

(3)建设工程设计文件及相关资料。

(4)拟定的招标文件及招标工程量清单。

(5)与建设项目相关的标准、规范、技术资料。

(6)施工现场情况、工程特点及常规施工方案。

(7)工程造价管理机构发布的工程造价信息,当工程造价信息没有发布时,参照市场价。

(8)其他的相关资料。

按上述依据进行招标控制价编制,应注意以下事项:

(1)使用的计价标准、计价政策应是国家或省、自治区、直辖市建设行政主管部门或行业建设主管部门颁布的计价定额和计价方法。

(2)采用的材料价格应是工程造价管理机构通过工程造价信息发布的材料单价,工程造价信息未发布材料单价的材料,其材料价格应通过市场调查确定。

(3)国家或省、自治区、直辖市建设行政主管部门或行业建设主管部门对工程造价计价中费用或费用标准有规定的,应按规定执行。

2. 招标控制价的编制

(1)综合单价中应包括招标文件中划分的应由投标人承担的风险范围及其费用。招标文件中没有明确的,如是工程造价咨询人编制,应提请招标人明确;如是招标人编制,应予明确。

(2)分部分项工程和措施项目中的单价项目,应根据拟定的招标文件和招标工程量清单项目中的特征描述及有关要求确定综合单价计算。招标文件中提供了暂估单价的材料,按暂估的单价计入综合单价。

(3)措施项目中的总价项目应根据拟定的招标文件和常规施工方案采用综合单价计价。措施项目中的安全文明施工费必须按国家或省级、行业建设主管部门的规定计算,不得作为竞争性费用。

(4)其他项目费应按下列规定计价:

1)暂列金额。暂列金额应按招标工程量清单中列出的金额填写。

2)暂估价。暂估价包括材料暂估单价、工程设备暂估单价和专业工程暂估价。暂估价中的材料、工程设备单价应根据招标工程量清单列出的单价计入综合单价。

3)计日工。计日工包括计日工人工、材料和施工机械。在编制招标控制价时,对计日工中的人工单价和施工机械台班单价应按省级、行业建设主管部门或其授权的工程造价管理机构公布的单价计算;材料应按工程造价管理机构发布的工程造价信息中的材料单价计算,工程造价信息未发布材料单价的材料,其价格应按市场调查确定的单价计算。

4)总承包服务费。招标人编制招标控制价时,总承包服务费应根据招标文件中列出的内容和向总承包人提出的要求,按照省级或行业建设主管部门的规定或参照下列标准计算:

①招标人仅要求对分包的专业工程进行总承包管理和协调时,按分包的专业工程估算造价的 1.5% 计算。

②招标人要求对分包的专业工程进行总承包管理和协调,并同时要求提供配合服务时,根据招标文件中列出的配合服务内容和提出的要求,按分包的专业工程估算造价的 3%~5% 计算。

③招标人自行供应材料的,按招标人供应材料价值的 1% 计算。

(5)招标控制价的规费和税金必须按国家或省级、行业建设主管部门的规定计算。

三、投诉与处理

(1)投标人经复核认为招标人公布的招标控制价未按照本规范的规定进行编制的,应在招标控制价公布后 5 天内向招投标监督机构和工程造价管理机构投诉。

(2)投诉人投诉时,应当提交由单位盖章和法定代表人或其委托人签名或盖章的书面投诉书。投诉书应包括下列内容:

1)投诉人与被投诉人的名称、地址及有效联系方式。

2)投诉的招标工程名称、具体事项及理由。

3)投诉依据及有关证明材料。

4)相关的请求及主张。

(3)投诉人不得进行虚假、恶意投诉,阻碍招投标活动的正常进行。

(4)工程造价管理机构在接到投诉书后应在 2 个工作日内进行审查,对有下列情况之一的,不予受理:

1)投诉人不是所投诉招标工程招标文件的收受人。

2)投诉书提交的时间不符合上述第(1)条规定的。

3)投诉书不符合上述第(2)条规定的。

4)投诉事项已进入行政复议或行政诉讼程序的。

(5)工程造价管理机构应在不迟于结束审查的次日将是否受理投诉的决定书面通知投诉人、被投诉人以及负责该工程招投标监督的招投标管理机构。

(6)工程造价管理机构受理投诉后,应立即对招标控制价进行复查,组织投诉人、被投诉人或其委托的招标控制价编制人等单位人员对投诉问题逐一核对。有关当事人应当予以配合,并应保证所提供资料的真实性。

(7)工程造价管理机构应当在受理投诉的 10 天内完成复查,特殊情况下可适当延长,并作出书面结论通知投诉人、被投诉人及负责该工程招投标监督的招投标管理机构。

(8)当招标控制价复查结论与原公布的招标控制价误差大于 ±3% 时,应当责成招标人改正。

(9)招标人根据招标控制价复查结论需要重新公布招标控制价的,其最终公布的时间至招标文件要求提交投标文件截止时间不足 15 天的,应相应延长投标文件的截止时间。

第三节　投标报价编制

一、一般规定

（1）投标价应由投标人或受其委托具有相应资质的工程造价咨询人编制。

（2）投标价中除"13计价规范"中规定的规费、税金及措施项目清单中的安全文明施工费应按国家或省级、行业建设主管部门的规定计价，不得作为竞争性费用外，其他项目的投标报价由投标人自主决定。

（3）投标人的投标报价不得低于工程成本。《中华人民共和国反不正当竞争法》第十一条规定："经营者不得以排挤竞争对手为目的，以低于成本的价格销售商品。"《中华人民共和国招标投标法》第四十一规定："中标人的投标应当符合下列条件……（二）能够满足招标文件的实质性要求，并且经评审的投标价格最低；但是投标价格低于成本的除外。"《评标委员会和评标方法暂行规定》（国家计委等七部委第12号令）第二十一条规定："在评标过程中，评标委员会发现投标人的报价明显低于其他投标报价或者在设有标底时明显低于标底的，使得其投标报价可能低于其个别成本的，应当要求该投标人作出书面说明并提供相关证明材料。投标人不能合理说明或者不能提供相关证明材料的，由评标委员会认定该投标人以低于成本报价竞标，其投标应作废标处理。"

（4）实行工程量清单招标，招标人在招标文件中提供工程量清单，其目的是使各投标人在投标报价中具有共同的竞争平台。因此，要求投标人必须按招标工程量清单填报价格，工程量清单的项目编码、项目名称、项目特征、计量单位、工程数量必须与招标人招标文件中提供的招标工程量清单一致。

（5）根据《中华人民共和国政府采购法》第三十六条规定："在招标采购中，出现下列情形之一的，应予废标……（三）投标人的报价均超过了采购预算，采购人不能支付的。"《中华人民共和国招标投标法实施条例》第五十一条规定："有下列情形之一者，评标委员会应当否决其投标：……（五）投标报价低于成本或者高于招标文件设定的最高投标限价"。对于国有资金投资的工程，其招标控制价相当于政府采购中的采购预算，且其定义就是最高投标限价，因此投标人的投标报价不能高于招标控制价；否则，应予废标。

二、投标报价编制与复核

（1）投标报价应根据下列依据编制和复核：

1）"13计价规范"。

2）国家或省级、行业建设主管部门颁发的计价办法。

3）企业定额，国家或省级、行业建设主管部门颁发的计价定额和计价办法。

4）招标文件、招标工程量清单及其补充通知、答疑纪要。

5）建设工程设计文件及相关资料。

6）施工现场情况、工程特点及投标时拟定的施工组织设计或施工方案。

7）与建设项目相关的标准、规范等技术资料。

8)市场价格信息或工程造价管理机构发布的工程造价信息。

9)其他的相关资料。

(2)综合单价中应考虑招标文件中要求投标人承担的风险内容及其范围(幅度)产生的风险费用,招标文件中没有明确的,应提请招标人明确。在施工过程中,当出现的风险内容及其范围(幅度)在合同约定的范围内时,合同价款不作调整。

(3)分部分项工程和措施项目中的单价项目,应根据招标文件和招标工程量清单项目中的特征描述确定综合单价。招标工程量清单的项目特征描述是确定分部分项工程和措施项目中的单价的重要依据之一,投标人投标报价时应依据招标工程量清单项目的特征描述确定清单项目的综合单价。招投标过程中,当出现招标工程量清单项目特征描述与设计图纸不符时,投标人应以招标工程量清单的项目特征描述为准,确定投标报价的综合单价。当施工中施工图纸或设计变更与招标工程量清单的项目特征描述不一致时,发、承包双方应按实际施工的项目特征,依据合同约定重新确定综合单价。

招标文件中提供了暂估单价的材料,应按暂估的单价计入综合单价;综合单价中应考虑招标文件中要求投标人承担的风险内容及其范围(幅度)产生的风险费用。在施工过程中,当出现的风险内容及其范围(幅度)在合同约定的范围内时,工程价款不做调整。

(4)投标人可根据工程实际情况并结合施工组织设计,对招标人所列的措施项目进行增补。由于各投标人拥有的施工装备、技术水平和采用的施工方法有所差异,招标人提出的措施项目清单是根据一般情况确定的,没有考虑不同投标人的"个性",投标人投标时应根据自身编制的投标施工组织设计或施工方案确定措施项目,对招标人提供的措施项目进行调整。投标人根据投标施工组织设计或施工方案调整和确定的措施项目应通过评标委员会的评审。

措施项目中的总价项目应采用综合单价计价。其中安全文明施工费应按国家或省级、行业建设主管部门的规定确定,且不得作为竞争性费用。

(5)其他项目应按下列规定报价:

1)暂列金额应按招标工程量清单中列出的金额填写,不得变动。

2)材料、工程设备暂估价应按招标工程量清单中列出的单价计入综合单价,不得变动和更改。

3)专业工程暂估价应按招标工程量清单中列出的金额填写,不得变动和更改。

4)计日工应按招标工程量清单中列出的项目和数量,自主确定综合单价并计算计日工金额。

5)总承包服务费应依据招标工程量清单中列出的专业工程暂估价内容和供应材料、设备情况,按照招标人提出协调、配合与服务要求和施工现场管理需要自主确定。

(6)规费和税金应按国家或省级、行业建设主管部门的规定计算,不得作为竞争性费用。规费和税金的计取标准是依据有关法律、法规和政策规定制定的,具有强制性。投标人是法律、法规和政策的执行者,不能改变,更不能制定,而必须按照法律、法规、政策的有关规定执行。

(7)招标工程量清单与计价表中列明的所有需要填写单价和合价的项目,投标人均应填写且只允许有一个报价。未填写单价和合价的项目,可视为此项费用已包含在已标价工程量清单中其他项目的单价和合价之中。当竣工结算时,此项目不得重新组价予以调整。

(8)实行工程量清单招标,投标人的投标总价应当与组成已标价工程量清单的分部分项工程费、措施项目费、其他项目费和规费、税金的合计金额相一致，即投标人在投标报价时，不能进行投标总价优惠（或降价、让利），投标人对招标人的任何优惠（或降价、让利）均应反映在相应清单项目的综合单价中。

第四节　工程造价鉴定

发、承包双方在履行施工合同过程中，由于不同的利益诉求，有一些施工合同纠纷需要采用仲裁、诉讼的方式解决，工程造价鉴定在一些施工合同纠纷案件处理中就成了裁决、判决的主要依据。

一、一般规定

（1）在工程合同价款纠纷案件处理中，需做工程造价司法鉴定的，应根据《工程造价咨询企业管理办法》（建设部令第149号）第二十条的规定，委托具有相应资质的工程造价咨询人进行。

（2）工程造价咨询人接受委托时提供工程造价司法鉴定服务，不仅应符合建设工程造价方面的规定，还应按仲裁、诉讼程序和要求进行，并应符合国家关于司法鉴定的规定。

（3）按照《注册造价工程师管理办法》（建设部令第150号）的规定，工程计价活动应由造价工程师担任。《建设部关于对工程造价司法鉴定有关问题的复函》（建办标函[2005]155号）第二条："从事工程造价司法鉴定的人员，必须具备注册造价工程师执业资格，并只得在其注册的机构从事工程造价司法鉴定工作，否则不具有在该机构的工程造价成果文件上签字的权力。"鉴于进入司法程序的工程造价鉴定的难度一般较大，因此，工程造价咨询人进行工程造价司法鉴定时，应指派专业对口、经验丰富的注册造价工程师承担鉴定工作。

（4）工程造价咨询人应在收到工程造价司法鉴定资料后10天内，根据自身专业能力和证据资料判断能否胜任该项委托，如不能，应辞去该项委托。工程造价咨询人不得在鉴定期满后以上述理由不作出鉴定结论，影响案件处理。

（5）为保证工程造价司法鉴定的公正进行，接受工程造价司法鉴定委托的工程造价咨询人或造价工程师如是鉴定项目一方当事人的近亲属或代理人、咨询人以及其他关系可能影响鉴定公正的，应当自行回避；未自行回避，鉴定项目委托人以该理由要求其回避的，必须回避。

（6）《最高人民法院关于民事诉讼证据的若干规定》（法释[2001]33号）第五十九条规定："鉴定人应当出庭接受当事人质询"，因此，工程造价咨询人应当依法出庭接受鉴定项目当事人对工程造价司法鉴定意见书的质询。如确因特殊原因无法出庭的，经审理该鉴定项目的仲裁机关或人民法院准许，可以书面形式答复当事人的质询。

二、取证

（1）工程造价的确定与当时的法律法规、标准定额以及各种要素价格具有密切关系，为做好一些基础资料不完备的工程鉴定，工程造价咨询人进行工程造价鉴定工作，应自行收集以下（但不限于）鉴定资料：

1）适用于鉴定项目的法律、法规、规章、规范性文件以及规范、标准、定额。

2)鉴定项目同时期同类型工程的技术经济指标及其各类要素价格等。

（2）真实、完整、合法的鉴定依据是做好鉴定项目工程造价司法工作鉴定的前提。工程造价咨询人收集鉴定项目的鉴定依据时，应向鉴定项目委托人提出具体书面要求，其内容包括：

1)与鉴定项目相关的合同、协议及其附件。

2)相应的施工图纸等技术经济文件。

3)施工过程中的施工组织、质量、工期和造价等工程资料。

4)存在争议的事实及各方当事人的理由。

5)其他有关资料。

（3）根据最高人民法院规定"证据应当在法庭上出示，由当事人质证。未经质证的证据，不能作为认定案件事实的依据（法释［2001］33号）"，工程造价咨询人在鉴定过程中要求鉴定项目当事人对缺陷资料进行补充的，应征得鉴定项目委托人同意，或者协调鉴定项目各方当事人共同签认。

（4）根据鉴定工作需要现场勘验的，工程造价咨询人应提请鉴定项目委托人组织各方当事人对被鉴定项目所涉及的实物标的进行现场勘验。

（5）勘验现场应制作勘验记录、笔录或勘验图表，记录勘验的时间、地点、勘验人、在场人、勘验经过、结果，由勘验人、在场人签名或者盖章确认。绘制的现场图应注明绘制的时间、测绘人姓名、身份等内容。必要时应采取拍照或摄像取证，留下影像资料。

（6）鉴定项目当事人未对现场勘验图表或勘验笔录等签字确认的，工程造价咨询人应提请鉴定项目委托人决定处理意见，并在鉴定意见书中作出表述。

三、鉴定

（1）《最高人民法院关于审理建设工程施工合同纠纷案件适用法律问题的解释》（法释［2004］14号）第十六条一款规定："当事人对建设工程的计价标准或者计价方法有约定的，按照约定结算工程价款"，因此，如鉴定项目委托人明确告之合同有效，工程造价咨询人就必须依据合同约定进行鉴定，不得随意改变发承包双方合法的合意，不能以专业技术方面的惯例来否定合同的约定。

（2）工程造价咨询人在鉴定项目合同无效或合同条款约定不明确的情况下应根据法律法规、相关国家标准和"13计价规范"的规定，选择相应专业工程的计价依据和方法进行鉴定。

（3）为保证工程造价鉴定的质量，尽可能将当事人之间的分歧缩小直至化解，为司法调解、裁决或判决提供科学合理的依据，工程造价咨询人出具正式鉴定意见书之前，可报请鉴定项目委托人向鉴定项目各方当事人发出鉴定意见书征求意见稿，并指明应书面答复的期限及其不答复的相应法律责任。

（4）工程造价咨询人收到鉴定项目各方当事人对鉴定意见书征求意见稿的书面复函后，应对不同意见认真复核，修改完善后再出具正式鉴定意见书。

（5）工程造价咨询人出具的工程造价鉴定书应包括下列内容：

1)鉴定项目委托人名称、委托鉴定的内容。

2)委托鉴定的证据材料。

3)鉴定的依据及使用的专业技术手段。

4)对鉴定过程的说明。

5)明确的鉴定结论。

6)其他需说明的事宜。

7)工程造价咨询人盖章及注册造价工程师签名盖执业专用章。

（6）进入仲裁或诉讼的施工合同纠纷案件，一般都有明确的结案时限，为避免影响案件的处理，工程造价咨询人应在委托鉴定项目的鉴定期限内完成鉴定工作，如确因特殊原因不能在原定期限内完成鉴定工作时，应按照相应法规提前向鉴定项目委托人申请延长鉴定期限，并应在此期限内完成鉴定工作。

经鉴定项目委托人同意等待鉴定项目当事人提交、补充证据的，质证所用的时间不应计入鉴定期限。

（7）对于已经出具的正式鉴定意见书中有部分缺陷的鉴定结论，工程造价咨询人应通过补充鉴定作出补充结论。

第五章 楼地面装饰工程工程量计算

第一节 楼地面装饰工程量计算常用资料

一、整体面层材料用量计算

1. 水泥砂浆用量计算

单位体积水泥砂浆中各材料用量按表 5-1 计算。

表 5-1 水泥砂浆材料用量计算

项　　目	计　算　公　式
砂子用量/m³	$q_c = \dfrac{c}{\sum f - c \times C_p}$
水泥用量/kg	$q_n = \dfrac{a \times r_a}{c} \times q_c$

注:式中,a、c 分别为水泥、砂之比,即 $a:c=$ 水泥:砂;

　　　$\sum f$——配合比之和;

　　　C_p——砂空隙率(%),$C_p = (1 - \dfrac{r_0}{r_c}) \times 100\%$;

　　　r_a——水泥容重(kg/m³),可按 1200kg/m³ 计;

　　　r_0——砂密度按 2650kg/m³ 计;

　　　r_c——砂表观密度按 1550kg/m³ 计。

　　则 $C_p = (1 - \dfrac{1550}{2650}) \times 100\% = 41\%$

　　当砂用量超过 1m³ 时,因其空隙容积已大于灰浆数量,均按 1m³ 计算。

2. 特种砂浆材料用量计算

特种砂浆包括耐酸、防腐、不发火花沥青砂浆等。它们的配合比均按质量比计算。特种砂浆所需材料的比重可见表 5-2。

表 5-2 特种砂浆所需材料比重表

材　料　名　称	比重/(g/cm³)	备　　注	材　料　名　称	比重/(g/cm³)	备　　注
辉　绿　岩　粉	2.5		重　晶　石　英　粉	4.3	
石　　英　　粉	2.7		石　灰　石　砂	2.5	
石　　英　　砂	2.7		砂	2.65	
耐　酸　水　泥	3.0	普通沥青砂浆用	普　通　水　泥	3.1	耐酸砂浆用
过　氯　乙　烯　清　漆	1.25		石　油　沥　青	1.1	
滑　　石　　粉	2.6		煤　　沥　　青	1.2	
氟　硅　酸　钠	2.75		煤　　焦　　油	1.1	
石　油　沥　青	1.05		石　灰　膏	1.35	
			水　　玻　　璃	1.36~1.5	

3. 垫层材料用量计算

(1)质量比计算法。即配合比以质量比计算,其计算公式如下:

$$压实系数=\frac{虚铺厚度}{压实厚度} \qquad (5\text{-}1)$$

$$混合物重量=\frac{1000}{\dfrac{甲材料占百分率}{甲材料容量}+\dfrac{乙材料占百分率}{乙材料容量}+\cdots\cdots} \qquad (5\text{-}2)$$

$$材料用量=混合物重量\times压实系数\times材料占百分率\times(1+损耗率) \qquad (5\text{-}3)$$

例如:黏土炉渣混合物,其配合比(质量比)为 1:0.8(黏土:炉渣),黏土为 1400kg/m³,炉渣为 800kg/m³,其虚铺厚度为 25cm,压实厚度为 17cm。求每 1m³ 的材料用量。

$$黏土占百分率=\frac{1}{1+0.8}\times100\%=55.6\%$$

$$炉渣占百分率=\frac{0.8}{1+0.8}\times100\%=44.4\%$$

$$压实系数=\frac{25}{17}=1.47$$

$$每\ 1m^3\ 1:0.8\ 黏土炉渣混合物重量=\frac{1000}{\dfrac{0.556}{1.4}+\dfrac{0.444}{0.8}}=1050kg$$

则每 1m³ 黏土炉渣的材料用量为:

$$黏土=1050\times1.47\times0.556\times1.025(加损耗)=880kg$$

$$折合成体积:\frac{880}{1400}=0.629m^3$$

$$炉渣=1050\times1.47\times0.444\times1.015(加损耗)=696kg$$

$$折合成体积=\frac{696}{800}=0.87m^3$$

(2)体积比计算法。即配合比以体积比计算,其计算公式如下:

$$每\ 1m^3\ 材料用量=每\ 1m^3\ 的虚体积\times材料占配合比百分率 \qquad (5\text{-}4)$$

$$每\ 1m^3\ 的虚体积=1\times压实系数 \qquad (5\text{-}5)$$

$$材料占配合比百分率=\frac{甲(乙\cdots\cdots)材料之配比}{甲材料之配比+乙材料之配比+\cdots\cdots} \qquad (5\text{-}6)$$

$$材料实体积=材料占配合比百分率\times(1-材料孔隙率) \qquad (5\text{-}7)$$

$$材料孔隙率=\left(1-\frac{材料容量}{材料密度}\right)\times100\% \qquad (5\text{-}8)$$

例如:水泥、石灰、炉渣混合物,其配合比为 1:1:9(水泥:石灰:炉渣),其虚铺厚度为 23cm,压实厚度为 16cm,求每 1m³ 的材料用量。

$$压实系数=\frac{23}{16}=1.438$$

$$水泥占配合比百分率=\frac{1}{1+1+9}\times100\%=9.1\%$$

$$石灰占配合比百分率=\frac{1}{1+1+9}\times100\%=9.1\%$$

$$炉渣占配合比百分率=\frac{9}{1+1+9}\times100\%=81.8\%$$

则每 1m³ 水泥、石灰、炉渣的材料用量为：

水泥＝1.438×0.091×1200kg/m³(水泥密度)×1.01(损耗)＝159kg

石灰＝1.438×0.091×600kg/m³×1.02(损耗)＝80kg

炉渣＝1.438×0.818×1.015(损耗)＝1.19m³

(3)灰土体积比计算法。其计算公式如下：

$$每\ 1m^3\ 灰土的石灰或黄土的用量=\frac{虚铺厚度}{压实厚度}\times\frac{石灰或黄土的配比}{石灰、黄土配比之和}\qquad(5\text{-}9)$$

每 1m³ 灰土所需生石灰(kg)＝石灰的用量(m³)×每 1m³ 粉化灰需用生石灰数量(取石灰成分：块沫＝2∶8)

计算 3∶7 灰土的材料用量为：

$$黄土=\frac{18}{11}\times\frac{7}{3+7}\times1.025(损耗)=1.174m^3$$

$$石灰=\frac{18}{11}\times\frac{8}{3+7}\times1.02(损耗)\times600kg/m^3=300kg$$

(4)垫层材料用量。

1)对于砂、碎(砾)石等单一材料的垫层用量计算,其计算公式如下：

$$定额用量=定额单位\times压实系数\times(1+损耗率)\qquad(5\text{-}10)$$

$$压实系数=压实厚度/虚铺\qquad(5\text{-}11)$$

2)对于碎(砾)石、毛石或碎砖灌浆垫层材料用量计算,碎(砾)石、毛石或碎砖的用量与干铺垫层用量计算相同,其灌浆用的砂浆用量可按下式计算：

$$砂浆用量=[碎(砾)石、毛石或碎砖相对密度-碎(砾)石、毛石或碎砖容量\times压实系数]/$$
$$碎(砾)石、毛石或碎砖的相对密度\times填充密度(80\%)\times(1+损耗率)\qquad(5\text{-}12)$$

4. 水磨石面层配色用料计算

水磨石面层配色用料参考见表 5-3。

表 5-3　　　　　　　　　　**水磨石面层配色用料参考表**　　　　　　　　　　kg

水磨石颜色	重量配合比				配用有色石子	
	水　泥		颜　料			
	种类	用量	种类	用量	颜色	粒径/mm
粉红	白水泥	100	氧化铁红	0.80	花红	4～6
深红	本色水泥	100	氧化铁红	10.30	紫红	4～6
淡红	本色水泥	100	氧化铁红	2.06	紫红	4
深黄	本色水泥	50	氧化铁黄	7.66	奶油	4～6
	白水泥	50				
淡黄	白水泥	100	氧化铁黄	0.48	奶油	4～6
深绿	白水泥	100	氧化铬绿	9.14	绿色	4
翠绿	白水泥	100	氧化铁绿	6.50	绿色	4

续表

水磨石颜色	重量配合比				配用有色石子	
	水 泥		颜 料			
	种类	用量	种类	用量	颜色	粒径/mm
深灰	本色水泥	50	—	—	花红	4
	白水泥	50				
淡灰	白水泥	100	氧化铁黑	0.30	灰色	4
咖啡	本色水泥	50	氧化铁黑	2.90	紫红	4
	白水泥	50	氧化铁红	10.30		
黑色	本色水泥	100	氧化铁黑	11.82	黑	4

二、块料面层材料用量计算

块料饰面工程中的主要材料是指表面装饰块料,一般都有特定规格,因此,可以根据装饰面积和规格块料的单块面积,计算出块料数量。它的用量确定可以按照实物计算法计算。即根据设计图纸计算出装饰面的面积,除以一块规格块料(包括拼缝)的面积,求得块料净用量,再考虑一定的损耗量,即可得出该种装饰块料的总用量。每 $100m^2$ 块料面层的材料用量按下式计算:

$$Q_t = q(1+\eta) = \frac{100}{(l+\delta)(b+\delta)} \cdot (1+\eta) \tag{5-13}$$

式中 l——规格块料长度(m);

b——规格块料宽度(m);

δ——拼缝宽(m)。

$$结合层用料量 = 100m^2 \times 结合层厚度 \times (1+损耗率) \tag{5-14}$$

第二节 楼地面装饰工程项目划分

一、楼地面装饰工程计量规范①项目划分

1. 整体面层及找平层

计量规范中的整体面层及找平层包括水泥砂浆楼地面、现浇水磨石楼地面、细石混凝土楼地面、菱苦土楼地面、自流坪楼地面及平面砂浆找平层六个项目。

(1)水泥砂浆楼地面清单工作内容包括:基层清理;抹找平层;抹面层;材料运输。

(2)现浇水磨石楼地面清单工作内容包括:基层清理;抹找平层;面层铺设;嵌缝条安装;磨光、酸洗打蜡;材料运输。

(3)细石混凝土楼地面的清单工作内容包括:基层清理;抹找平层;抹面层;材料运输。

---

① 本书所指计量规范,如无特殊说明,均指《房屋建筑与装饰工程工程量计算规范》(GB 50854—2013)。

（4）菱苦土楼地面清单工作内容包括：基层清理；抹找平层；抹面层；打蜡；材料运输。

（5）自流坪楼地面清单工作内容包括：基层清理；抹找平层；涂界面剂；涂刷中层漆；打磨、吸尘；镘自流平面漆（浆）；拌合自流平浆料；铺面层。

（6）平面砂浆找平层清单工作内容包括：基层清理；抹找平层；材料运输。

2. 块料面层

清单模式下块料面层包括石材楼地面、碎石材楼地面及块料楼地面三个项目

块料面层清单工作内容包括：基层清理；抹找平层；面层铺设、磨边；嵌缝；刷防护材料；酸洗、打蜡；材料运输。

3. 橡塑面层

计量规范中橡塑面层包括橡胶板楼地面、橡胶板卷材楼地面、塑料板楼地面、塑料卷材楼地面四个项目。

橡塑面层清单工作内容包括：基层清理；面层铺贴；压缝条装钉；材料运输。

4. 其他材料面层

计量规范中其他材料面层包括地毯楼地面、竹、木（复合）地板、金属复合地板、防静电活动地板四个项目。

（1）地毯楼地面清单工作内容包括：基层清理；铺贴面层；刷防护材料；装钉压条；材料运输。

（2）竹、木（复合）地板清单工作内容包括：清理基层；龙骨铺设；基层铺设；面层铺设；刷防护材料；材料运输。

（3）金属复合地板清单工作内容包括：清理基层；龙骨铺设；基层铺设；面层铺设；刷防护材料；材料运输。

（4）防静电活动地板清单工作内容包括：清理基层；固定支架安装；活动面层安装；刷防护材料；材料运输。

5. 踢脚线

计量规范中踢脚线包括水泥砂浆踢脚线、石材踢脚线、块料踢脚线、塑料板踢脚线、木质踢脚线、金属踢脚线、防静电踢脚线七个项目。

（1）水泥砂浆踢脚线清单工作内容包括：基层清理；底层和面层抹灰；材料运输。

（2）石材踢脚线、块料踢脚线清单工作内容包括：基层清理；底层抹灰；面层铺贴、磨边；擦缝；磨光、酸洗、打蜡；刷防护材料；材料运输。

（3）塑料板踢脚线、木质踢脚线、金属踢脚线、防静电踢脚线清单工作内容包括：基层清理；基层铺贴；面层铺贴；材料运输。

6. 楼梯面层

计量规范中楼梯面层包括石材楼梯面层、块料楼梯面层、拼碎块料面层、水泥砂浆楼梯面层、现浇水磨石楼梯面层、地毯楼梯面层、木板楼梯面层、橡胶板楼梯面层、塑料板楼梯面层九个项目。

（1）石材楼梯面层、块料楼梯面层、拼碎块料面层清单工作内容包括：基层清理；抹找平

层;面层铺贴、磨边;贴嵌防滑条;勾缝;刷防护材料;酸洗、打蜡;材料运输。

（2）水泥砂浆楼梯面层清单工作内容包括:基层清理;抹找平层;抹面层;抹防滑条;材料运输。

（3）现浇水磨石楼梯面层清单工作内容包括:基层清理;抹找平层;抹面层;贴嵌防滑条;磨光、酸洗、打蜡;材料运输。

（4）地毯楼梯面层清单工作内容包括:基层清理;铺贴面层;固定配件安装;刷防护材料;材料运输。

（5）木板楼梯面层清单工作内容包括:基层清理;基层铺贴;面层铺贴;刷防护材料;材料运输。

（6）橡胶板楼梯面层、塑料板楼梯面层清单工作内容包括:基层清理;面层铺贴;压缝条装钉;材料运输。

7. 台阶装饰

计量规范中台阶装饰包括石材台阶面、块料台阶面、拼碎块料台阶面、水泥砂浆台阶面、现浇水磨石台阶面、剁假石台阶面六个项目。

（1）石材台阶面、块料台阶面、拼碎块料台阶面清单工作内容包括:基层清理;抹找平层;面层铺贴;贴嵌防滑条;勾缝;刷防护材料;材料运输。

（2）水泥砂浆台阶面清单工作内容包括:清理基层;抹找平层;抹面层;抹防滑条;材料运输。

（3）现浇水磨石台阶面清单工作内容包括:清理基层;抹找平层;抹面层;贴嵌防滑条;打磨、酸洗、打蜡;材料运输。

（4）剁假石台阶面清单工作内容包括:清理基层;抹找平层;抹面层;剁假石;材料运输。

8. 零星装饰项目

计量规范中零星装饰项目包括石材零星项目、拼碎石材零星项目、块料零星项目、水泥砂浆零星项目四个项目。

（1）石材零星项目、拼碎石材零星项目、块料零星项目清单工作内容包括:清理基层;抹找平层;面层铺贴、磨边;勾缝;刷防护材料;酸洗、打蜡;材料运输。

（2）水泥砂浆零星项目清单工作内容包括:清理基层;抹找平层;抹面层;材料运输。

二、楼地面装饰工程定额项目划分

（一）基础定额①项目划分及工作内容

基础定额中楼地面工程包括垫层、找平层、整体面层、块料面层、栏杆、扶手五个项目。

1. 垫层

基础定额中地面垫层是按照垫层材料来划分的,主要包括灰土、三合土（或四合土）、砂、砂石、毛石、碎砖、砾（碎）石、原土夯砾石、炉（矿）渣、混凝土和炉（矿）渣混凝土共17个子项。其定额工作内容如下:

---

① 本书所指基础定额,如无特殊说明,均指《全国统一建筑工程基础定额》(GJD—101—95)。

（1）拌合、铺设、找平、夯实。

（2）调制砂浆、灌缝。

（3）混凝土搅拌、捣固、养护。

注：混凝土垫层按不分格考虑，分格者另行处理。

2. 找平层

找平层一般铺设在填充保温材料和硬基层（如楼板、垫层）表面上，以填平孔眼、抹平表面，使面层和基层结合牢固。找平层列水泥砂浆和细石混凝土两种，当厚度超过或不足时按每增减 5mm 子项调整，共列 5 个子项，其中水泥砂浆找平层又按基层材料不同分混凝土（或硬基层）上和在填充材料上两个子项。找平层的定额工作内容如下：

（1）清理基层、调运砂浆、抹灰、压实。

（2）清理基层、混凝土搅拌、捣平、压实。

（3）刷素水泥浆。

3. 整体面层

整体面层是大面积整体浇筑而成的现制地面或楼面。定额子目按面层所用材料分为水泥砂浆、水磨石、水泥豆石浆、明沟等共列 27 个子项。其定额工作内容如下：

（1）清理基层、调运砂浆、刷素水泥浆、抹面、压光、养护。

注：水泥砂浆楼地面面层厚度每增减 5mm，按水泥砂浆找平层每增减 5mm 项目执行。

（2）清扫基层、调制石子浆、刷素水泥浆、找平抹面、磨光、补砂眼、理光、上草酸、打蜡、擦光、嵌条、调色，彩色镜面水磨石还包括油石抛光。

注：彩色镜面磨石系指高级水磨石，除质量要求达到规范要求外，其操作工序一般应按"五浆五磨"研磨，七道"抛光"工序施工。

（3）清理基层、调制石子浆、刷素水泥浆、找平抹面、磨光、补砂眼、理光、上草酸打蜡、擦光、调色。

（4）清理基层、调运砂浆、刷素水泥浆、抹面。

（5）明沟包括土方、混凝土垫层、砌砖或浇捣混凝土、水泥砂浆面层。

（6）清理基层、浇捣混凝土、面层抹灰压实。菱苦土地面包括调制菱苦土砂浆、打蜡等。

（7）金属嵌条包括划线、定位；金属防滑条包括钻眼、打木楔、安装；金刚砂、缸砖包括搅拌砂浆、敷设。

4. 块料面层

（1）大理石、花岗岩大理石、花岗岩面层按部位分为楼地面、楼梯、台阶、零星装饰和踢脚板；按铺贴用粘结材料分水泥砂浆和干粉型胶粘剂，共列 14 个子项。其定额工作内容如下：

1）清理基层、锯板磨边、贴大理石（花岗岩）、拼花、勾缝、擦缝、清理净面。

2）调制水泥砂浆或胶粘剂、刷素水泥浆及成品保护。

（2）汉白玉、预制水磨石块。汉白玉铺楼地面分干粉型胶粘剂和水泥砂浆两个子项。预制水磨石按部位分楼地面、楼梯、台阶和踢脚板，并分水泥砂浆和干粉型胶粘剂两个列项。其定额工作内容如下：

1）清理基层、锯板磨边、贴汉白玉（或预制水磨石块）、擦缝、清理净面。

2）调制水泥砂浆或胶粘剂、刷素水泥砂浆及成品保护。

（3）彩釉砖。彩釉砖是一种彩色釉面陶瓷地砖,彩釉砖面层按铺贴部位分项包括楼地面、楼梯、台阶、踢脚板;按粘结材料分水泥砂浆和干粉型胶粘剂;按每块彩釉砖四边周长之和可分 600mm 以内、800mm 以内和 800mm 以外三个列项。其定额工作内容如下:

1)清理基层、锯板磨边、贴彩釉砖、擦缝、清理净面。

2)调制水泥砂浆或胶粘剂、刷素水泥浆。

（4）水泥花砖。水泥花砖又称水泥花阶砖,按铺贴部位分项包括楼地面和台阶;按粘结材料分水泥砂浆和干粉型胶粘剂两个列项。其定额工作内容如下:

1)清理基层、锯板磨边、贴水泥花砖、擦缝、清理净面。

2)调制水泥砂浆或胶粘剂。

（5）缸砖。缸砖俗称地砖或铺地砖,表面不上釉,色泽常为暗红、浅黄、深黄或青灰色,形状有正方形、长方形和六角形等,缸砖子目分为楼地面、楼梯、台阶、踢脚板和零星装饰几个子项,其定额工作内容如下:

1)清理基层、锯板磨边、贴缸砖、勾缝、清理净面。

2)调制水泥砂浆或胶粘剂。

（6）陶瓷锦砖。陶瓷锦砖俗称马赛克。定额包括楼地面、台阶和踢脚板三类子目,楼地面和踢脚板分水泥砂浆和干粉型胶粘剂铺贴,楼地面分拼花和不拼花列项。其定额工作内容如下:

1)清理基层、贴陶瓷锦砖、拼花、勾缝、清理净面。

2)调制水泥砂浆或胶粘剂。

（7）拼碎块料。楼地面拼碎块分大理石、水磨石、花岗岩三类子目。其定额工作内容如下:

1)清理基层、调制水泥。

2)砂浆、刷素水泥浆、贴面层、补缝、清理净面。

（8）红(青)砖。红(青)砖地面按铺设方式分平铺和侧铺,并分别按砂结合和砂浆结合列项。其定额工作内容如下:

1)清理基层、铺砖、填缝。

2)调制水泥砂浆。

（9）凸凹假麻石块。定额按 197×76 凸凹假麻石块列楼地面、楼梯和台阶 3 个子项。其定额工作内容如下:

1)清理基层。

2)调制水泥砂浆。

3)刷素水泥浆。

4)贴块料、擦缝、清理净面。

（10）镭射玻璃、块料面酸洗打蜡。镭射玻璃楼地面分玻璃胶和水泥砂浆两个子目;块料面酸洗打蜡分楼地面和楼梯台阶两个子目。其定额工作内容如下:

1)清理基层、调制水泥砂浆、刷素水泥浆、贴面层、净面。

2)清理表面、上草酸、打蜡、磨光及成品保护。

（11）塑料、橡胶板。楼地面分橡胶板、塑料板、塑料卷材 3 个子项,塑料踢脚板分装配式和粘贴两个子项。其定额工作内容如下:

1)清理基层、刮腻子、涂刷粘结层、贴面层、净面。

2)制作及预埋木砖、安装矢具及踏脚板。

(12)地毯及附件。地毯楼地面分不固定和固定两种形式,固定式铺设又分单层和双层,共3个子项。楼梯地毯分满铺和不满铺2个子项。满铺是指从梯段最顶级到梯段最底级的整个楼梯全部铺设地毯。不满铺是指分散分块铺设,一般多为铺水平两部分,踏步踢面不铺。踏步铺地毯分压辊和压板二类子目。其定额工作内容如下:

1)清扫基层、拼接、铺设、修边、净面、刷胶、钉压条。

2)清扫基层、拼接、铺平、钉压条、修边、净面、钻眼、套管、安装。

(13)木地板。木地板以材质分为木地板、硬木地板、硬木拼花地板和地板砖;按铺贴或粘贴基层分为铺在木棱上,铺在毛地板上和粘贴在水泥面上三种情况,此外,还分平口缝和企口缝列项。其定额工作内容如下:

1)木地板、龙骨、横撑、垫木制作、安装、打磨净面、涂防腐油、填炉渣、埋铁件等。

2)清洗基层、刷胶、铺设、打磨净面。

3)龙骨、毛地板制作、刷防腐剂。

4)踢脚线埋木砖等。

(14)防静电活动地板。防静电活动地板分木质和铝质两个子项。其工作内容包括:清理基层、定位、安支架、横梁、地板、净面等。

5. 栏杆、扶手

(1)铝合金管扶手。基础定额中铝合金管扶手包括有机玻璃栏板、茶色半玻栏板、茶色全玻栏板、铝合金栏杆和弯头共5个子项。其定额工作内容包括:放样、下料、铆接、玻璃安装、打磨抛光。

(2)不锈钢管扶手。不锈钢管扶手定额列项同铝合金管扶手。其定额工作内容包括:放样、下料、焊接、玻璃安装、打磨抛光。

(3)塑料、钢管扶手。定额分为塑料扶手、钢管扶手、塑料、钢管4个子项。其定额工作内容包括:焊接、安装、弯头制作、安装。

(4)硬木扶手。定额分为型钢栏杆、杆栏杆、弯头3个子项。其定额工作内容包括:制作、安装。

(5)靠墙扶手。定额分不锈钢管、铝合金、钢管、硬木、塑料5个子项。其定额工作内容包括:制作、安装、支托煨弯、打洞堵混凝土。

(二)《全国统一装饰装修工程消耗量定额》相关问题说明

对于按《全国统一装饰装修工程消耗量定额》执行的楼地面装饰工程项目,其执行时应注意下列问题:

(1)同一铺贴上有不同种类、材质的材料,应分别执行相应定额子目。

(2)扶手、栏杆、栏板适用于楼梯、走廊、回廊及其他装饰性栏杆、栏板。栏杆、栏板、扶手造型如图5-1所示。

(3)零星项目面层适用于楼梯侧面、台阶的牵边、小便池、蹲便台、池槽在1m²以内且定额未列项目的工程。

(4)木地板填充材料,按照《全国统一建筑工程基础定额》相应子目执行。

（5）大理石、花岗岩楼地面拼花按成品考虑。

（6）镶贴面积小于 0.015m² 的石材执行点缀定额。

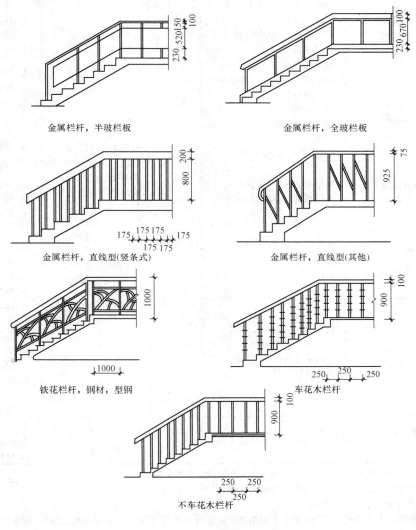

图 5-1　栏杆、栏板、扶手造型图

第三节　楼地面装饰工程工程量计算

一、整体面层及找平层工程量计算

整体面层是指大面积整体浇筑、连续施工而成的现制地面或楼面，如水泥砂浆面层、水磨石面层等。

整体面层及找平层工程量计算应符合表 5-4 的要求。

表 5-4 整体面层及找平层(编码:011101)

项目编码	项目名称	项目特征	计量单位	工程量计算规则	工作内容
011101001	水泥砂浆楼地面	1. 找平层厚度、砂浆配合比 2. 素水泥浆遍数 3. 面层厚度、砂浆配合比 4. 面层做法要求			1. 基层清理 2. 抹找平层 3. 抹面层 4. 材料运输
011101002	现浇水磨石楼地面	1. 找平层厚度、砂浆配合比 2. 面层厚度、水泥石子浆配合比 3. 嵌条材料种类、规格 4. 石子种类、规格、颜色 5. 颜料种类、颜色 6. 图案要求 7. 磨光、酸洗、打蜡要求		按设计图示尺寸以面积计算。扣除凸出地面构筑物、设备基础、室内管道、地沟等所占面积,不扣除间壁墙及≤0.3m² 柱、垛、附墙烟囱及孔洞所占面积。门洞、空圈、暖气包槽、壁龛的开口部分不增加面积	1. 基层清理 2. 抹找平层 3. 面层铺设 4. 嵌缝条安装 5. 磨光、酸洗打蜡 6. 材料运输
011101003	细石混凝土楼地面	1. 找平层厚度、砂浆配合比 2. 面层厚度、混凝土强度等级	m²		1. 基层清理 2. 抹找平层 3. 面层铺设 4. 材料运输
011101004	菱苦土楼地面	1. 找平层厚度、砂浆配合比 2. 面层厚度 3. 打蜡要求			1. 基层清理 2. 抹找平层 3. 面层铺设 4. 打蜡 5. 材料运输
011101005	自流坪楼地面	1. 找平层砂浆配合比、厚度 2. 界面剂材料种类 3. 中层漆材料种类、厚度 4. 面漆材料种类、厚度 5. 面层材料种类			1. 基层处理 2. 抹找平层 3. 涂界面剂 4. 涂刷中层漆 5. 打磨、吸尘 6. 镘自流平面漆(浆) 7. 拌合自流平浆料 8. 铺面层
011101006	平面砂浆找平层	找平层厚度、砂浆配合比		按设计图示尺寸以面积计算	1. 基层清理 2. 抹找平层 3. 材料运输

注:1. 水泥砂浆面层处理是拉毛还是提浆压光应在面层做法要求中描述。
2. 平面砂浆找平层只适用于仅做找平层的平面抹灰。
3. 间壁墙指墙厚≤120mm 的墙。
4. 楼地面混凝土垫层另按现浇混凝土基础垫层项目编码列项,除混凝土外的其他垫层按《房屋建筑与装饰工程工程量计算规范》(GB 50854—2013)表 D.4 垫层项目编码列项。

【计算实例 1】

图 5-2 所示为某小型住宅室内水磨石地面平面图,水磨石地面做法为:底层 1:3 水泥砂浆厚 20mm,面层 1:2 水泥白石子浆厚 15mm,嵌玻璃条。试计算普通水磨石地面工程量。

【计算分析】本例为整体水磨石面层,按主墙间净面积计算,不扣除间壁墙所占面积(间壁墙是一种不承重墙,是用于分隔室内房间的内墙),故按下式计算:

$$S = A \times B - S_R \tag{5-15}$$

式中　S——整体面层,找平层工程量(m²);

A,B——分别为主墙间净长和净宽(m);

S_R——应扣除面积,包括凸出地面的构筑物、设备基础、室内管道、地沟等不做面层部分所占面积。

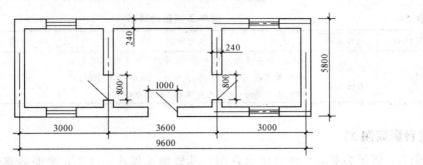

图 5-2　水磨石地面平面图

【解】　水磨石地面工程量＝(9.6－0.24×3)×(5.8－0.24)＝49.37m²

清单项目工程量计算结果见表 5-5。

表 5-5		清单工程量计算表		
项目编码	项目名称	项目特征	计量单位	工程量
011101002001	现浇水磨石楼地面	底层 1∶3 水泥砂浆厚 20mm,面层 1∶2 水泥白石子浆厚 15mm,嵌玻璃条。	m²	49.37

【计算实例 2】

图 5-3 所示为某房间平面图,做成现浇水磨石整体面层,试计算其工程量。

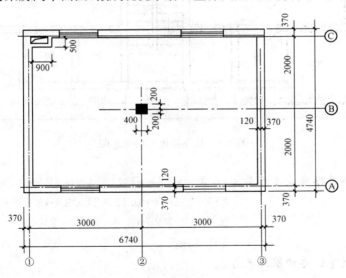

图 5-3　某房间平面图

【计算分析】本例按主墙间净面积计算,不扣除≤0.3m² 柱所占的面积,但应扣除类似地面的构筑物部分面积。

【解】　现浇水磨石整体面层的工程量＝(3+3－0.12×2)×(2+2－0.12×2)－0.9×0.5

$$=21.21m²$$

清单项目工程量计算结果见表 5-6。

表 5-6　　　　　　　　　　　　　清单工程量计算表

项目编码	项目名称	项目特征	计量单位	工程量
011101002001	现浇水磨石楼地面	C20 细石混凝土找平层 60 厚,1∶2.5 白水泥色石子水磨石面层 20mm 厚,15mm×2mm 铜条分隔,距墙柱边 300mm 范围内按纵横 1m 宽分格	m²	21.21

【计算实例 3】

图 5-4 所示为某办公楼二层示意图。其楼地面做法:1∶2.5 水泥砂浆面层厚 25mm,素水泥浆一道;C20 细石混凝土找平层厚 40mm;水泥砂浆踢脚线高 15mm。试计算某办公楼二层房间(不包括卫生间)及走廊地面整体面层工程量。

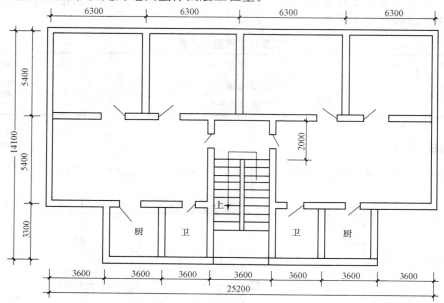

图 5-4　某办公楼二层示意图

【解】　水泥砂浆楼地面工程量＝(6.3−0.12×2)×(5.4−0.12×2)×4＋(5.4−0.12×2)×(3.6×3−0.12×2)×2＋(3.6−0.12×2)×(3.3−0.12×2)×2＋(3.6−0.12×2)×2

＝261.34m²

清单项目工程量计算结果见表 5-7。

表 5-7　　　　　　　　　　　　　清单工程量计算表

项目编码	项目名称	项目特征	计量单位	工程量
011101001001	水泥砂浆楼地面	C20 细石混凝土找平层厚 40mm,1∶2.5 水泥砂浆面层厚 25mm。	m²	261.34

【计算实例 4】

图 5-5 所示为某建筑物平面图。其地面做法:C20 细石混凝土找平层 60mm 厚,1∶2.5 白

水泥色石子水磨石面层 20mm 厚,15mm×2mm 铜条分隔,距墙柱边 300mm 范围内按纵横 1m 宽分格。试计算该地面工程工程量。

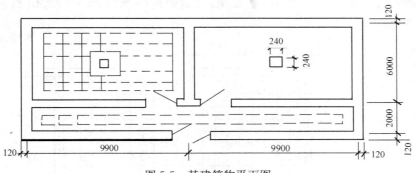

图 5-5　某建筑物平面图

【解】　现浇水磨石楼地面工程量=(9.9-0.24)×(6-0.24)×2+(9.9×2-0.24)×
　　　　　　　(2-0.24)
　　　　　　=145.71m²

清单项目工程量计算结果见表 5-8。

表 5-8　　　　　　　　　　　　　清单工程量计算表

项目编码	项目名称	项目特征	计量单位	工程量
011101002001	现浇水磨石楼地面	60 厚 C20 细石混凝土找平,20 厚 1:2.5 白水泥色石子水磨石面层,15mm×2mm 铜条分隔	m²	145.71

二、块料面层工程量计算

块料面层也称板块面层,是指用一定规格的块状材料,采用相应的胶结材料或水泥砂浆结合层镶铺而成的面层,如花岗岩、大理石、地砖、玻璃地面、缸砖、陶瓷锦砖、橡胶板等材料做的面层。

块料面层工程量计算应符合表 5-9 的规定。

表 5-9　　　　　　　　　　　　　块料面层(编码:011102)

项目编码	项目名称	项目特征	计量单位	工程量计算规则	工作内容
011102001	石材楼地面	1. 找平层厚度、砂浆配合比 2. 结合层厚度、砂浆配合比 3. 面层材料品种、规格、颜色 4. 嵌缝材料种类 5. 防护层材料种类 6. 酸洗、打蜡要求	m²	按设计图示尺寸以面积计算。门洞、空圈、暖气包槽、壁龛的开口部分并入相应的工程量内	1. 基层清理 2. 抹找平层 3. 面层铺设、磨边 4. 嵌缝 5. 刷防护材料 6. 酸洗、打蜡 7. 材料运输
011102002	碎石材楼地面				
011102003	块料楼地面				

注:1. 在描述碎石材项目的面层材料特征时可不用描述规格、颜色。

　2. 石材、块料与粘结材料的结合面刷防渗材料的种类在防护层材料种类中描述。

　3. 表中磨边是指施工现场磨边。

【计算实例 5】

图 5-6 所示为某银行营业厅地坪平面图，其地面铺贴 600mm×600mm 黄色大理石板。试计算其工程量。

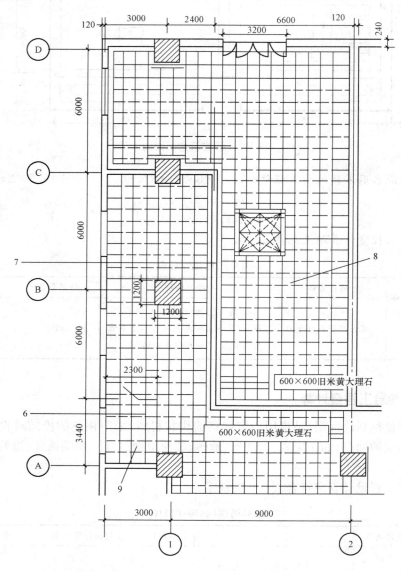

图 5-6　某银行营业厅地坪平面图
1—蒙古黑压边；2—玻璃隔断；3—营业大厅；4—电脑主机房

【解】　工程量＝$(6.6-0.24)\times(18-0.12+0.36)+[(6-0.12+0.36)\times5.4-1.2\times$
　　　　　　$(1.2-0.24)-1.2\times(0.6-0.12)]+3.2\times0.24$
　　　　＝148.74m^2

清单项目工程量计算结果见表 5-10。

表 5-10 清单工程量计算表

项目编码	项目名称	项目特征	计量单位	工程量
011102001001	石材楼地面	地面铺贴 600mm×600mm 黄色大理石板	m²	148.74

【计算实例 6】

图 5-7 所示为某建筑平面图,采用大理石地面。试计算其工程量。

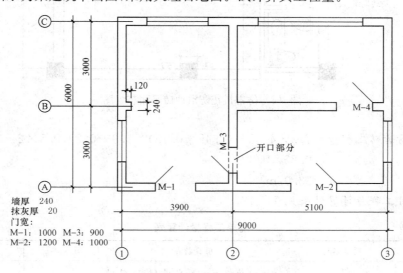

图 5-7　某建筑平面图

【计算分析】 按照工程量计算规则,按设计图示尺寸以面积计算,门洞开口部分并入相应的工程量内。

【解】　石材楼地面工程量＝9.24×6.24−[(9+6)×2+6−0.24+5.1−0.24]×0.24−

$$0.24×0.12+0.24×(1.0+1.2+0.9+1.0)$$

$$=48.86m^2$$

清单项目工程量计算结果见表 5-11。

表 5-11 清单工程量计算表

项目编码	项目名称	项目特征	计量单位	工程量
011102001001	石材楼地面	大理石	m²	48.86

【计算实例 7】

图 5-8 所示为某地面平面布置图,地面为 25mm 原水泥砂浆,粘贴 600mm×600mm 仿古砖,试计算其工程量。

【计算分析】

根据工程量计算规则,工程量按设计图示以面积计算,门洞开口部分并入相应的工程量内。

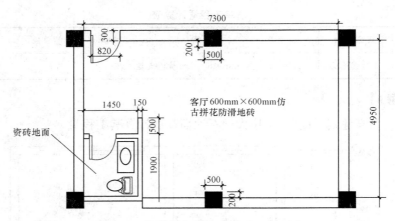

图 5-8　仿古拼花防滑地砖平面布置图

【解】　仿古砖工程量＝7.3×4.95－(1.45＋0.15)×1.9－0.2×0.5×2－0.15×0.5＋

　　　　　　0.82×0.3

　　　　　＝33.07m²

清单项目工程量计算结果见表 5-12。

表 5-12　　　　　　　　　　清单工程量计算表

项目编码	项目名称	项目特征	计量单位	工程量
011102003001	块料楼地面	地面为 25mm 原水泥砂浆，粘贴 600mm×600mm 仿古地砖	m²	33.07

三、橡塑面层工程量计算

橡塑面层工程量计算应符合表 5-13 的规定。

表 5-13　　　　　　　　　　橡塑面层(编码：011103)

项目编码	项目名称	项目特征	计量单位	工程量计算规则	工作内容
011103001	橡胶板楼地面	1. 粘结层厚度、材料种类 2. 面层材料品种、规格、颜色 3. 压线条种类	m²	按设计图示尺寸以面积计算。门洞、空圈、暖气包槽、壁龛的开口部分并入相应的工程量内	1. 基层清理 2. 面层铺贴 3. 压缝条装钉 4. 材料运输
011103002	橡胶板卷材楼地面				
011103003	塑料板楼地面				
011103004	塑料卷材楼地面				

【计算实例 8】

图 5-9 所示为某住宅室内一层平面图，地面铺橡胶板卷材，试计算其工程量。

【计算分析】根据工程量计算规则，橡胶面层的工程量按设计图示尺寸面积计算，空调、空圈、暖气包槽、壁龛的开口部分并入相应的工程量内。

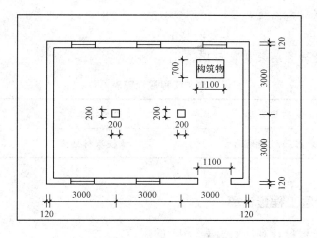

图 5-9　某住宅室内一层平面图

【解】　橡胶卷材的工程量＝(3＋3＋3－0.24)×(3＋3－0.24)－1.1×0.7－0.2×0.2×
　　　　　2＋1.1×0.24
　　　　　＝49.87m²

清单项目工程量计算结果见表 5-14。

表 5-14　　　　　　　　　　　　清单工程量计算表

项目编码	项目名称	项目特征	计量单位	工程量
011103002001	橡胶板卷材楼地面	橡胶板3厚,1:2.5水泥砂浆20厚,压实抹光,聚氨酯防水层1.5厚(两道)	m²	49.87

【计算实例 9】

图 5-10 所示,某监控室根据需要,地面做 20mm 厚水泥 1:3 水泥砂浆找平层,然后再铺橡胶卷材,门洞处也需铺设,墙体厚度为 240mm,门洞宽为 900mm。试计算其工程量。

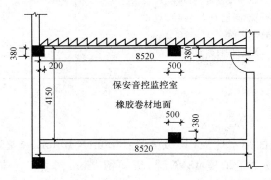

图 5-10　橡胶卷材地面布置图

【解】　橡胶卷材地面工程量＝4.15×8.52－0.38×0.5×2－0.2×0.38＋0.24×0.9
　　　　　　　　　　＝35.12m²

清单项目工程量计算结果见表5-15。

表5-15　　　　　　　　　　　　清单工程量计算表

项目编码	项目名称	项目特征	计量单位	工程量
011103001001	橡胶板楼地面	橡胶卷材铺设	m²	35.12

四、其他材料面层工程量计算

其他材料面层工程量计算应符合表5-16的规定。

表5-16　　　　　　　　　　其他材料面层（编码：011104）

项目编码	项目名称	项目特征	计量单位	工程量计算规则	工作内容
011104001	地毯楼地面	1. 面层材料品种、规格、颜色 2. 防护材料种类 3. 粘结材料种类 4. 压线条种类	m²	按设计图示尺寸以面积计算。门洞、空圈、暖气包槽、壁龛的开口部分并入相应的工程量内	1. 基层清理 2. 铺贴面层 3. 刷防护材料 4. 装钉压条 5. 材料运输
011104002	竹、木（复合）地板	1. 龙骨材料种类、规格、铺设间距 2. 基层材料种类、规格 3. 面层材料品种、规格、颜色 4. 防护材料种类			1. 基层清理 2. 龙骨铺设 3. 基层铺设 4. 面层铺贴 5. 刷防护材料 6. 材料运输
011104003	金属复合地板				
011104004	防静电活动地板	1. 支架高度、材料种类 2. 面层材料品种、规格、颜色 3. 防护材料种类			1. 基层清理 2. 固定支架安装 3. 活动面层安装 4. 刷防护材料 5. 材料运输

【计算实例10】

某体操练功用房，地面铺木地板，其做法是：30mm×40mm木龙骨中距（双向）450mm×450mm；20mm×80mm松木毛地板45°斜铺，板间留2mm缝宽；上铺50mm×20mm企口地板，房间面积为30m×50m，门洞开口部分1.5m×0.12m两处，计算木地板工程量。

【解】　木地板工程量＝30×50＋1.5×0.12×2＝150.36m²

清单项目工程量计算结果见表5-17。

表 5-17   清单工程量计算表

项目编码	项目名称	项目特征	计量单位	工程量
011104002001	木地板	30mm×40mm 木龙骨中距(双向)450mm ×450mm;20mm×80mm 松木毛地板	m²	150.36

【计算实例 11】

图 5-11 所示为某宾馆客房地面地毯布置图,客房地面采用 20mm 厚 1:3 水泥砂浆找平层,上铺双层地毯,木压条固定,施工至门洞处。试计算其工程量(厕所不计算)。

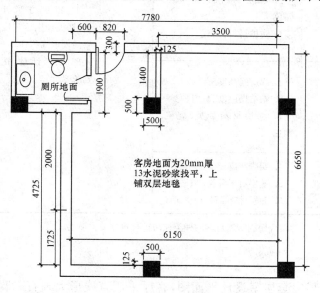

图 5-11 客房地面地毯布置图

【解】 双层地毯工程量＝6.15×6.65－0.5×0.5(柱)－0.125×1.4(间壁墙)－0.6×1.9(厕所部分)－0.5×0.125(柱垛)＋0.3×0.82(门洞处)＝39.52m²

清单项目工程量计算结果见表 5-18。

表 5-18   清单工程量计算表

项目编码	项目名称	项目特征	计量单位	工程量
011104001001	地毯楼地面	木压条固定	m²	39.52

五、踢脚线工程量计算

踢脚线是地面的轮廓线,利用它们的线形感觉及材质、色彩等在室内相互呼应,不仅可以起到较好的美化装饰效果,还具有保护墙面的功能。

踢脚线工程量计算规定应符合表 5-19 的规定。

表 5-19　　　　　　　　　　　　**踢脚线(编码:011105)**

项目编码	项目名称	项目特征	计量单位	工程量计算规则	工作内容
011105001	水泥砂浆踢脚线	1. 踢脚线高度 2. 底层厚度、砂浆配合比 3. 面层厚度、砂浆配合比			1. 基层清理 2. 底层和面层抹灰 3. 材料运输
011105002	石材踢脚线	1. 踢脚线高度 2. 粘贴层厚度、材料种类 3. 面层材料品种、规格、颜色 4. 防护材料种类	1. m² 2. m	1. 以平方米计量,按设计图示长度乘高度以面积计算 2. 以米计量,按延长米计算	1. 基层清理 2. 底层抹灰 3. 面层铺贴、磨边 4. 擦缝 5. 磨光、酸洗、打蜡 6. 刷防护材料 7. 材料运输
011105003	块料踢脚线				
011105004	塑料板踢脚线	1. 踢脚线高度 2. 粘结层厚度、材料种类 3. 面层材料种类、规格、颜色			1. 基层清理 2. 基层铺贴 3. 面层铺贴 4. 材料运输
011105005	木质踢脚线	1. 踢脚线高度 2. 基层材料种类、规格 3. 面层材料品种、规格、颜色			
011105006	金属踢脚线				
011105007	防静电踢脚线				

注:石材、块料与粘结材料的结合面刷防渗材料的种类在防护材料种类中描述。

【计算实例 12】

图 5-12 所示为某中套居室设计平面图,客厅采用直线形大理石踢脚线,水泥砂浆粘贴;卧室采用榉木夹板踢脚线。两种材料踢脚线的高度均按 150mm 考虑,试计算其工程量。

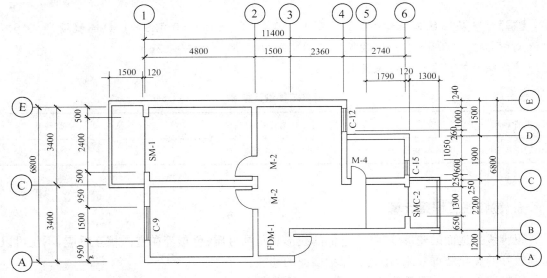

图 5-12　某中套居室设计平面图

【计算分析】本例分两部分计算,即大理石踢脚线和榉木夹板踢脚线,按清单工程量计算规则,其踢脚线按图示尺寸以米或平方米计算。

【解】 大理石踢脚线长度 $=[(6.8-1.2-0.24)+(1.5+2.36-0.24)]\times 2-(2.2-$
$0.24)+1.2+0.24\times 4+(0.24+0.06\times 2)+2\times(2.74-$
$1.79+0.12)-0.7-0.8\times 2$
$=18.36m$

大理石踢脚线工程量 $=18.36\times 0.15=2.75m^2$

榉木夹板踢脚线长度 $=[(13.4-0.24)+(4.8-0.24)]\times 4-2.40-0.8\times 2+0.24\times 2$
$=67.36m$

踢脚线工程量 $=67.36\times 0.15=10.10m^2$

清单项目工程量计算结果见表 5-20。

表 5-20　　　　　　　　　　　　　　清单工程量计算表

项目编码	项目名称	项目特征	计量单位	工程量
011105002001	石材踢脚线	踢脚线 150mm	m²(m)	2.75(18.36)
011105005001	木质踢脚线	踢脚线 150mm	m²(m)	10.10(67.36)

【计算实例 13】

图 5-12 所示为某房屋平面图,室内水泥砂浆粘贴 200mm 高石材踢脚板,试计算其工程量。

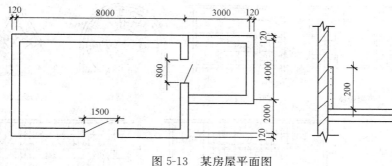

图 5-13　某房屋平面图

【计算分析】根据工程量计算规则,踢脚线可以按实贴长乘高,以 m² 计算,或按实贴延长米计算,得:

【解】 踢脚线工程量 $=[(8.00-0.24+6.00-0.24)\times 2+(4.00-0.24+3.00-0.24)\times 2-$
$1.50-0.80\times 2+0.12\times 6]\times 0.20$
$=7.54m^2$

清单项目工程量计算结果见表 5-21。

表 5-21　　　　　　　　　　　　　　清单工程量计算表

项目编码	项目名称	项目特征	计量单位	工程量
011105002001	石材踢脚线	踢脚线高 200mm	m²	7.54

六、楼梯面层工程量计算

楼梯是建筑垂直交通的一种主要解决方式,其主要用于楼层之间和高差较大时的交通联系。高层建筑尽管采用电梯作为主要垂直交通工具,但是仍然要保留楼梯供火灾时逃生之用。

楼梯的形式多种多样,根据建筑及使用功能的不同,楼梯可分为以下几种:

(1)按照楼梯的位置划分,可以分为室内楼梯和室外楼梯两种。

(2)按照楼梯的材料划分,可以分为钢筋混凝土楼梯、钢楼梯、木楼梯和组合材料楼梯四种。

(3)按照楼梯的使用性质划分,可以分为主要楼梯、辅助楼梯、疏散楼梯和消防楼梯四种。

(4)按照楼梯的平面形式划分,可以分为单跑直楼梯、双跑直楼梯、双跑平行楼梯、三跑楼梯、双分平行楼梯、双合平行楼梯、转角楼梯、双分转角楼梯、交叉楼梯、剪刀楼梯、螺旋楼梯等,如图 5-14 所示。

(5)按楼梯间的平面形式划分,可以分为封闭式楼梯、非封闭式楼梯和防烟楼梯三种。

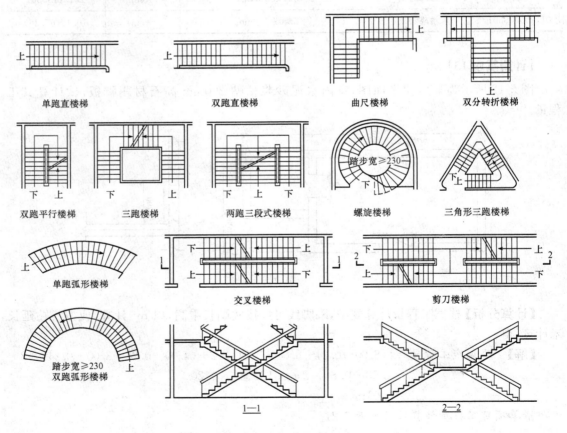

图 5-14　楼梯形式示意图

楼梯面层工程量计算规定应符合表 5-22 的规定。

表 5-22 楼梯面层(编码:011106)

项目编码	项目名称	项目特征	计量单位	工程量计算规则	工作内容
011106001	石材楼梯面层	1. 找平层厚度、砂浆配合比 2. 粘结层厚度、材料种类 3. 面层材料品种、规格、颜色 4. 防滑条材料种类、规格 5. 勾缝材料种类 6. 防护材料种类 7. 酸洗、打蜡要求	m²	按设计图示尺寸以楼梯(包括踏步、休息平台及≤500mm的楼梯井)水平投影面积计算。楼梯与楼地面相连时,算至梯口梁内侧边沿;无梯口梁者,算至最上一层踏步边沿加300mm	1. 基层清理 2. 抹找平层 3. 面层铺贴、磨边 4. 贴嵌防滑条 5. 勾缝 6. 刷防护材料 7. 酸洗、打蜡 8. 材料运输
011106002	块料楼梯面层				
011106003	拼碎块料面层				
011106004	水泥砂浆楼梯面层	1. 找平层厚度、砂浆配合比 2. 面层厚度、砂浆配合比 3. 防滑条材料种类、规格			1. 基层清理 2. 抹找平层 3. 抹面层 4. 抹防滑条 5. 材料运输
011106005	现浇水磨石楼梯面层	1. 找平层厚度、砂浆配合比 2. 面层厚度、水泥石子浆配合比 3. 防滑条材料种类、规格 4. 石子种类、规格、颜色 5. 颜料种类、颜色 6. 磨光、酸洗打蜡要求			1. 基层清理 2. 抹找平层 3. 抹面层 4. 贴嵌防滑条 5. 磨光、酸洗、打蜡 6. 材料运输
011106006	地毯楼梯面层	1. 基层种类 2. 面层材料品种、规格、颜色 3. 防护材料种类 4. 粘结材料种类 5. 固定配件材料种类、规格			1. 基层清理 2. 铺贴面层 3. 固定配件安装 4. 刷防护材料 5. 材料运输
011106007	木板楼梯面层	1. 基层材料种类、规格 2. 面层材料品种、规格、颜色 3. 粘结材料种类 4. 防护材料种类			1. 基层清理 2. 基层铺贴 3. 面层铺贴 4. 刷防护材料 5. 材料运输
011106008	橡胶板楼梯面层	1. 粘结层厚度、材料种类 2. 面层材料品种、规格、颜色 3. 压线条种类			1. 基层清理 2. 面层铺贴 3. 压缝条装钉 4. 材料运输
011106009	塑料板楼梯面层				

注:1. 在描述碎石材项目的面层材料特征时可不用描述规格、颜色。

2. 石材、块料与粘结材料的结合面刷防渗材料的种类在防护材料种类中描述。

【计算实例14】

图 5-15 所示为某办公室楼梯示意图,设计楼梯为普通水磨石面层,不包括楼梯踢脚线、底面、侧面抹灰。试计算水磨石楼梯面层工程量。

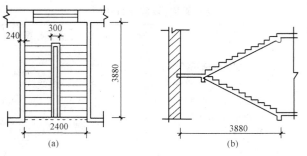

图 5-15　某办公室楼梯示意图

【计算分析】楼梯面层以水平投影面积计算,包括踏步、休息平台以及楼梯井宽度在500mm 以内的面积,其工程量应分层按其水平面积计算。

当 $b > 500$mm 时　　　　　　　　$S = \sum L \times B - \sum l \times b$　　　　　　　　(5-16)

当 $b \leqslant 500$mm 时　　　　　　　　$S = \sum L \times B$　　　　　　　　(5-17)

式中　S——楼梯面层的工程量(m^2);

　　　　L——楼梯的水平投影长度(m);

　　　　B——楼梯的水平投影宽度(m);

　　　　l——楼梯井的水平投影长度(m);

　　　　b——楼梯井的水平投影宽度(m)。

【解】　每层楼梯装饰工程量 $= (2.4 - 0.24) \times 3.88 = 8.38\text{m}^2$

清单项目工程量计算结果见表 5-23。

表 5-23　　　　　　　　　　　清单工程量计算表

项目编码	项目名称	项目特征	计量单位	工程量
011106005001	现浇水磨石楼梯面层	C20 细石混凝土找平层 60 厚,1:2.5 白水泥色石子水磨石面层 20mm 厚	m^2	8.38

【计算实例 15】

图 5-16 所示为某办公楼示意图,试计算某现浇钢筋混凝土楼梯水磨石面层工程量。

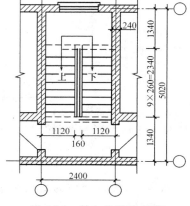

图 5-16　某办公楼示意图

【计算分析】根据工程量计算规则,按设计图示尺寸以楼梯(包括踏步、休息平台及500mm以内的楼梯井)水平投影面积计算。

【解】　楼梯水磨石面层工程量＝$(2.4-0.24)×(5.02-0.24)$
$$=10.32m^2$$

清单项目工程量计算结果见表5-24。

表 5-24　　　　　　　　　　　　清单工程量计算表

项目编码	项目名称	项目特征	计量单位	工程量
011106005001	现浇水磨石楼梯面层	1:2水泥砂浆	m²	10.32

七、台阶装饰工程量计算

台阶由平台和踏步两部分组成,其平面形式可根据建筑的功能及周围基础的情况选择。台阶形式有单面踏步、两面踏步、三角踏步、坡道式、踏步坡道结合式等。

台阶工程量计算规定应符合表5-25的规定。

表 5-25　　　　　　　　　　　　台阶装饰(编码:011107)

项目编码	项目名称	项目特征	计量单位	工程量计算规则	工作内容
011107001	石材台阶面	1. 找平层厚度、砂浆配合比 2. 粘结材料种类 3. 面层材料品种、规格、颜色 4. 勾缝材料种类 5. 防滑条材料种类、规格 6. 防护材料种类	m²	按设计图示尺寸以台阶(包括最上层踏步边沿加300mm)水平投影面积计算	1. 基层清理 2. 抹找平层 3. 面层铺贴 4. 贴嵌防滑条 5. 勾缝 6. 刷防护材料 7. 材料运输
011107002	块料台阶面				
011107003	拼碎块料台阶面				
011107004	水泥砂浆台阶面	1. 找平层厚度、砂浆配合比 2. 面层厚度、砂浆配合比 3. 防滑条材料种类			1. 基层清理 2. 抹找平层 3. 抹面层 4. 抹防滑条 5. 材料运输
011107005	现浇水磨石台阶面	1. 找平层厚度、砂浆配合比 2. 面层厚度、水泥石子浆配合比 3. 防滑条材料种类、规格 4. 石子种类、规格、颜色 5. 颜料种类、颜色 6. 磨光、酸洗、打蜡要求			1. 清理基层 2. 抹找平层 3. 抹面层 4. 贴嵌防滑条 5. 打磨、酸洗、打蜡 6. 材料运输
011107006	剁假石台阶面	1. 找平层厚度、砂浆配合比 2. 面层厚度、砂浆配合比 3. 剁假石要求			1. 清理基层 2. 抹找平层 3. 抹面层 4. 剁假石 5. 材料运输

注:1. 在描述碎石材项目的面层材料特征时可不用描述规格、颜色。
　　2. 石材、块料与粘结材料的结合面刷防渗材料的种类在防护材料种类中描述。

【计算实例 16】

图 5-17 所示为某建筑物门前台阶示意图,采用大理石台阶面层,试计算其工程量。

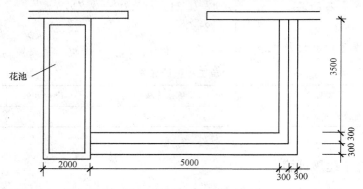

图 5-17 某建筑物门前台阶示意图

【计算分析】台阶按水平投影面积计算,不包括花池,台阶分界线应按最上层踏步外沿加 300mm 计算。

【解】 台阶贴大理石面层工程量 $=(5+0.3\times2)\times0.3\times3+(3.5-0.3)\times0.3\times3$
$$=7.92m^2$$

清单项目工程量计算结果见表 5-26。

表 5-26 清单工程量计算表

项目编码	项目名称	项目特征	计量单位	工程量
011107001001	石材台阶面	大理石台阶面层	m²	7.92

【计算实例 17】

图 5-18 所示为某花岗石台阶平面图,台阶以 1∶2.5 水泥砂浆粘贴花岗石板。试计算其工程量。

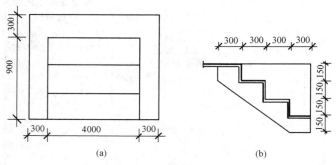

图 5-18 某花岗石台阶平面图
(a)平面图;(b)剖面图

【计算分析】按工程量计算规则,台阶按水平投影面积计算,台阶示意图如图 5-19 所示。

根据图 5-19 所示,台阶计算公式如下:

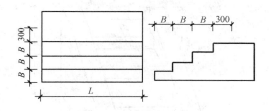

图 5-19　台阶示意图

台阶工程量＝$L \times (B \times n + 0.3)$

【解】　花岗石台阶工程量＝$4 \times (0.3 \times 3 + 0.3) = 4.8 \text{m}^2$

清单项目工程量计算结果见表 5-27。

表 5-27　　　　　　　　　　　清单工程量计算表

项目编码	项目名称	项目特征	计量单位	工程量
011107001001	石材台阶面	以 1∶2.5 水泥砂浆粘贴花岗石板	m²	4.8

八、零星装饰项目工程量计算

零星项目包括小块的、小面积的石材、块料及水泥砂浆项目。

零星装饰项目工程量计算规定应符合表 5-28 的规定。

表 5-28　　　　　　　　　　　零星装饰项目(编码:011108)

项目编码	项目名称	项目特征	计量单位	工程量计算规则	工作内容
011108001	石材零星项目	1. 工程部位 2. 找平层厚度、砂浆配合比 3. 贴结合层厚度、材料种类 4. 面层材料品种、规格、颜色 5. 勾缝材料种类 6. 防护材料种类 7. 酸洗、打蜡要求	m²	按设计图示尺寸以面积计算	1. 清理基层 2. 抹找平层 3. 面层铺贴、磨边 4. 勾缝 5. 刷防护材料 6. 酸洗、打蜡 7. 材料运输
011108002	拼碎石材零星项目				
011108003	块料零星项目				
011108004	水泥砂浆零星项目	1. 工程部位 2. 找平层厚度、砂浆配合比 3. 面层厚度、砂浆厚度			1. 清理基层 2. 抹找平层 3. 抹面层 4. 材料运输

注:1. 楼梯、台阶牵边和侧面镶贴块料面层,不大于 0.5m² 的少量分散的楼地面镶贴块料面层,应按本表执行。

2. 石材、块料与粘结材料的结合面刷防渗材料的种类在防护材料种类中描述。

【计算实例 18】

根据图 5-20 中数据分别计算花岗岩板(板厚 20mm、10mm 厚水泥砂浆粘贴)贴台阶牵边、内侧面、外侧面、端头侧面面积。

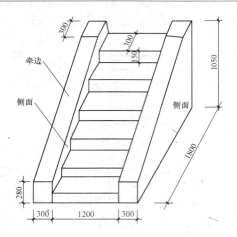

图 5-20 花岗岩板台阶轴测图

【解】 根据工程量计算规则,本例将各部分面积计算如下:

(1)牵边面积=(斜长+端头侧面板厚、砂浆厚+水平长)×(牵边宽+两侧面积厚、砂浆厚)

$$=[\sqrt{(1.8-0.3+0.02+0.01)^2+(1.05-0.28+0.02+0.01)^2}+0.3]\times$$

$$(0.3+0.02\times2+0.01\times2)\times2$$

$$=1.459m^2$$

(2)内侧面面积=(外侧面面积-台阶所占面积)×2

$$=[2.63\div2-(0.15\times0.3+0.15\times2\times0.3+0.15\times3\times0.3+0.15\times4\times$$

$$0.3+0.15\times5\times0.3+0.15\times6\times0.3)]\times2=0.74m^2$$

(3)外侧面面积=[(1.05+0.28)×1/2×(1.8-0.3)+0.3×1.05]×2=2.63m²

(4)端头侧面面积=0.3×0.28×2=0.168m²

花岗岩板台阶面工程量=1.459+0.74+2.63+0.168=5.0m²

清单工程量计算结果见表 5-29。

表 5-29 　　　　　　　　　　　　　　　清单工程量计算表

项目编码	项目名称	项目特征	计量单位	工程量
011108001001	石材零星项目	石材零星项目 10mm 厚水泥砂浆	m²	5.0

【计算实例 19】

图 5-21 所示为某防滑坡道示意图,采用水泥砂浆抹面。试计算其工程量。

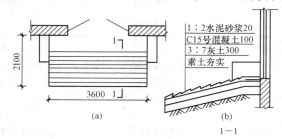

图 5-21 某防滑坡道示意图

【计算分析】防滑坡道按图示尺寸以 m² 计算工程量。

【解】　防滑坡道工程量＝2.1×3.6＝7.56m²。

清单项目工程量计算结果见表 5-30。

表 5-30　　　　　　　　　　　　　**清单工程量计算表**

项目编码	项目名称	项目特征	计量单位	工程量
011108004001	水泥砂浆零星项目	水泥砂浆抹面	m²	7.56

【计算实例 20】

图 5-22 所示为拖把池镶贴面砖示意图，池高按 500mm 计算，试计算面砖工程量。

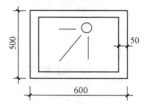

图 5-22　拖把池镶贴面砖示意图

【解】　根据块料零星项目计算规则，工程量计算如下：

面砖工程量＝[(0.5+0.6)×2×0.5](池外侧壁)＋[(0.6−0.05×2)＋0.5−0.05×2)×
　　　　　　2×0.5](池内侧壁)＋(0.6×0.5)(池边及池底)
　　　　　＝2.3m²

清单项目工程量计算结果见表 5-31。

表 5-31　　　　　　　　　　　　　**清单工程量计算表**

项目编码	项目名称	项目特征	计量单位	工程量
011108003001	块料零星项目	池高 500mm	m²	2.3

第六章　墙、柱面装饰与隔断、幕墙工程工程量计算

第一节　墙、柱面工程量计算常用资料

一、装饰砂浆用量

装饰砂浆用量见表 6-1～表 6-6。

表 6-1　常用美术水磨石

编号	磨石名称	石子			水泥		颜料	
		种类	规格/mm	用量/(kg/m²)	种类	用量/(kg/m²)	种类	用量/(kg/m²)
1	黑墨玉	墨玉	2～$\frac{12}{13}$	26	青水泥	9	炭墨	0.18
2	沉香玉	沉香玉 汉白玉 墨玉	2～$\frac{12}{13}$ 3～4	15.6 7.8 2.6	白水泥	9	铬黄	0.09
3	晚霞	晚霞 汉白玉 铁岭红	2～$\frac{12}{13}$ 3～4	16.9 6.5 2.6	白水泥 青水泥	8.1 0.9	铬黄 地板黄 朱红	0.009 0.018 0.0072
4	白底墨玉	墨玉 (圆石)	2～$\frac{12}{15}$	26	白水泥	9	铬绿	0.0072
5	小桃红	桃红 墨玉	2～$\frac{12}{15}$ 3～4	23.4 2.6	白水泥	10	铬黄 朱红	0.045 0.036
6	海玉	海玉 彩霞 海玉	15～30 2～4 2～4	20.8 2.6 2.6	白水泥	10	铬黄	0.072
7	彩霞	15～30	80	白水泥	90	氧化铁红	0.06	
8	铁岭红	铁岭红	2～$\frac{12}{16}$	26	白水泥 青水泥	1.8 7.2	氧化铁红	0.135

表 6-2　颜料掺量等级

颜料掺量等级	微量级	轻量级	中量级	重量级	特重量级
点水泥质量(%)	0.1 以下	0.1～0.9	1～5	6～10	11～15

表 6-3　　　　　　　　　　　　　　每 1m³ 白石子浆配合比用料表

项　　目	单位	1∶1.25	1∶1.5	1∶2	1∶2.5	1∶3
水泥(32.5级)	kg	1099	915	686	550	458
白石子	kg	1072	1189	1376	1459	1459
水	m³	0.30	0.30	0.30	0.30	0.30

表 6-4　　　　　　　　　　　　　　每 1m³ 石屑浆配合比用料表

项　　目	单　位	水泥石屑浆 1∶2	水泥豆石浆 1∶1.25
水泥(32.5级)	kg	686	1099
豆粒砂	m³	—	0.73
石屑	kg	1376	—

表 6-5　　　　　　　　　　　　　外墙装饰砂浆的配合比及抹灰厚度表

项　　目		分　层　做　法	厚度/mm
水刷石		水泥砂浆 1∶3 底层	15
		水泥白石子浆 1∶5 面层	10
剁假石		水泥砂浆 1∶3 底层	16
		水泥石屑 1∶2 面层	10
水磨石		水泥砂浆 1∶3 底层	16
		水泥白石子浆 1∶2.5 面层	12
干粘石		水泥砂浆 1∶3 底层	15
		水泥砂浆 1∶2 面层	7
		撒粘石面	
石灰拉毛		水泥砂浆 1∶3 底层	14
		纸筋灰浆面层	6
水泥拉毛		混合砂浆 1∶3∶9 底层	14
		混合砂浆 1∶1∶2 面层	6
喷　涂	混凝土外墙	水泥砂浆 1∶3 底层	1
		混合砂浆 1∶1∶2 面层	4
	砖外墙	水泥砂浆 1∶3 底层	15
		混合砂浆 1∶1 面层	4
滚　涂	混凝土墙	水泥砂浆 1∶3 底层	1
		混合砂浆 1∶1∶2 面层	4
	砖　墙	水泥砂浆 1∶3 底层	15
		混合砂浆 1∶1∶2 面层	4

表 6-6　　　　　　　　　　　　　　**装饰抹灰砂浆损耗率**

序　号	材料、成品、半成品名称	损耗率(%)	说　　明
水泥及水泥石灰砂浆抹面			
1	天棚水泥石灰砂浆	3	
2	墙面、墙裙水泥石灰砂浆	2	
3	墙面、墙裙水泥石灰砂浆	2	
4	梁、柱面水泥石灰砂浆	3	
5	外墙面、墙裙水泥石灰砂浆	2	
6	腰线水泥砂浆(普通)	2.5	
7	腰线水泥砂浆(复杂)	3	
石灰砂浆抹面			
8	天棚水泥石灰砂浆(普通)	3	
9	天棚石灰砂浆(普通)	1.5	
10	大棚纸筋石灰砂浆(普通)	1.5	
11	大棚纸筋石灰砂浆(中级)	1.5	
12	天棚石灰麻刀砂浆(中、高级)	1.5	
13	天棚石灰砂浆(中级)	1.5	
14	天棚纸筋石灰砂浆(中级)	1.5	
15	天棚水泥石灰砂浆(高级)	1.5	
16	天棚石灰砂浆(高级)	1.5	
17	天棚纸筋石灰砂浆(高级)	1.5	
墙　　面			
18	纸筋灰砂浆(普通)	1	
19	水泥石灰砂浆(普通)	1	
20	石灰砂浆(中级)	1	
21	石灰麻刀浆(中级)	1	
22	纸筋灰浆(中级)	1	
23	石灰麻刀浆(高级)	1	
24	石灰砂浆(高级)	1	
25	纸筋灰浆(高级)	1	
柱面、梁面			
26	水泥石灰砂浆	1	
27	石灰砂浆	1	
28	纸筋灰浆	1	
装饰抹面(水刷面)			
29	墙面、裙水泥砂浆	2	

续一

序　号	材料、成品、半成品名称	损耗率(%)	说　明
30	墙面、裙水泥石灰砂浆	3.5	
31	柱面、梁面水泥砂浆	3	
32	柱面、梁面水泥白石子浆	4	
33	腰线水泥砂浆	3	
34	腰线水泥白石子浆子磨石	4.5	
35	墙面、墙裙水泥砂浆	2	
36	墙面、墙裙水泥白石子浆柱面及其他	1	
37	水泥砂浆	2	
38	水泥白石子浆剁假石	1	
39	墙面、墙裙水泥砂浆	2	
40	墙面、墙裙水泥石屑浆	5	
41	柱面、梁面水泥砂浆	3	
42	柱面、梁面、水泥石屑浆	4	
43	腰线水泥砂浆	3	
44	腰线水泥石屑浆	4.5	
45	天棚水泥石灰砂浆	3	
46	天棚纸筋灰砂浆	1.5	
47	墙面石灰浆	2	
48	墙面水泥石灰浆	2	
装饰抹面(镶贴砖面)			
49	墙面、墙裙水泥砂浆	2	
50	墙面及其他水泥砂浆	3	
装饰工程材料			
51	水　泥	1.5	
52	砂	3	
53	石灰膏	1	
54	麻　刀	1	
55	纸　筋	2	
56	白石子	8	
57	石　膏	5	
58	银　粉	2	
59	铅　粉	2	
60	大　白	8	
61	汽　油	10	

续二

序　号	材料、成品、半成品名称	损耗率(%)	说　明
62	可赛银	3	
63	生石灰	10	
64	水　胶	2	
65	石性颜料	4	
66	清　油	2	
67	铅　油	2.5	
68	调和漆	2	
69	地板漆	2	
70	万能漆	3	
71	清　漆	3	
72	防锈漆	5	
73	煤　油	3	
74	漆　片	1	
75	酒　精	7	
76	松节油	3	
77	松香水	4	
78	硬白蜡	2.5	
79	木　炭	8	

注:材料、成品、半成品的损耗率中所包括的内容和范围:包括从施工工地仓库、现场堆放地点或施工现场内加工地点,经领料后运至施工操作地点的场内运输损耗以及施工操作地点的堆放损耗与施工操作损耗。

二、水泥石渣浆用料、石灰膏用量

(1)水泥石渣浆用料见表 6-7。

表 6-7　　　　　　　　　　水泥石渣浆用料参考用量　　　　　　　　　　m³

名　称	单位	数　量					
42.5 级水泥	kg	956	862	767	640	549	489
黑白石子	m³	1.17	1.29	1.40	1.56	1.68	1.76
水	m³	0.28	0.27	0.26	0.24	0.23	0.22

(2)石灰膏用量见表 6-8。

表 6-8　　　　　　　　　　每 1m³ 石灰膏用灰量表

块：粉	10：0	9：1	8：2	7：3	6：4	5：5	4：6	3：7	2：8	1：9	0：10
用灰量/kg	554.6	572.4	589.9	608.0	625.8	643.6	661.4	679.2	697.1	714.9	732.7
系数	0.88	0.91	0.94	0.97	1.00	1.02	1.05	1.08	1.11	1.14	1.17

第二节　墙、柱面装饰与隔断、幕墙工程 清单及定额项目简介

一、墙、柱面装饰与隔断、幕墙工程计量规范项目划分

1. 墙面抹灰

计量规范中墙面抹灰包括墙面一般抹灰、墙面装饰抹灰、墙面勾缝、立面砂浆找平层四个项目。

(1)墙面一般抹灰、墙面装饰抹灰清单工作内容包括：基层清理；砂浆制作、运输；底层抹灰；抹面层；抹装饰面；勾分格缝。

(2)墙面勾缝清单工作内容包括：基层清理；砂浆制作、运输；勾缝。

(3)立面砂浆找平层清单工作内容包括：基层清理；砂浆制作、运输；抹灰找平。

2. 柱(梁)面抹灰

计量规范中柱(梁)面抹灰包括柱、梁面一般抹灰，柱、梁面装饰抹灰，柱、梁面砂浆找平，柱面勾缝四个项目。

(1)柱、梁面一般抹灰，柱、梁面装饰抹灰清单工作内容包括：基层清理；砂浆制作、运输；底层抹灰；抹面层；勾分格缝。

(2)柱、梁面砂浆找平清单工作内容包括：基层清理；砂浆制作、运输；抹灰找平。

(3)柱面勾缝清单工作内容包括：基层清理；砂浆制作、运输；勾缝。

3. 零星抹灰

计量规范中零星抹灰包括零星项目一般抹灰、零星项目装饰抹灰、零星项目砂浆找平三个项目。

(1)零星项目抹灰、零星项目装饰抹灰清单工作内容包括：基层清理；砂浆制作、运输；底层抹灰；抹面层；抹装饰面；勾分格缝。

(2)零星项目砂浆找平清单工作内容包括：基层清理；砂浆制作、运输；抹灰找平。

4. 墙面块料面层

计量规范中墙面块料面层包括石材墙面、拼碎石材墙面、块料墙面、干挂石材钢骨架四个项目。

(1)石材墙面、拼碎石材墙面、块料墙面清单工作内容包括：基层清理；砂浆制作、运输；粘结层铺贴；面层安装；嵌缝；刷防护材料；磨光、酸洗、打蜡。

(2)干挂石材钢骨架清单工作内容包括：骨架制作、运输、安装；刷漆。

5. 柱(梁)面镶贴块料

计量规范中柱(梁)面镶贴块料包括石材柱面、块料柱面、拼碎石材柱面、石材梁面、块料梁面五个项目。

柱(梁)面镶贴块料清单工作内容包括:基层清理;砂浆制作、运输;粘结层铺贴;面层安装;嵌缝;刷防护材料;磨光、酸洗、打蜡。

6. 镶贴零星块料

计量规范中镶贴零星块料包括石材零星项目、块料零星项目、拼碎块零星项目三个项目。

镶贴零星块料清单工作内容包括:基层清理;砂浆制作、运输;面层安装;嵌缝;刷防护材料;磨光、酸洗、打蜡。

7. 墙饰面

计量规范中墙饰面包括墙面装饰板和墙面装饰浮雕两个项目。

(1)墙面装饰板清单工作内容包括:基层清理;龙骨制作、运输、安装;钉隔离层;基层铺钉;面层铺贴。

(2)墙面装饰浮雕清单工作内容包括:基层清理;材料制作、运输;安装成型。

8. 柱(梁)饰面

计量规范中柱(梁)饰面包括柱(梁)面装饰和成品装饰柱两个项目。

(1)柱(梁)面装饰清单工作内容包括:清理基层;龙骨制作、运输、安装;钉隔离层;基层铺钉;面层傅贴。

(2)成品装饰柱清单工作内容包括:柱运输、固定、安装。

9. 幕墙工程

计量规范中幕墙工程包括带骨架幕墙和全玻(无框玻璃)幕墙两个项目。

(1)带骨架幕墙清单工作内容包括:骨架制作、运输、安装;面层安装;隔离带、框边封闭;嵌缝、塞口;清洗。

(2)全玻(无框玻璃)幕墙清单工作内容包括:幕墙安装;嵌缝、塞口;清洗。

10. 隔断

计量规范中隔断包括木隔断、金属隔断、玻璃隔断、塑料隔断、成品隔断、其他隔断六个项目。

(1)木隔断清单工作内容包括:骨架及边框制作、运输、安装;隔板制作、运输、安装;嵌缝、塞口;装订压条。

(2)金属隔断清单工作内容包括:骨架及边框制作、运输、安装;隔板制作、运输、安装;嵌缝、塞口。

(3)玻璃隔断清单工作内容包括:边框制作、运输、安装;玻璃制作、运输、安装;嵌缝、塞口。

(4)塑料隔断清单工作内容包括:骨架及边框制作、运输、安装;隔板制作、运输、安装;嵌缝、塞口。

(5)成品隔断清单工作内容包括:隔板运输、安装;嵌缝、塞口。

(6)其他隔断清单工作内容包括:骨架及边框安装;隔板安装;嵌缝、塞口。

二、墙、柱面装饰与隔断、幕墙工程定额项目划分

(一)基础定额项目划分及工作内容

基础定额中墙、柱面工程包括一般抹灰,装饰抹灰,镶贴块料面层,墙、柱面装饰和其他

五个项目。

1. 一般抹灰

(1)石灰砂浆。石灰砂浆定额项目范围包括 24 个子项,其定额工作内容如下:

1)清理、修补、湿润基层表面、堵墙眼、调运砂浆、清扫落地灰。

2)分层抹灰找平、刷浆、洒水湿润,罩面压光(包括门窗洞口侧壁及护角线抹灰)。

(2)水泥砂浆。水泥砂浆定额项目范围包括 11 个子项,其定额工作内容同石灰砂浆。

(3)混合砂浆。混合砂浆定额项目范围包括 11 个子项,其定额工作内容同石灰砂浆。

(4)其他砂浆。其他砂浆定额项目包括石膏砂浆、TG 砂浆、石英砂浆、珍珠岩浆等,共列 10 个子项。其定额工作内容同石灰砂浆。

(5)一般抹灰砂浆厚度调整。一般抹灰砂浆厚度调整定额项目列 7 个子项,其定额工作内容是调运砂浆。

(6)砖石墙面勾缝、假面砖。砖石墙面勾缝、假面砖定额项目列 4 个子项,其定额工作内容如下:

1)清扫墙面、修补湿润、堵墙眼、调运砂浆、翻脚手架、清扫落地灰。

2)刻瞎缝、勾缝、墙角修补等全部过程。

3)分层抹灰找平、洒水湿润、弹线、饰面砖。

假饰面砖中的红土粉,如用矿物颜料者品种可以调整,用量不变。

2. 装饰抹灰

(1)水刷石。水刷石有水刷豆石、水刷白石子、水刷玻璃碴三种。定额项目共列 12 个子项,其定额工作内容如下:

1)清理、修补、湿润墙面,堵墙眼,调运砂浆,清扫落地灰,翻移脚手板。

2)分层抹灰、刷浆、找平、起线拍平、压实、刷面(包括门窗侧壁抹灰)。

(2)干粘石。干粘石定额项目共列 12 个子项,其定额工作内容如下:

1)清理、修补、湿润基层表面,堵墙眼,调运砂浆,清扫落地灰,翻移脚手板。

2)分层抹灰、刷浆、找平、起线、粘石、压平、压实(包括门窗侧壁抹灰)。

(3)斩假石。斩假石定额项目列 4 个子项,其定额工作内容如下:

1)清理、修补、湿润基层表面,堵墙眼,调运砂浆,清扫落地灰,翻移脚手板。

2)分层抹灰、刷浆、找平、起线、压平、压实、刷面(包括门窗洞口侧壁抹灰)。

(4)水磨石。水磨石定额项目共列 4 个子项,其定额工作内容如下:

1)清理、修补、湿润基层表面,堵墙眼,调运砂浆,清扫落地灰,翻移脚手板。

2)分层抹灰、刷浆、找平、配色抹面、起线、压平、压实、磨光(包括门窗洞口侧壁抹灰)。

(5)拉条灰、甩毛灰。定额项目包括墙、柱面拉条和墙、柱面甩毛共列 4 个子项,其定额工作内容如下:

1)清理、修补、湿润基层表面,堵墙眼,调运砂浆,清扫落地灰。

2)分层抹灰、刷浆、找平、罩面、分格、甩毛、拉条(包括门窗洞口侧壁抹灰)。

甩毛如采用矿物颜料代替红土粉者品种可以调整,用量不变。

(6)装饰抹灰砂浆厚度调整及分格嵌缝。定额项目共列 7 个子项,其定额工作内容如下:

1)调运砂浆。

2)玻璃条制作安装、划线分格。

3)清扫基层、涂刷素水泥浆。

3. 镶贴块料面层

按施工工艺不同,大理石可分为挂贴大理石(灌缝砂浆 50mm 厚)、拼碎大理石、粘贴大理石和干挂大理石,其中粘贴大理石又有水泥砂浆粘贴和干粉型胶粘剂粘贴两种。定额项目范围共列 9 个子项。

(1)大理石。

1)挂贴大理石(灌缝砂浆 50mm 厚)定额工作内容如下:

①清理修补基层表面、刷浆、预埋铁件、制作安装钢筋网、电焊固定。

②选料湿水、钻孔成槽、镶贴面层及阴阳角、穿丝固定。

③调运砂浆、磨光打蜡、擦缝、养护。

2)拼碎大理石定额工作内容如下:

①清理基层、调运砂浆、打底刷浆。

②镶贴块料面层、砂浆勾缝(灌缝)。

③磨光、擦缝、打蜡养护。

3)粘贴大理石定额工作内容如下:

①清理基层、调运砂浆、打底刷浆。

②镶贴块料面层、刷胶粘剂、切割面料。

③磨光、擦缝、打蜡养护。

4)干挂大理石定额工作内容如下:

①清理基层、清洗大理石、钻孔成槽、安铁件(螺栓)、挂大理石。

②刷胶、打蜡、清洁面层。

(2)花岗岩。按施工工艺不同,花岗岩分为挂贴花岗岩(灌缝砂浆 50mm 厚)、干挂花岗岩、拼碎花岗岩和粘贴花岗岩 4 种。定额项目共列 12 子项。

1)挂贴花岗岩(灌缝砂浆 50mm 厚)定额工作内容如下:

①清理、修补基层表面,刷浆,预埋铁件,制作安装钢筋网,电焊固定。

②选料湿水、钻孔成槽、镶贴面层及阴阳角、穿丝固定。

③调运砂浆、磨光、打蜡、擦缝、养护。

2)干挂花岗岩定额工作内容如下:

①清理基层、清洗花岗岩、钻孔成槽、安铁件(螺栓)、挂花岗岩。

②刷胶、打蜡、清洁面层。

勾缝缝宽 10mm 以内为准,超过者,花岗岩及密封胶用量允许换算。

3)拼碎花岗岩和粘贴花岗岩定额工作内容如下:

①清理基层、调运砂浆、打底刷浆。

②镶贴块料面层、刷胶粘剂、砂浆勾缝。

③磨光、擦缝、打蜡、养护。

(3)汉白玉。按施工工艺不同,汉白玉可分为挂贴汉白玉(灌缝砂浆 50mm 厚)和零星项目粘贴汉白玉,定额项目共列 6 个子项。

1)挂贴汉白玉(灌缝砂浆 50mm 厚)定额工作内容如下:

①清理修补基层表面、刷浆、预埋铁件、制作钢筋网、电焊固定。

②选料湿水、钻孔成槽、镶贴面层及阴阳角、穿丝固定。

③调运砂浆、磨光打蜡、擦缝、养护。

2)零星项目粘贴汉白玉定额工作内容如下：

①清理基层、调运砂浆、打底刷浆。

②镶贴块料面层、刷胶粘剂、砂浆勾缝。

③磨光、擦缝、打蜡、养护。

(4)预制水磨石。预制水磨石按生产工艺分挂贴预制水磨石(灌缝砂浆 50mm 厚)和零星项目粘贴预制水磨石。定额项目共列 6 个子项。

1)挂贴预制水磨石(灌缝砂浆 50mm 厚)定额工作内容如下：

①清理基层、清洗水磨石块、钻孔成槽、安铁件(螺栓)挂贴水磨石块。

②刷胶、打蜡、清洗面层。

2)零星项目粘贴预制水磨石定额工作内容如下：

①清理基层、调运砂浆、打底刷浆。

②镶贴块料面层、刷胶粘剂、砂浆勾缝。

3)磨光、擦缝、打蜡、养护。

(5)凸凹假磨石。凸凹假磨石项目定额列 6 个子目,其定额工作内容如下：

1)清理基层、拌制砂浆、砂浆找平。

2)选料、拌结合层砂浆、刷胶粘剂贴凹凸面、擦缝。

(6)陶瓷锦砖。陶瓷锦砖按材料不同分陶瓷锦砖和玻璃马赛克两种。项目定额共列12个子目。其定额工作内容如下：

1)清理修补基层表面、打底抹灰、砂浆找平。

2)选料、抹结合层砂浆、刷胶粘剂、贴陶瓷锦砖、贴玻璃马赛克、擦缝、清洁表面。

(7)瓷板。瓷板项目定额列 6 个子项,其定额工作内容如下：

1)清理修补基层表面、刷胶粘剂、打底抹灰、砂浆找平。

2)选料、抹结合层砂浆、刷胶粘剂、贴瓷板、擦缝、清洁表面。

(8)釉面砖的定额工作内容。釉面砖项目定额共列 12 个子目,其工作内容同瓷板。

(9)劈离砖。劈离砖项目定额共列 6 个子目,其定额工作内容如下：

1)清理修补基层表面、打底抹灰、砂浆找平。

2)选料、抹结合层砂浆、刷胶粘剂、贴劈离砖、擦缝、清洁表面。

(10)金属面砖的定额工作内容。金属面砖项目定额共列 6 个子目,其定额工作内容如下：

1)清理修补基层表面、刷胶粘剂、打底抹灰、砂浆找平。

2)选料、抹结合层砂浆、刷胶粘剂、贴金属面砖、擦缝、清洁表面。

4. 墙、柱面装饰

(1)龙骨基层。龙骨基层项目定额共列 22 个子目,其定额工作内容如下：

1)定位下料、打眼剔洞、埋木砖、安装龙骨、刷防腐油等。

2)定位、弹线、安装龙骨。

(2)面层。面层项目定额列 27 个子目,其定额工作内容如下：

1)安装玻璃面层、玻璃磨砂打边、钉压条。

2)铺钉面层、钉压条、清理等全部操作过程。

3)人造革、胶合板、硬木板条包括踢脚线部分。

(3)龙骨及饰面。龙骨及饰面项目定额共列 14 个子项,其定额工作内容如下:

1)不锈钢柱饰面定额工作内容包括定位、弹线、截割龙骨、安装龙骨、铺装夹板、面层材料、清扫等全部操作过程;定位下料、木骨架安装、钉夹板、安装面板、清扫、预埋木砖等。

2)铝合金茶色玻璃幕墙、铝合金玻璃隔墙定额工作内容均包括型材矫正、放样下料、切割断料、钻孔、安装框料、玻璃配件、周边塞扣、清扫;水泥砂浆找平、清理基层、调运砂浆、清理残灰落地灰、定位、弹线、选料、下料、打孔剔洞、安装龙骨。

3)木骨架玻璃隔墙、铝合金装饰隔断定额工作内容均包括定位、弹线、选料、下料、打孔剔洞、木骨架制作安装、装玻璃、钉面板。

4)柱面包镁铝曲板、浴厕木隔断定额工作内容均包括定位、钉木基层、封夹板、贴面层;选料、下料、钉木楞、钉面板、刷防腐油、安装小五金配件。

5)玻璃砖隔断、活动塑料隔断定额工作内容均包括定位划线、安装预埋铁件、铁架、搅拌运浆、运玻璃砖、砌玻璃砖墙、勾缝、钢筋绑扎、玻璃砖砌体面清理;截割路轨、安装路槽、塑料隔断。

5. 其他项目

其他项目定额共列 25 个子项,其定额工作内容如下:

(1)压条、金属装饰条、木装饰条、木装饰压角条定额工作内容均包括定位、弹线、下料、钻孔、加榫、刷胶、安装、固定等。

(2)硬塑料线条、石膏条、镜面玻璃条、镁铝曲板条定额工作内容均包括定位、弹线、下料、刷胶、安装、固定等。软塑料线条者,其人工乘以系数 0.5。

(3)硬木窗台板、硬木筒子板定额工作内容均包括选料、制作、安装、剔砖打洞、下木砖、立木筋、起缝、对缝、钉压条等全部操作过程。

(4)塑料、硬木窗帘盒工作内容均包括制作、安装、剔砖打洞、铁件制作、固定盖板、组装塑料窗帘盒等全部操作过程。

(5)明装式铝合金窗帘轨、钢筋窗帘杆定额工作内容均包括组配铝合金窗帘轨、安装支撑及校正清理;铁件制作、安装、钢筋下料、套丝、试配螺母、安装校正等。

(二)《全国统一装饰装修工程消耗量定额》相关问题说明

对于按《全国统一装饰装修工程消耗量定额》执行的墙、柱面工程项目,其执行时应注意下列问题:

(1)定额凡注明砂浆种类、配合比、饰面材料及型材的型号规格与设计不同时,可按设计规定调整,但人工、机械消耗量不变。

(2)内墙抹石灰砂浆分抹二遍、三遍、四遍,其标明如下:

二遍:一遍底层、一遍面层;

三遍:一遍底层、一遍中层、一遍面层;

四遍:一遍底面、一遍中层、二遍面层。

(3)抹灰等级与抹灰遍数、厚度、工序、外观质量的对应关系如表 6-9 所示。

表 6-9　　　　　　　　　　　　　　　　抹灰质量标准

名　称	普通抹灰	中级抹灰	高级抹灰
遍　数	二　遍	三　遍	四　遍
厚度(不大于)	18mm	20mm	25mm
工序	分层赶平、修整表面压光	阳角找方、设置标筋、分层赶平、修整，表面压光	阴阳角找方、设置标筋、分层赶平、修整，表面压光
外观质量	表面光滑、洁净、接槎平整	表面光滑、洁净、接槎平整，压线清晰、顺直	表面光滑、洁净、颜色均匀、无抹纹，灰线平直方正、清晰美观

（4）抹灰砂浆厚度，如设计与定额取定不同时，除定额有注明厚度的项目可以换算外，其他一律不作调整，见表 6-10。

表 6-10　　　　　　　　　　　　　　抹灰砂浆定额厚度取定表

定额编号	项　目		砂　浆	厚度/mm
2-001	水刷豆石浆	砖、混合凝土墙面	水泥砂浆 1:3	12
			水泥豆石浆 1:1.25	12
2-002		毛石端面	水泥砂浆 1:3	18
			水泥豆石浆 1:1.25	12
2-005	水刷白石子	砖、混凝土墙面	水泥砂浆 1:3	12
			水泥豆石浆 1:1.25	10
2-006		毛石墙面	水泥砂浆 1:3	20
			水泥豆石浆 1:1.25	10
2-009	水刷玻璃渣	砖、混凝土墙面	水泥砂浆 1:3	12
			水泥玻璃渣浆 1:1.25	12
2-010		毛石墙面	水泥砂浆 1:3	18
			水泥玻璃渣浆 1:1.25	12
2-013	干粘白石子	砖、混凝土墙面	水泥砂浆 1:3	18
2-014		毛石墙面	水泥砂浆 1:3	30
2-017	干粘白石子	砖、混凝土墙面	水泥砂浆 1:3	18
2-018		毛石墙面	水泥砂浆 1:3	30
2-021	斩假石	砖、混凝土墙面	水泥砂浆 1:3	12
			水泥白石子浆 1:1.5	10
2-022		毛石墙面	水泥砂浆 1:3	18
			水泥白石子浆 1:1.5	10
2-025	墙、柱面拉条	砖墙面	混合砂浆 1:0.5:2	14
			混合砂浆 1:0.5:1	10
2-026	墙、柱面拉条	混凝土墙面	水泥砂浆 1:3	14
			混合砂浆 1:0.5:1	10

续表

定额编号	项　目		砂　浆	厚度/mm
2-027	墙、柱面甩毛	砖墙面	混合砂浆 1∶1∶6	12
			混合砂浆 1∶1∶4	6
2-028		混凝土墙面	水泥砂浆 1∶3	10
			水泥砂浆 1∶2.5	6

注：1. 每增减一遍水泥浆或 108 胶素水泥浆，每平方米增减人工 0.01 工日，素水泥浆或 108 胶素水泥增减 0.0012m³。

　　2. 每增减 1mm 厚砂浆，每平方米增减砂浆 0.0012m³。

（5）抹灰、块料砂浆结合层（灌缝）厚度，如设计与定额取定不同，除定额项目中注明厚度可以按相应项目调整外，未注明厚度的项目均不作调整。

（6）圆弧形、锯齿形等不规则墙面抹灰，镶贴块料按相应项目人工乘以系数 1.15，材料乘以系数 1.05。

（7）离缝镶贴面砖定额子目，面砖消耗量分别按缝宽 5mm、10mm 和 20mm 考虑，如灰缝不同或灰缝超过 20mm 以上者，其块料及灰缝材料（水泥砂浆 1∶1）用量允许调整，其他不变。

（8）外墙贴块料分灰缝 10mm 以内和 20mm 以内的项目，其人工材料已综合考虑；如灰缝超过 20mm 以上，其块料、灰缝材料用量允许调整，但人工、机械数量不变。

（9）隔墙（间壁）、隔断、墙面、墙裙等所用的木龙骨与设计图纸规格不同时，可进行换算（木龙骨均以毛料计算）。

（10）在饰面、隔墙（间壁）、隔断定额内，凡未包括在压条、下部收边、装饰线（板）的，如设计要求者，可按"其他工程"相应定额套用。

（11）饰面、隔墙（间壁）、隔断定额内木基层均未含防火油漆，如设计要求者，应按相关定额套用。

（12）幕墙、隔墙（间壁）、隔断所用的轻钢、铝合金龙骨，如设计要求与定额用量不同，允许调整，但人工、机械不变。

（13）块料镶贴和装饰抹灰工程的"零星项目"适用于挑檐、天沟、腰线、窗台线、门窗套、压顶、栏板、栏杆、扶手、遮阳板、池槽、阳台雨篷周边等。

（14）木龙骨基层是按双向计算的，如设计为单向时，材料、人工用量乘以系数 0.55。

（15）定额木材种类除注明者外，均以一、二类木种为准，如采用三、四类木种时，人工及机械乘以系数 1.3。

（16）玻璃幕墙设计有平开、推拉窗者，仍执行幕墙定额，窗型材、窗五金相应增加，其他不变。

（17）玻璃幕墙中的玻璃按成品玻璃考虑，幕墙中的避雷装置、防火隔离层定额已综合，但幕墙的封边、封顶的费用另行计算。

（18）一般抹灰工程的"零星项目"适用于各种壁柜、过人洞、暖气窝、池槽、花台以及 1m² 以内的其他各种零星抹灰。抹灰工程的装饰线条适用于门窗套、挑檐、腰线、压顶、遮阳板、楼梯边梁、宣传栏边框等项目的抹灰，以及突出墙面或灰面且展开宽度在 300mm 以内的竖横线条抹灰。

第三节　墙、柱面装饰与隔断、幕墙工程工程量计算

一、抹灰工程工程量计算

抹灰工程是用灰浆涂抹在房屋建筑的墙、地、天棚表面上的一种传统做法的装饰工程,其通常分为内抹灰与外抹灰两种。通常把位于室内各部位的抹灰称为内抹灰,如楼地面、天棚、墙裙、踢脚线、内楼梯等;把位于室外部位的抹灰称为外抹灰,如外墙、雨篷、阳台、屋面等。

(一)墙面抹灰

1. 墙面抹灰构造做法

(1)墙面一般抹灰是指以石灰或水泥为胶凝材料的一般墙面抹灰。有石灰砂浆抹灰、混合砂浆抹灰、水泥砂浆威权灰、聚合物水泥砂浆抹灰、麻刀灰、纸筋灰、石膏浆罩面等。一般抹灰外墙面构造做法见表 6-11;一般抹灰内墙面构造做法见表 6-12。

表 6-11　　　　　　　　　　　一般抹灰外墙面构造做法

名　　称	厚度	构造做法
水泥砂浆墙面 (砖墙)	18	1.6 厚 1:2.5 水泥砂浆面层 2.12 厚 1:3 水泥砂浆打底扫毛或划出纹道
水泥砂浆墙面 (混凝土墙、 混凝土空心砌块墙) (轻骨料混凝土 空心砌块墙)	18	1.6 厚 1:2.5 水泥砂浆面层 2.12 厚 1:3 水泥砂浆打底扫毛或划出纹道 3. 刷聚合物水泥浆一道
水泥砂浆墙面 (蒸压加气混凝土 砌块墙) (轻骨料混凝土 空心砌块墙)	22	1.10 厚 1:2.5(或 1:3)水泥砂浆面层 2.9 厚 1:3 专用水泥砂浆打底扫毛或划出纹道 3.3 厚专用聚合物砂浆底面刮糙,或专用界面处理剂甩毛 4. 喷湿墙面

表 6-12　　　　　　　　　　　一般抹灰内墙面构造做法

名　　称	基层类别	厚度	构造做法
水泥石灰砂浆 墙面 墙裙 1. 耐擦洗涂料 2. 可赛银 3. 大白浆 (燃烧性能等级 A)	各类砖墙	16	1. 面浆(或涂料)饰面 2.2 厚纸筋灰罩面 3.14 厚 1:3:9 水泥石灰膏砂浆打底分层抹平
		14	1. 面浆(或涂料)饰面 2.5 厚 1:0.5:2.5 水泥石灰膏砂浆找平 3.9 厚 1:0.5:3 水泥石灰膏砂浆打底扫毛或划出纹道
	混凝土墙 混凝土空心 砌块墙	14	1. 面浆(或涂料)饰面 2.2 厚纸筋灰罩面 3.12 厚 1:3:9 水泥石灰膏砂浆打底分层抹平 4. 刷素水泥浆一道(内掺建筑胶)
		14	1. 面浆(或涂料)饰面 2.5 厚 1:0.5:2.5 水泥石灰膏砂浆找平 3.9 厚 1:0.5:2.5 水泥石灰膏砂浆打底扫毛或划出纹道 4. 刷素水泥浆一道(内掺建筑胶)

续表

名　称	基层类别	厚度	构造做法
水泥石灰砂浆墙面墙裙 1. 耐擦洗涂料 2. 可赛银 3. 大白浆 （燃烧性能等级 A）	蒸压加气混凝土砌块墙	16	1. 面浆（或涂料）饰面 2. 5 厚 1∶0.5∶2.5 水泥石灰膏砂浆找平 3. 8 厚 1∶1∶6 水泥石灰膏砂浆打底扫毛或划出纹道 4. 3 厚外加剂专用砂浆打底刮糙或专用界面剂一道甩毛（甩前喷湿墙面）
	陶粒混凝土条板墙	10	1. 面浆（或涂料）饰面 2. 5 厚 1∶0.5∶2.5 水泥石灰膏砂浆找平 3. 9 厚 1∶0.5∶2.5 水泥石灰膏砂浆打底扫毛或划出纹道 4. 素水泥浆一道（内掺建筑胶）
	加气混凝土条板墙	10	1. 面浆（或涂料）饰面 2. 2 厚纸筋石灰罩面 3. 8 厚 1∶1∶6 水泥石灰膏砂浆分层找平 4. 涂刷专用界面剂一道甩毛（甩前喷湿墙面）
	陶粒混凝土条板墙（麻面）	10	1. 面浆（或涂料）饰面 2. 5 厚 1∶0.5∶2.5 水泥石灰膏砂浆找平 3. 5 厚 1∶0.5∶2.5 水泥石灰膏砂浆打底扫毛或划出纹道 4. 素水泥浆甩毛（内掺建筑胶）

（2）墙面装饰抹灰包括水刷石抹灰、斩假石抹灰、干粘石抹灰、假面砖墙面抹灰等。外墙面装饰抹灰构造做法见表 6-13。

表 6-13　　　　　　　　　　　外墙面装饰抹灰构造做法

名　称	厚度	构造做法
水刷石墙面 （砖石墙）	21	1. 8 厚 1∶1.5 水泥石子（小八厘）；或 8 厚 1∶2.5 水泥石子（中八厘）面层 2. 刷素水泥浆一道（内掺水重 5% 的建筑胶） 3. 12 厚 1∶3 水泥砂浆打底扫毛或划出纹道
水刷石墙面 （混凝土墙、 混凝土空心砌块墙） （轻骨料混凝土 空心砌块墙）	21	1. 8 厚 1∶1.5 水泥石子（小八厘）；或 8 厚 1∶2.5 水泥石子（中八厘）面层 2. 刷素水泥浆一道（内掺水重 5% 的建筑胶） 3. 12 厚 1∶3 水泥砂浆打底扫毛或划出纹道 4. 刷聚合物水泥浆一道
水刷石墙面 （蒸压加气混凝土 砌块墙）	21	1. 8 厚 1∶1.5 水泥石子（小八厘）；或 8 厚 1∶2.5 水泥石子（中八厘）面层 2. 刷素水泥浆一道（内掺水重 5% 的建筑胶） 3. 9 厚 1∶3 专用水泥砂浆中层底灰抹平，表面扫毛或划出纹道 4. 3 厚专用聚合物砂浆底面刮糙；或专用界面处理剂甩毛 5. 喷湿墙面
水刷小豆石 墙面 （砖石墙）	25	1. 12 厚 1∶2.5 水泥小豆石面层（小豆石粒径以 5～8 为宜） 2. 刷素水泥浆一道（内掺水重 5% 的建筑胶） 3. 12 厚 1∶3 水泥砂浆打底扫毛或划出纹道

名　称	厚度	构造做法
水刷小豆石墙面（混凝土墙、混凝土空心砌块墙）（轻骨料混凝土空心砌块墙）	25	1.12 厚 1：2.5 水泥小豆石面层（小豆石粒径以 5～8 为宜） 2. 刷素水泥浆一道（内掺水重 5% 的建筑胶） 3.12 厚 1：3 水泥砂浆打底扫毛或划出纹道 4. 刷聚合物水泥浆一道
水刷小豆石墙面（蒸压加气混凝土砌块墙）	25	1.12 厚 1：2.5 水泥小豆石面层（小豆石粒径以 5～8 为宜） 2. 刷素水泥浆一道（内掺水重 5% 的建筑胶） 3.9 厚 1：3 专用水泥砂浆中层底灰抹平，表面扫毛或划出纹糙 4.3 厚专用聚合物砂浆底面刮糙；或专用界面处理剂甩毛 5. 喷湿墙面
剁斧石墙面（砖石墙）	23	1. 斧剁斩毛两遍成活 2.10 厚 1：2 水泥石子（米粒石内掺 30% 石刷）面层赶平压实 3. 刷素水泥浆一道（内掺水重 5% 的建筑胶） 4.12 厚 1：3 水泥砂浆打底扫毛或划出纹道
剁斧石墙面（混凝土墙、混凝土空心砌块墙）（轻骨料混凝土空心砌块墙）	23	1. 斧剁斩毛两遍成活 2.10 厚 1：2 水泥石子（粒粒石内掺 30% 石屑）面层赶平压实 3. 刷素水泥浆一道（内掺水重 5% 的建筑胶） 4.12 厚 1：3 水泥砂浆打底扫毛或划出纹道 5. 刷聚合物水泥浆一道
剁斧石墙面（蒸压加气混凝土砌块墙）	23	1. 斧剁斩毛两遍成活 2.10 厚 1：2 水泥石子（米粒石内掺 30% 石屑）面层赶平压实 3.9 厚 1：3 专用水泥砂浆中层底灰抹平，表面扫毛或划出纹道 4.3 厚专用聚合物砂浆底面刮糙；或专用界面处理剂甩毛 5. 喷湿墙面

2. 墙面抹灰工程量计算规定

墙面抹灰工程量计算规定见表 6-14。

表 6-14　　　　　　　　　　墙面抹灰（编码：011201）

项目编码	项目名称	项目特征	计量单位	工程量计算规则	工作内容
011201001	墙面一般抹灰	1. 墙体类型 2. 底层厚度、砂浆配合比 3. 面层厚度、砂浆配合比 4. 装饰面材料种类 5. 分格缝宽度、材料种类	m^2	按设计图示尺寸以面积计算。扣除墙裙、门窗洞口及单个 ＞0.3m² 的孔洞面积，不扣除踢脚线、挂镜线和墙与构件交接处的面积，门窗洞口和孔洞的侧壁及顶面不增加面积。附墙柱、梁、垛、烟囱侧壁并入相应的墙面面积内 　1. 外墙抹灰面积按外墙垂直投影面积计算	1. 基层清理 2. 砂浆制作、运输 3. 底层抹灰 4. 抹面层 5. 抹装饰面 6. 勾分格缝
011201002	墙面装饰抹灰				

项目编码	项目名称	项目特征	计量单位	工程量计算规则	工作内容
011201003	墙面勾缝	1. 勾缝类型 2. 勾缝材料种类	m²	2. 外墙裙抹灰面积按其长度乘以高度计算 3. 内墙抹灰面积按主墙间的净长乘以高度计算 (1) 无墙裙的,高度按室内楼地面至天棚底面计算	1. 基层清理 2. 砂浆制作、运输 3. 勾缝
011201004	立面砂浆找平层	1. 基层类型 2. 找平层砂浆厚度、配合比		(2) 有墙裙的,高度按墙裙顶至天棚底面计算 (3) 有吊顶天棚抹灰,高度算至天棚底 4. 内墙裙抹灰面按内墙净长乘以高度计算	1. 基层清理 2. 砂浆制作、运输 3. 抹灰找平

注:1. 立面砂浆找平层项目适用于仅做找平层的立面抹灰。

2. 墙面抹石灰砂浆、水泥砂浆、混合砂浆、聚合物水泥砂浆、麻刀石灰浆、石膏灰浆等按本表中墙面一般抹灰列项;墙面水刷石、干粘石、假面砖等按本表中墙面装饰抹灰列项。

3. 飘窗凸出外墙面增加的抹灰并入外墙工程量内。

4. 有吊顶天棚的内墙面抹灰,抹至吊顶以上部分在综合单价中考虑。

3. 墙面抹灰工程量计算实例

【计算实例 1】

图 6-1 所示为某工程剖面图,室内墙面抹 1∶2 水泥砂浆底,1∶3 石灰砂浆找平层,麻刀石灰浆面层,共 20mm 厚。室内墙裙采用 1∶3 水泥砂浆打底(19 厚),1∶2.5 水泥砂浆面层(6 厚)。试计算墙面一般抹灰工程量。

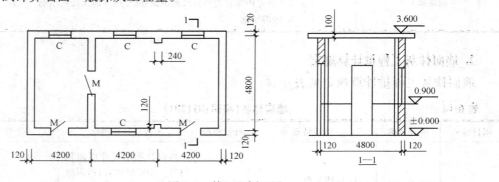

图 6-1 某工程剖面图

(注:M:1000mm×2700mm;C:1500mm×1800mm)

【计算分析】墙面抹灰工程量按图示尺寸面积以平方米(m²)计算,应扣除墙裙、门窗洞口和单个>0.3m² 的孔洞所占面积,不扣除踢脚线、墙与构件接触面积,门、窗洞口侧壁不另增加。墙垛和附墙烟囱侧壁与内墙抹灰的工程量应合并计算。

内墙、内墙裙的抹灰面积,即:

$$S = A \times B \pm K$$

式中 A——内墙、内墙裙间图示净长尺寸之和(m);

B——室内抹灰高度;

K——应扣除(并入)面积:内墙、内墙裙抹灰应扣除墙裙、门窗洞口和 $0.3m^2$ 以上的孔洞所占面积,墙垛、附墙烟囱侧壁面积应并入内墙抹灰工程量内。

1)无墙裙,按室内净高计算(踢脚线高度不扣),如图 6-2(a)所示。

2)有墙裙,其抹灰高度按墙裙顶至天棚底面之间的净高度计算,如图 6-2(b)所示。

3)内墙裙按图示高度计算,如图 6-2(c)所示。

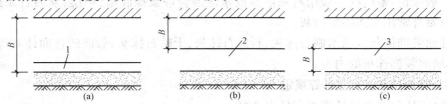

图 6-2 内墙、内墙裙抹灰高度
1—踢脚线;2、3—墙裙

【解】 室内墙面一般抹灰工程量 $=[(4.20\times3-0.24\times2+0.12\times2)\times2+(4.80-0.24)\times$

$$4]\times(3.60-0.10-0.90)-1.00\times(2.70-0.90)\times4-$$

$$1.50\times1.80\times4$$

$$=93.70m^2$$

室内墙裙工程量 $=[(4.20\times3-0.24\times2+0.12\times2)\times2+(4.80-0.24)\times4-1.00\times4]\times0.90$

$$=35.06m^2$$

清单项目工程量计算结果见表 6-15。

表 6-15　　　　　　　　　　　清单工程量计算表

序号	项目编码	项目名称	项目特征	计量单位	工程量
1	011201001001	室内一般抹灰	室内墙面抹 1∶2 水泥砂浆底,1∶3 石灰砂浆找平层,麻刀石灰浆面层,共20mm 厚	m²	93.70
2	011201001002	室内一般抹灰	室内墙裙采用 1∶3 水泥砂浆打底(19厚),1∶2.5 水泥砂浆面层(6厚)	m²	35.06

【计算实例 2】

某住宅工程外墙采用水刷石饰面,外墙面的长度为 7m,高度为 5m,附墙柱侧面抹灰面积为 $1.1m^2$,窗洞口面积为 $5m^2$。试计算其外墙面水刷石工程量。

【计算分析】根据工程量计算规则,外墙面装饰抹灰面积,按外墙垂直投影面积计算,扣除墙裙、门窗洞口和 $0.3m^2$ 以上的孔洞所占的面积,门窗洞口和孔洞侧壁面积亦不增加。附墙、柱侧面抹灰面积并入外墙抹灰面积工程。

【解】 外墙面水磨石工程量 $=7\times5+1.1-5=31.10m^2$

清单项目工程量计算结果见表 6-16。

表 6-16 　　　　　　　　　　　清单工程量计算表

项目编码	项目名称	项目特征	计量单位	工程量
011201002001	墙面装饰抹灰	外墙水刷石饰面	m²	31.10

(二)柱面抹灰

1. 柱(梁)面抹灰构造做法

(1)一般来说,室内柱一般用石灰砂浆或水泥混合砂浆抹底层、中层,麻刀石灰或纸筋石灰抹面层;室外常用水泥砂浆抹灰。

(2)柱面装饰抹灰包括水刷石抹灰、斩假石抹灰、干粘石抹灰、假面砖柱面抹灰等,其构造做法参见墙面装饰抹灰的内容。

2. 柱(梁)面抹灰工程量计算规定

柱(梁)面抹灰工程量计算规定见表 6-17。

表 6-17 　　　　　　　　　柱(梁)面抹灰(编码:011202)

项目编码	项目名称	项目特征	计量单位	工程量计算规则	工作内容
011202001	柱、梁面一般抹灰	1. 柱(梁)体类型 2. 底层厚度、砂浆配合比 3. 面层厚度、砂浆配合比 4. 装饰面材料种类 5. 分格缝宽度、材料种类	m²	1. 柱面抹灰:按设计图示柱断面周长乘高度以面积计算 2. 梁面抹灰:按设计图示梁断面周长乘长度以面积计算	1. 基层清理 2. 砂浆制作、运输 3. 底层抹灰 4. 抹面层 5. 勾分格缝
011202002	柱、梁面装饰抹灰				
011202003	柱、梁面砂浆找平	1. 柱(梁)体类型 2. 找平的砂浆厚度、配合比			1. 基层清理 2. 砂浆制作、运输 3. 抹灰找平
011202004	柱面勾缝	1. 勾缝类型 2. 勾缝材料种类		按设计图示柱断面周长乘高度以面积计算	1. 基层清理 2. 砂浆制作、运输 3. 勾缝

注:1. 砂浆找平项目适用于仅做找平层的柱(梁)面抹灰。

　　2. 柱(梁)面抹石灰砂浆、水泥砂浆、混合砂浆、聚合物水泥砂浆、麻刀石灰浆、石膏灰浆等按本表中柱(梁)面一般抹灰列项;柱(梁)面水刷石、斩假石、干粘石、假面砖等按本表中柱(梁)面装饰抹灰列项。

3. 柱(梁)面抹灰工程量计算实例

【计算实例3】

某单位大门砖柱 4 根,砖柱假面砖面层设计尺寸如图 6-3 所示,试计算其抹灰工程量。

【计算分析】根据工程量计算规则,柱面一般抹灰、装饰抹灰和勾缝工程量=柱结构断面周长×设计柱抹灰(勾缝)高度

【解】　柱面工程量=(0.6+1.0)×2×2.2×4

　　　　　　　=28.16m²

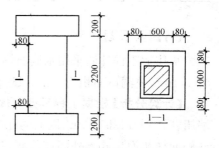

图 6-3　某大门砖柱假面砖面层尺寸

清单项目工程量计算结果见表6-18。

表 6-18　　　　　　　　　　　　清单工程量计算表

项目编码	项目名称	项目特征	计量单位	工程量
011202002001	柱面装饰抹灰	柱面假面砖饰面	m²	28.16

（三）零星抹灰

1. 零星抹灰构造做法

（1）零星项目一般抹灰包括墙裙、里窗台抹灰、阳台抹灰、挑檐抹灰等。

1）墙裙、里窗台均为室内易受碰撞、易受潮湿部位。一般用1：3水泥砂浆作底层,用1：（2～2.5）的水泥砂浆罩面压光。其水泥强度等级不宜太高,一般选用42.5R级早强性水泥。墙裙、里窗台抹灰是在室内墙面、天棚、地面抹灰完成后进行。其抹面一般凸出墙面抹灰层5～7mm。

2）阳台抹灰,是室外装饰的重要部分,要求各个阳台上下成垂直线,左右成水平线,进出一致,各个细部划一,颜色一致。抹灰前要注意清理基层,把混凝土基层清扫干净并用水冲洗,用钢丝刷子将基层刷到露出混凝土新楂。

3）挑檐是指天沟、遮阳板、雨篷等挑出墙面用作挡雨、避阳的结构物,挑檐抹灰的构造做法如图6-4所示。

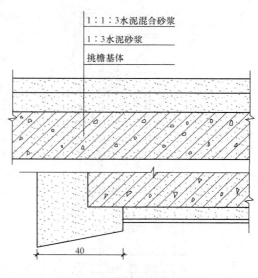

图 6-4　挑檐抹灰的构造做法

（2）零星项目装饰抹灰包括墙裙、里窗台、阳台及挑檐等处进行的装饰抹灰项目,其构造做法参见零星项目一般抹灰的内容。

2. 零星抹灰工程量计算规定

零星抹灰工程量计算规定见表6-19。

表 6-19 零星抹灰(编码:011203)

项目编码	项目名称	项目特征	计量单位	工程量计算规则	工作内容
011203001	零星项目一般抹灰	1. 基层类型、部位 2. 底层厚度、砂浆配合比 3. 面层厚度、砂浆配合比 4. 装饰面材料种类 5. 分格缝宽度、材料种类	m²	按设计图示尺寸以面积计算	1. 基层清理 2. 砂浆制作、运输 3. 底层抹灰 4. 抹面层 5. 抹装饰面 6. 勾分格缝
011203002	零星项目装饰抹灰				
011203003	零星项目砂浆找平	1. 基层类型、部位 2. 找平的砂浆厚度、配合比			1. 基层清理 2. 砂浆制作、运输 3. 抹灰找平

注:1. 零星项目抹石灰砂浆、水泥砂浆、混合砂浆、聚合物水泥砂浆、麻刀石灰浆、石膏灰浆等按本表中零星项目一般抹灰列项;墙面水刷石、斩假石、干粘石、假面砖等按本表中零星项目装饰抹灰列项。

2. 墙、柱(梁)面小于等于 0.5m² 的少量分散的抹灰按本表中零星抹灰项目编码列项。

3. 零星抹灰工程量计算实例

【计算实例 4】

图 6-5 所示为某小便池示意图,采用水泥砂浆抹小便池(长 2m)。试计算其抹灰工程量。

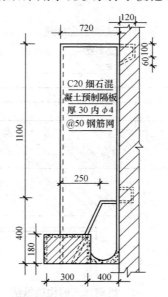

图 6-5 某小便池示意图

【计算分析】根据工程量计算规则,按设计图示尺寸以面积计算。

【解】 小便池抹灰清单工程量＝2×(0.18＋0.3＋0.4×3.14÷2)＝2.22m²

清单项目工程量计算结果见表 6-20。

表 6-20　　　　　　　　　　　　　　　清单工程量计算表

项目编码	项目名称	项目特征	计量单位	工程量
011203001001	零星项目一般抹灰	水泥砂浆抹灰小便池长 2m	m²	2.22

二、墙、柱(梁)面镶贴块料工程量计算

(一)墙面块料面层

1. 墙面块料面层构造做法

(1)石材镶贴块料常用的材料有天然大理石、花岗石、人造石饰面材料等。外墙石材墙面粘贴构造做法见表 6-21;内墙贴薄石材构造做法见表 6-22。

表 6-21　　　　　　　　　　　　　　外墙贴薄石材构造做法

名　称	厚度	构造做法	附　注
粘贴石材墙面 (砖石墙)	31~37	1. 1:1 水泥砂浆(细砂)勾缝 2. 贴 10~16 厚薄型石材,石材背面涂 5 厚胶粘剂 3. 6 厚 1:2.5 水泥砂浆结合层,内掺水重 5% 的建筑胶,表面扫毛或划出纹道 4. 刷聚合物水泥浆一道 5. 10 厚 1:3 水泥砂浆打底扫毛或划出纹道	1. 石材规格、颜色由设计人定。 　2. 仅用于局部镶贴:如 3m 以下墙面或首层墙面勒脚部位。 　3. 粘贴石材尺寸宜≤400mm×400mm。 　4. 在南方多雨潮湿地区应采用具有抗渗性的找平材料和勾缝材料。 　5. 粘贴工程所用粘结砂浆或高强度多用途胶粘剂及石材粘合专用胶粘剂产品均应通过试验方可正式使用
粘贴石材墙面 (大模混凝土墙)	26~32	1. 1:1 水泥砂浆(细砂)勾缝 2. 贴 10~16 厚薄型石材,石材背面涂 5 厚胶粘剂 3. 6 厚 1:2.5 水泥砂浆结合层,内掺水重 5% 的建筑胶 4. 刷聚合物水泥浆一道 5. 5 厚 1:3 水泥砂浆打底扫毛或划出纹道 6. 聚合物砂浆修补平整	
粘贴石材墙面 (混凝土墙、混凝土空心砌块墙)	26~32	1. 1:1 水泥砂浆(细砂)勾缝 2. 贴 10~16 厚薄型石材,石材背面涂 5 厚胶粘剂 3. 6 厚 1:2.5 水泥砂浆结合层,内掺水重 5% 的建筑胶 4. 刷聚合物水泥浆一道 5. 5 厚 1:3 水泥砂浆打底扫毛或划出纹道 6. 刷混凝土界面处理剂一道	

表 6-22　　　　　　　　　　　　　　内墙贴薄石材构造做法

名　称	基层类别	厚度	构造做法	附　注
贴薄石材墙面墙裙 墙面高度≤5m （燃烧性能等级 A）	各类砖墙	23～27	1. 稀水泥浆擦缝 2. 8～12 厚天然石板面层,正、背面及四周边满涂防污剂（在粘贴面涂专用强力建筑胶后点粘） 3. 6 厚 1:2.5 水泥砂浆压实抹平（要求平整） 4. 9 厚 1:3 水泥砂浆打底扫毛或划出纹道	1. 粘贴薄石材做法适用于高度≤5m 的墙面,石材的尺寸不大于 400mm×400mm,品种、花色由设计人定,并在施工图中注明。 2. 粘贴石材专用胶需选用经过技术鉴定的产品,并应严格按照生产厂家提供的使用说明施工。 3. 墙裙高度由设计人定,并在施工图中注明。 4. 建筑胶由设计人定。 5. 聚合物水泥砂浆参见《产品选用技术》2005 版 JC27
	大模混凝土墙	8～12	1. 稀水泥浆擦缝 2. 8～12 厚天然石板面层,正、背面及四周边满涂防污剂（在粘贴面涂专用强力建筑胶后点粘） 3. 聚合物水泥砂浆修补墙面（要求平整）	
	混凝土墙混凝土空心砌块墙	23～27	1. 稀水泥浆擦缝 2. 8～12 厚天然石板面层,正、背面及四周边满涂防污剂（在粘贴面涂专用强力建筑胶后点粘） 3. 6 厚 1:2.5 水泥砂浆压实抹平 4. 9 厚 1:3 水泥砂浆打底扫毛或划出纹道 5. 素水泥浆一道甩毛（内掺建筑胶）	
	蒸压加气混凝土砌块墙	23～27	1. 稀水泥浆擦缝 2. 8～12 厚天然石板面层,正、背面及四周边满涂防污剂（在粘贴面涂专用强力建筑胶后点粘） 3. 6 厚 1:0.5:2.5 水泥石灰膏砂浆压实抹平 4. 6 厚 1:1:6 水泥石灰膏砂浆打底扫毛或划出纹道 5. 3 厚外加剂专用砂浆打底刮糙或专用界面剂一道甩毛（甩前先喷湿墙面）	1. 粘贴薄石材做法适用于高度≤5m 的墙面,石材的尺寸不大于 400mm×400mm 品种、花色由设计人定,并在施工图中注明。 2. 粘贴石材专用胶需选用经过技术鉴定的产品,并应严格按照生产厂家提供的使用说明施工。 3. 墙裙高度由设计人定,并在施工图中注明。 4. 建筑胶由设计人定
	陶粒混凝土砌块墙	24～28	1. 稀水泥浆擦缝 2. 8～12 厚天然石板面层,正、背面及四周边满涂防污剂（在粘贴面涂专用强力建筑胶后点粘） 3. 6 厚 1:2.5 水泥砂浆压实抹平（要求平整） 4. 刷素水泥浆一道 5. 10 厚 1:3 水泥砂浆分层压实抹平 6. 素水泥浆一道（内掺建筑胶）	

（2）拼碎石材镶贴是指使用裁切石材剩下的边角余料经过分类加工作为填充材料,由不饱和酯树脂（或水泥）为胶粘剂,经搅拌成型、研磨、抛光等工序组合而成的装饰项目。常见拼碎石材镶贴一般为拼碎大理石镶贴。图 6-6 所示为硬面层上拼碎大理石做法。

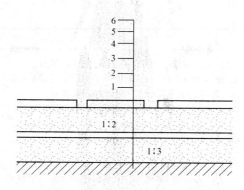

图 6-6　硬面层上拼碎大理石做法

1—砖墙或混凝土基层；2—1：3 水泥砂浆找平层；3—刷素水泥砂浆一道；

4—1：2 水泥砂浆掺 108 胶水；5—碎大理石面层；6—1：1 水泥砂浆嵌缝净打蜡

（3）块料镶贴一般采用釉面砖和陶瓷锦砖。釉面砖又可称为瓷砖、瓷片，是一种薄型精陶制品，多用于建筑内墙面装饰。块料镶贴构造做法见表 6-23。

表 6-23　　　　　　　　　　　　　　块料镶贴构造做法

名　称	厚度	构造做法	附　注
陶瓷饰面砖墙面 劈离砖墙面 彩色釉面砖墙面 （蒸压加气混凝土 砌块墙）	27～29	1.1：1 水泥（或白水泥掺色）砂浆（细砂）勾缝 2. 贴 8～10 厚外墙饰面砖，在砖粘贴面上随贴随涂刷一遍混凝土界面处理剂，增强粘结力 3.6 厚 1：2.5 水泥砂浆（掺建筑胶） 4. 刷素水泥浆一道 5.9 厚 1：3 水泥砂浆中层刮平扫毛或划出纹道 6.3 厚外加剂专用砂浆底面刮糙；或专用界面剂甩毛 7. 喷湿墙面	1. 墙砖规格、颜色、缝宽由设计人确定。 2. 在南方多雨潮湿地区应采用抗渗性强的找平材料及勾缝材料
陶瓷饰面砖墙面 劈离砖墙面 彩色釉面砖墙面 （轻骨料混凝土 空心砌块墙）	26～28	1.1：1 水泥（或白水泥掺色）砂浆（细砂）勾缝 2. 贴 8～10 厚外墙饰面砖（粘贴前先将墙砖用水浸湿） 3.8 厚 1：2 建筑胶水泥砂浆（或专用胶）粘结层 4. 刷素水泥浆一道（用专用胶粘贴时无此道工序） 5.9 厚 1：3 水泥砂浆打底压实抹平，专用胶粘贴要求平整 6. 刷聚合物水泥浆一道	
陶瓷饰面砖墙面 劈离砖墙面 彩色釉面砖墙面 （外保温系统 抹面层完成面）	17～19	1.1：1 水泥（或白水泥掺色）砂浆（细砂）勾缝 2. 贴 8～10 厚外墙饰面砖（粘贴前先将墙砖用水浸湿） 3.8 厚 1：2 建筑胶水泥砂浆（或专用胶）粘结层 4. 刷素水泥浆一道（用专用胶粘贴时无此道工序） 5. 外保温系统抹面层完成面	外墙外保温系统粘贴外墙砖时，仅限于有钢筋网外保温系统，由于国家对于外墙外保温系统贴面砖尚无标准可循，各地区按当地规定执行以确保安全

续表

名　　称	厚度	构造做法	附　　注
陶瓷锦砖墙面玻璃马赛克墙面（砖墙）	18	1. 白水泥擦缝或1∶1彩色水泥细砂砂浆勾缝 2. 贴5厚陶瓷（玻璃）锦砖（粘贴锦砖前先用水浸湿） 3. 3厚建筑胶水泥砂浆（或专用胶）粘结层 4. 素水泥浆一道（用专用胶粘结时无此道工序） 5. 9厚1∶3水泥砂浆打底压实抹平（用专用胶粘结时要求平整）	
陶瓷锦砖墙面玻璃马赛克墙面（大模混凝土墙）	9	1. 白水泥擦缝或1∶1彩色水泥细砂砂浆勾缝 2. 贴5厚陶瓷（玻璃）锦砖（粘贴锦砖前先用水浸湿） 3. 3厚建筑胶水泥砂浆（或专用胶）粘结层 4. 素水泥浆一道甩毛（内掺建筑胶） 5. 聚合物砂浆修补平整	1. 墙砖规格、颜色、缝宽由设计人确定。 　2. 在南方多雨潮湿地区应采用抗渗性强的找平材料及勾缝材料
陶瓷锦砖墙面玻璃马赛克墙面（混凝土墙、混凝土空心砌块墙）	18	1. 白水泥擦缝或1∶1彩色水泥细砂砂浆勾缝 2. 贴5厚陶瓷（玻璃）锦砖（粘贴锦砖前先用水浸湿） 3. 3厚建筑胶水泥砂浆（或专用胶）粘结层 4. 素水泥浆一道（用专用胶粘结时无此道工序） 5. 9厚1∶3水泥砂浆打底压实抹平（用专用胶粘结时要求平整） 6. 刷一道混凝土界面处理剂（随刷随抹底灰）	

　　（4）干挂石材是采用金属挂件将石材饰面直接悬挂在主体结构上，形成一种完整的围护结构体系。钢骨架常采用型钢龙骨、轻钢龙骨、铝合金龙骨等材料。常用干挂石材钢骨架的连接方式有两种，第一种是角钢在槽钢的外侧，这种连接方式成本较高，占用空间较大，适合室外使用；第二种是角钢在槽钢的内侧，这种连接方式成本较低，占用空间小，适合室内使用。

　　干挂石材钢骨架构造做法见表6-24。

表6-24　　　　　　　　　　　干挂石材钢骨架构造做法

名　　称	厚度	构造做法	附　　注
干挂天然石材墙面（各类墙）	135	1. 25厚石材板，上下边钻销孔，长方形横排时钻2个孔，竖排时钻1个孔，孔径φ5，安装时孔内先填云石胶，再插入φ4不锈钢销钉，固定于4厚不锈钢板石板托件上，石板两侧开宽80高凹槽，填胶后，用4厚50宽燕尾不锈钢板勾住石板（燕尾钢板各勾住一块石板），石板四周接缝宽6～8，用弹性密封膏封严钢板托和燕尾钢板，M5螺栓固定于竖向角钢龙骨上 2. └ 50×50×5横向角钢龙骨（根据石板大小调整角钢尺寸）中距为石板高度＋缝宽 3. └ 60×60×6（或由设计人定）竖向角钢龙骨（根据石板大小调整角钢尺寸）中距为石板宽度＋缝宽 4. 角钢龙骨焊于墙内预埋伸出的角钢头上或在墙内预埋钢板，然后用角钢焊连竖向角钢龙骨（砌块类墙体应有构造柱及水平加强梁，由结构专业设计）	1. 竖向角钢龙骨可贴墙安装（或离墙10）。 　2. 混凝土砌块墙预埋钢板时应用C20细石混凝土填实。 　3. 有无保温隔热层由设计人定。 　4. 除不锈钢材外，所有角钢、钢板均应热镀锌或刷防锈漆。 　5. 连接板、钢板托应设椭圆形孔，便于调整。 　6. 销钉、钢板托、角钢龙骨、连接件等视石板的规格大小，调整其截面尺寸，使石板安装后横平竖直。 　7. 天然石板背面及四周刷防污剂

续表

名 称	厚度	构造做法	附 注
干挂金属条形扣板墙面（各类墙）	90	1. 金属条形扣板长度方向的一个延伸边用抽芯铆钉或螺栓固定在龙骨上，下一扣板的扣接延伸边卡入前一扣板的延伸边凹口内，再用螺钉固定该扣板的另一延伸边，按此顺序逐条安装 2. 60×60×4铝方型龙骨，布置方向与条形扣板的长度方向相垂直，间距600，用螺栓与角钢连接，角钢用膨胀螺栓固定于墙体上（砌块类墙体应有构造柱及水平加强梁，由结构专业设计）	1. 金属扣板包括铝合金板，不锈钢板、彩色涂层钢板，由设计人指定。 2. 金属扣板常用尺寸：长6000，宽120~200，厚度≥1。 3. 板材色彩及材质效果由设计人指定。 4. 角钢及龙骨断面仅供参考，具体工程需根据当地气象条件及结构型式复核计算确定。 5. 有无保温隔热层由设计人定

2. 墙面块料面层工程量计算规定

墙面块料面层工程量计算规定见表6-25。

表6-25 墙面块料面层（编码：011204）

项目编码	项目名称	项目特征	计量单位	工程量计算规则	工作内容
011204001	石材墙面	1. 墙体类型 2. 安装方式 3. 面层材料品种、规格、颜色 4. 缝宽、嵌缝材料种类 5. 防护材料种类 6. 磨光、酸洗、打蜡要求	m²	按镶贴表面积计算	1. 基层清理 2. 砂浆制作、运输 3. 粘结层铺贴 4. 面层安装 5. 嵌缝 6. 刷防护材料 7. 磨光、酸洗、打蜡
011204002	拼碎石材墙面				
011204003	块料墙面				
011204004	干挂石材钢骨架	1. 骨架种类、规格 2. 防锈漆品种遍数	t	按设计图示以质量计算	1. 骨架制作、运输、安装 2. 刷漆

注：1. 在描述碎块项目的面层材料特征时可不用描述规格、颜色。

2. 石材、块料与粘结材料的结合面刷防渗材料的种类在防护层材料种类中描述。

3. 安装方式可描述为砂浆或胶粘剂粘贴、挂贴、干挂等，不论哪种安装方式，都要详细描述与组价相关的内容。

3. 墙面块料面层工程量计算实例

【计算实例5】

图6-7所示为某宾馆单间客房平面图和天棚平面图，卫生间墙面贴200mm×280mm印面砖，浴缸侧面贴面砖，浴缸高度400mm。试计算其卫生间墙面工程量。

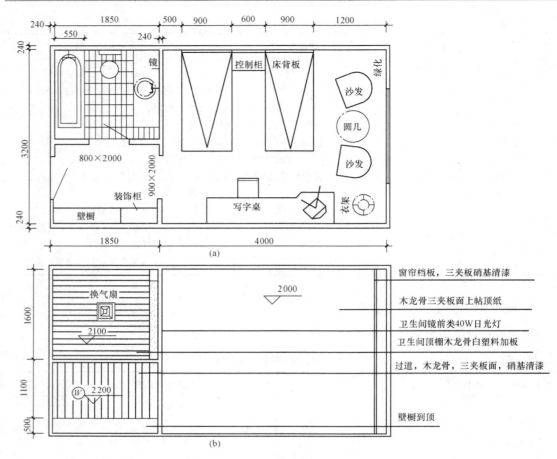

图 6-7　单间客房平面图和天棚平面图

(a)单间客房平面图 1：50;(b)单间客房天棚平面图 1：50

【计算分析】墙面贴块料面层均按镶贴表面积计算。

【解】　卫生间墙面贴印花面砖工程量＝(1.6＋1.85)×2×2.1－0.8×2.0－0.55×0.4×2－

$$0.4×1.6$$

$$=11.81m^2$$

清单项目工程量计算结果见表 6-26。

表 6-26　　　　　　　　　　　　清单工程量计算表

项目编码	项目名称	项目特征	计量单位	工程量
011204001001	石材墙面	墙面贴印花面砖	m²	11.81

【计算实例 6】

图 6-8 所示为某变电室外墙面尺寸示意图,门窗规格为：M：1500mm×2000mm；C-1：1500mm×1500mm；C-2：1200mm×800mm；门窗侧面宽度 100mm,外墙水泥砂浆粘贴规格 194mm×94mm 瓷质外墙砖,灰缝 5mm。试计算其工程量。

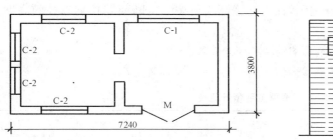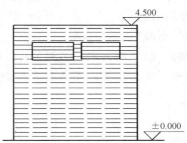

图 6-8　某变电室外墙面尺寸示意图

【计算分析】根据工程量计算规则,块料墙面工程量按镶贴表面积计算。

【解】　外墙面砖工程量=(7.24+3.80)×2×4.50-(1.50×2.00)-(1.50×1.50)-(1.20×
0.80)×4+[2.00×2+1.50×3+(1.2+0.8×2)×4]×0.10
=92.24m²

清单项目工程量计算结果见表 6-27。

表 6-27　　　　　　　　　　　　清单工程量计算表

项目编码	项目名称	项目特征	计量单位	工程量
011204003001	块料墙面	194mm×94mm 瓷质外墙砖,灰缝 5mm	m²	92.24

(二)柱(梁)面镶贴块料

1. 柱(梁)面镶贴块料工程量计算规定

柱(梁)面镶贴块料工程量计算规定见表 6-28。

表 6-28　　　　　　　　　　柱(梁)面镶贴块料(编码:011205)

项目编码	项目名称	项目特征	计量单位	工程量计算规则	工作内容
011205001	石材柱面	1. 柱截面类型、尺寸 2. 安装方式	m²	按镶贴表面积计算	1. 基层清理 2. 砂浆制作、运输 3. 粘结层铺贴 4. 面层安装 5. 嵌缝 6. 刷防护材料 7. 磨光、酸洗、打蜡
011205002	块料柱面	3. 面层材料品种、规格、颜色 4. 缝宽、嵌缝材料种类			
011205003	拼碎块柱面	5. 防护材料种类 6. 磨光、酸洗、打蜡要求			
011205004	石材梁面	1. 安装方式 2. 面层材料品种、规格、颜色 3. 缝宽、嵌缝材料种类			
011205005	块料梁面	4. 防护材料种类 5. 磨光、酸洗、打蜡要求			

注:1. 在描述碎块项目的面层材料特征时可不用描述规格、颜色。
　　2. 石材、块料与粘接材料的结合面刷防渗材料的种类在防护层材料种类中描述。

2. 柱(梁)面镶贴块料工程量计算实例

【计算实例 7】

断面为 400mm×400mm 的独立柱截面,柱高 4.50m,挂贴大理石。试计算其工程量。

【计算分析】根据工程量计算规则,独立柱镶贴块料按结构断面周长乘以柱的高度计算,即柱周长不应包括块料厚度。

【解】　柱挂贴大理石工程量＝0.40×4×4.50＝7.2m²

清单项目工程量计算结果见表6-29。

表6-29　　　　　　　　　　　清单工程量计算表

项目编码	项目名称	项目特征	计量单位	工程量
011205002001	块料柱面	独立柱截面400mm×400mm,挂贴大理石	m²	7.2

【计算实例8】

某单位大门砖柱4根,砖柱块料面层设计尺寸如图6-3所示,面层水泥砂浆贴玻璃马赛克。试计算柱面块料工程量。

【解】　柱面块料工程量＝柱设计图示外围周长×装饰高度

$$＝(0.6＋1.0)×2×2.2×4$$
$$＝28.16m²$$

清单项目工程量计算结果见表6-30。

表6-30　　　　　　　　　　　清单工程量计算表

项目编码	项目名称	项目特征	计量单位	工程量
011205002001	块料柱面	砖柱面层水泥砂浆贴玻璃马赛克	m²	28.16

(三)零星镶贴块料

零星镶贴块料是指窗台板、阳台、遮阳板等项目的镶贴工程。包括贴(抹)挑檐、檐沟侧边、窗台、门窗套、扶手、栏、板、遮阳板、雨篷、阳台共享空间侧边、柱帽、柱墩、各种壁柜、过人洞、池槽、花台以及墙面贴(挂)大理石、花岗岩边等。

1. 镶贴零星块料工程量计算规定

镶贴零星块料工程量计算规定见表6-31。

表6-31　　　　　　　　　　　镶贴零星块料(编码:011206)

项目编码	项目名称	项目特征	计量单位	工程量计算规则	工作内容
011206001	石材零星项目	1. 基层类型、部位 2. 安装方式 3. 面层材料品种、规格、颜色 4. 缝宽、嵌缝材料种类 5. 防护材料种类 6. 磨光、酸洗、打蜡要求	m²	按镶贴表面积计算	1. 基层清理 2. 砂浆制作、运输 3. 面层安装 4. 嵌缝 5. 刷防护材料 6. 磨光、酸洗、打蜡
011206002	块料零星项目				
011206003	拼碎块零星项目				

注:1. 在描述碎块项目的面层材料特征时可不用描述规格、颜色。

2. 石材、块料与粘接材料的结合面刷防渗材料的种类在防护材料种类中描述。

3. 墙柱面≤0.5m²的少量分散的镶贴块料面层按本表中零星项目执行。

2. 镶贴零星块料工程量计算实例

【计算实例 9】

某工程设拖布池 1 个，长、宽、高各 400mm，欲用陶瓷马赛克砖镶贴。试计算其工程量。

【解】　陶瓷马赛克工程量＝0.4×4×0.4＋0.4×0.4＝0.8m²

清单项目工程量计算结果见表 6-32。

表 6-32　　　　　　　　　**清单工程量计算表**

项目编码	项目名称	项目特征	计量单位	工程量
011206001001	石材零星项目	拖布池 400mm×400mm×400mm，镶贴陶瓷马赛克	m²	0.8

【计算实例 10】

某单位大门砖柱 4 根，砖柱设计尺寸如图 6-3 所示，若柱脚及压顶面层采用水泥砂浆贴玻璃锦砖。试计算其工程量。

【计算分析】本例所求块料零星项目压顶及柱脚工程量，零星镶贴块料的工程量计算规则是按镶贴表面积计算。

【解】　压顶及柱脚工程量＝[(0.76＋1.16)×2×0.2＋(0.68＋1.08)×2×0.08]×2×4

　　　　　　　＝8.40m²

清单项目工程量计算结果见表 6-33。

表 6-33　　　　　　　　　**清单工程量计算表**

项目编码	项目名称	项目特征	计量单位	工程量
011206002001	块料零星项目	大门砖柱，面层水泥砂浆贴玻璃锦砖	m²	8.40

三、墙、柱(梁)饰面工程量计算

(一)墙饰面

1. 墙饰面产品规格

常用的墙面装饰板有金属饰面板、塑料饰面板、镜面玻璃装饰板等。

(1)金属饰面板。常用金属饰面板的产品、规格可参见表 6-34。

表 6-34　　　　　　　　　**金属饰面板**

名　称	说　明
彩色涂层钢板	多以热轧钢板和镀锌钢板为原板，表面层压聚氯乙烯或聚丙烯酸酯、环氧树脂、醇酸树脂等薄膜，亦可涂覆有机、无机或复合涂料。可用于墙面、屋面板等。 厚度有 0.35mm、0.4mm、0.5mm、0.6mm、0.7mm、0.8mm、0.9mm、1.0mm、1.5mm 和 2.0mm；长度有 1800mm、2000mm；宽度有 450mm、500mm 和 1000mm

续表

名　称	说　明
彩色不锈钢板	在不锈钢板上进行技术和艺术加工,使其具有多种色彩的不锈钢板,其特点:能耐 200℃的温度;耐盐雾腐蚀性优于一般不锈钢板;弯曲 90°彩色层不损坏;彩色层经久不褪色。适用于高级建筑墙面装饰。 厚度有 0.2mm、0.3mm、0.4mm、0.5mm、0.6mm、0.7mm 和 0.8mm;长度有 1000mm～2000mm;宽度有 500mm～1000mm
镜面不锈钢板	用不锈钢板经特殊抛光处理而成。用于高级公用建筑墙面、柱面及门厅装饰。其规格尺寸(mm×mm):400×400,500×500,600×600,600×1200;厚度为 0.3×0.6(mm)
铝合金板	产品有:铝合金花纹板、铝质浅花纹板、铝及铝合金波纹板、铝及铝合金压型板、铝合金装饰板等
塑铝板	是以铝合金片与聚乙烯复合材复合加工而成。可分为镜面塑铝板、镜纹塑铝板和非镜面塑铝板三种

(2)塑料饰面板。常用塑料饰面板的产品、规格可参见表 6-35。

表 6-35　　　　　　　　　塑料装饰板的产品品种及规格、特性

产品名称	说　明	特　性	规格/mm×mm×mm
塑料镜面板	塑料镜面板系由聚丙烯树脂,以大型塑料注射机、真空成型设备等加工而成。表面经特殊工艺,喷镀成金、银镜面效果	该板无毒无味,可弯曲,质轻耐化学腐蚀,有金、银等色。表面光亮如镜激滟明快,富丽堂皇	(1～2)×1000×1830
塑料岗纹板	塑料镜面板系由聚丙烯树脂,以大型塑料注射机、真空成型设备等加工而成。表面经特殊工艺,喷镀成金、银镜面效果。但表面系以特殊工艺,印刷成高级花岗石花纹效果	该板无毒、无味,可弯曲,质轻,耐化学腐蚀,表面呈花岗石纹,可以假乱真	(1～3)×980×1830
塑料彩绘板	塑料彩绘板系以 PS(聚苯乙烯)或 SAN(苯乙烯-丙烯腈)经加工压制而成。表面特殊工艺印刷成各种彩绘图案	该板无毒无味,图案美观,颜色鲜艳,强度高,韧性好,耐化学腐蚀,有镭射效果	3×1000×1830
塑料晶晶板	塑料晶晶板系以 PS 或 SAN 树脂通过设备压制加工而成	该板无毒、无味,强度高,硬度高,韧性好,透光不透影,有镭射效果,耐化学腐蚀	(3～8)×1200×1830
塑料晶晶彩绘板	以 PS 或 SAN 树脂通过高级设备压制加工而成,表面经特殊工艺,印有各种彩绘图案	图案美观、色彩鲜艳,无毒无味,强度高,硬度高,韧性好,透光不透影,有镭射效果,耐化学腐蚀	3×1000×1830

(3)镜面玻璃装饰板。建筑内墙装修所用的镜面玻璃,在构造上、材质上,与一般玻璃镜均有所不同,它是以高级浮法平板玻璃,经镀银、镀铜、镀漆等特殊工艺加工而成,与一般镀银玻璃镜、真空镀铝玻璃镜相比,具有镜面尺寸大、成像清晰逼真、抗烟雾及抗热性能好、使用寿

命长等特点。有白色和茶色两种。

2. 墙饰面工程量计算规定

墙饰面工程量计算规定见表 6-36。

表 6-36　　　　　　　　　　　墙饰面(编码:011207)

项目编码	项目名称	项目特征	计量单位	工程量计算规则	工作内容
011207001	墙面装饰板	1. 龙骨材料种类、规格、中距 2. 隔离层材料种类、规格 3. 基层材料种类、规格 4. 面层材料品种、规格、颜色 5. 压条材料种类、规格	m²	按设计图示墙净长乘净高以面积计算。扣除门窗洞口及单个＞0.3m² 的孔洞所占面积	1. 基层清理 2. 龙骨制作、运输、安装 3. 钉隔离层 4. 基层铺钉 5. 面层铺贴
011207002	墙面装饰浮雕	1. 基层类型 2. 浮雕材料种类 3. 浮雕样式		按设计图示尺寸以面积计算	1. 基层清理 2. 材料制作、运输 3. 安装成型

3. 墙饰面工程量计算实例

【计算实例 11】

图 6-9 所示为某建筑墙面装饰示意图,试根据图中条件计算墙面装饰的工程量。

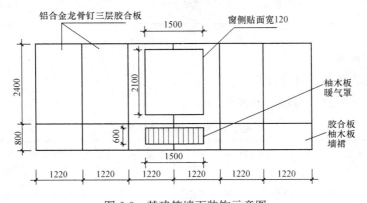

图 6-9　某建筑墙面装饰示意图

【解】　(1)龙骨上钉三层胶合板工程量:

$$1.22×6×2.4-1.5×2.1+(2.1+1.5)×2×0.12=15.28m^2$$

(2)胶合板柚木板墙裙工程量:

$$1.22×6×0.8-1.5×0.6=4.96m^2$$

(3)柚木板暖气罩工程量:

$$1.5×0.6=0.90m^2$$

清单项目工程量计算结果见表 6-37。

表 6-37　　　　　　　　　　　　　清单工程量计算表

序号	项目编码	项目名称	项目特征	计量单位	工程量
1	011207001001	墙面装饰板	铝合金龙骨钉三层胶合板	m²	15.28
2	011207001002	墙面装饰板	铝合金龙骨,胶合板柚木板墙裙 1220mm×800mm,木压条	m²	4.96
3	011504001001	饰面板暖气罩	柚木板暖气罩 1500mm×600mm	m²	0.90

【计算实例 12】

某工程,墙面为 500mm×1000mm 的塑料板,木龙骨(成品)40mm×30mm,间距为 40mm,基层为中密度板,面层为天花榉木夹板。试计算塑料板工程量。

【计算分析】 根据工程量计算规则:墙面饰面工程量＝设计图示墙净长×设计图示净高一门窗洞口一孔洞(单个 0.3m² 以上)。

【解】 墙面饰面清单工程量＝0.5×1.0＝0.5m²

清单项目工程量计算结果见表 6-38。

表 6-38　　　　　　　　　　　　　清单工程量计算表

项目编码	项目名称	项目特征	计量单位	工程量
011207001001	墙面装饰板	墙面为 500mm×1000mm 的塑料板,木龙骨(成品)40mm×30mm,间距为 40mm,基层为中密度板,面层为天花榉木夹板	m²	0.5

(二)柱(梁)饰面

1. 柱(梁)饰面工程量计算规定

柱(梁)饰面工程量计算规定见表 6-39。

表 6-39　　　　　　　　　　　柱(梁)饰面(编码:011208)

项目编码	项目名称	项目特征	计量单位	工程量计算规则	工作内容
011208001	柱(梁)面装饰	1. 龙骨材料种类、规格、中距 2. 隔离层材料种类 3. 基层材料种类、规格 4. 面层材料品种、规格、颜色 5. 压条材料种类、规格	m²	按设计图示饰面外围尺寸以面积计算。柱帽、柱墩并入相应柱饰面工程量内	1. 清理基层 2. 龙骨制作、运输、安装 3. 钉隔离层 4. 基层铺钉 5. 面层铺贴
011208002	成品装饰柱	1. 柱截面、高度尺寸 2. 柱材质	1. 根 2. m	1. 以根计量,按设计数量计算 2. 以米计量,按设计长度计算	柱运输、固定、安装

2. 柱(梁)饰面工程量计算实例

【计算实例 13】

木龙骨，五合板基层，不锈钢柱面，其尺寸如图 6-10 所示，共 4 根，龙骨断面 30mm×40mm，间距 250mm。试计算其工程量。

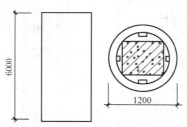

图 6-10　不锈钢柱面尺寸

【计算分析】根据工程量计算规则：柱面装饰板工程量＝柱饰面外围周长×装饰高度＋柱帽、柱墩面积

【解】　柱面装饰工程量＝$1.20×3.14×6.00×4＝90.43m^2$

清单项目工程量计算结果见表 6-40。

表 6-40　　　　　　　　　　　　清单工程量计算表

项目编码	项目名称	项目特征	计量单位	工程量
011208001001	柱(梁)面装饰	龙骨断面 30mm×40mm，间距 250mm，五合板基层，不锈钢柱面	m^2	90.43

【计算实例 14】

图 6-3 所示某大厅砖柱，砖柱面为铝合金龙骨上挂装面层金属板。计算其工程量。

【计算分析】　根据工程量计算规则：柱饰面工程量＝图示柱外围周长尺寸×图示设计高度

【解】　柱面装饰工程量＝$(0.6＋1)×2×2.2＝7.04m^2$

清单项目工程量计算结果见表 6-41。

表 6-41　　　　　　　　　　　　清单工程量计算表

项目编码	项目名称	项目特征	计量单位	工程量
011208001001	柱(梁)面装饰	铝合金龙骨，挂装金属板	m^2	7.04

四、隔断工程工程量计算

隔断是指专门作为分隔室内空间的立面，主要起遮挡作用，应用灵活，一般不做到板下，有的甚至可以移动。隔断与隔墙最大的区别在于隔墙是做到板下的，即立面的高度不同。

1. 隔断构造做法

(1)按外部形式和构造方式分。按外部形式和构造方式可以将隔断划分为花格式、屏风式、移动式、帷幕式和家具式等。其中,花格式隔断有木制、金属、混凝土等制品,其形式多种多样,如图 6-11 所示。

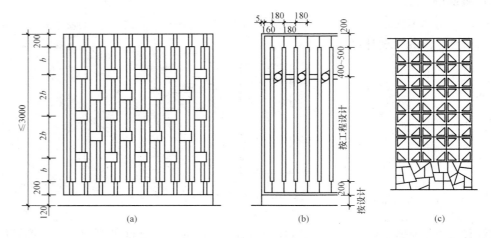

图 6-11　花格式隔断示例
(a)木花格隔断;(b)金属花格隔断;(c)混凝土制品隔断

(2)按隔断材料分。按隔断材料可以将隔断划分为木骨架玻璃隔断、全玻璃隔断、不锈钢柱嵌防弹玻璃隔断、铝合金玻璃隔断、铝合金条板隔断、花式木隔断、玻璃砖隔断等。

1)木骨架玻璃隔断。木骨架玻璃隔断分为全玻和半玻。其中,全玻是采用断面规格为 45mm×60mm、间距 800mm×500mm 的双向木龙骨;半玻是采用断面规格为 45mm×32mm,相同间距的双向木龙骨,并在其上单面镶嵌 5mm 平板玻璃。

2)全玻璃隔断。全玻璃隔断是用角钢做骨架,然后嵌贴普通玻璃或钢化玻璃而成。

3)不锈钢柱嵌防弹玻璃隔断。不锈钢柱嵌防弹玻璃,是采用 φ76×2 不锈钢管做立柱,用 10mm×20mm×1mm 不锈钢槽钢做边框,嵌 19mm 厚防弹玻璃制成。

4)铝合金玻璃隔断。铝合金玻璃隔断是用铝合金型材做框架,然后镶嵌 5mm 厚平板玻璃制成。

5)铝合金条板隔断。铝合金条板隔断是采用铝合金型材做骨架,用铝合金槽做边轨,将宽 100mm 的铝合金板插入槽内,用螺钉加固而成。

6)花式木隔断。花式木隔断分为直栅漏空型和井格式两种。其中,直栅漏空型是将木板直立成等距离空隙的栅栏,板与板之间可加设带几何形状的木块做连接件,用铁钉固定即可;井格式是用木板做成方格或博古架形式的透空隔断。

7)玻璃砖隔断。玻璃砖隔断分为分格嵌缝式和全砖式。其中,分格嵌缝式采用槽钢(65mm×40mm×4.8mm)做立柱,按每间隔 800mm 布置。用扁钢(65mm×5mm)做横撑和边框,将玻璃砖(190mm×190mm×80mm)用 1:2 白水泥石子浆夹砌在槽钢的槽口内,在砖缝中用直径 3mm 的冷拔钢丝进行拉结,最后用白水泥擦缝即可。

2. 隔断工程量计算规定

隔断工程量计算规定见表 6-42。

表 6-42　　　　　　　　　　　　　　　　　隔断(编码:011210)

项目编码	项目名称	项目特征	计量单位	工程量计算规则	工作内容
011210001	木隔断	1. 骨架、边框材料种类、规格 2. 隔板材料品种、规格、颜色 3. 嵌缝、塞口材料品种 4. 压条材料种类	m²	按设计图示框外围尺寸以面积计算。不扣除单个≤0.3m²的孔洞所占面积;浴厕门的材质与隔断相同时,门的面积并入隔断面积内	1. 骨架及边框制作、运输、安装 2. 隔板制作、运输、安装 3. 嵌缝、塞口 4. 装钉压条
011210002	金属隔断	1. 骨架、边框材料种类、规格 2. 隔板材料品种、规格、颜色 3. 嵌缝、塞口材料品种			1. 骨架及边框制作、运输、安装 2. 隔板制作、运输、安装 3. 嵌缝、塞口
011210003	玻璃隔断	1. 边框材料种类、规格 2. 玻璃品种、规格、颜色 3. 嵌缝、塞口材料品种		按设计图示框外围尺寸以面积计算。不扣除单个≤0.3m²的孔洞所占面积	1. 边框制作、运输、安装 2. 玻璃制作、运输、安装 3. 嵌缝、塞口
011210004	塑料隔断	1. 边框材料种类、规格 2. 隔板材料品种、规格、颜色 3. 嵌缝、塞口材料品种			1. 骨架及边框制作、运输、安装 2. 隔板制作、运输、安装 3. 嵌缝、塞口
011210005	成品隔断	1. 隔断材料品种、规格、颜色 2. 配件品种、规格	1. m² 2. 间	1. 以平方米计量,按设计图示框外围尺寸以面积计算 2. 以间计量,按设计间的数量计算	1. 隔断运输、安装 2. 嵌缝、塞口
011210006	其他隔断	1. 骨架、边框材料种类、规格 2. 隔板材料品种、规格、颜色 3. 嵌缝、塞口材料品种	m²	按设计图示框外围尺寸以面积计算。不扣除单个≤0.3m²的孔洞所占面积	1. 骨架及边框安装 2. 隔板安装 3. 嵌缝、塞口

3. 隔断工程量计算实例

【计算实例 15】

图 6-12 所示为某厕所木隔断图,门的材质与隔断相同,试计算其工程量。

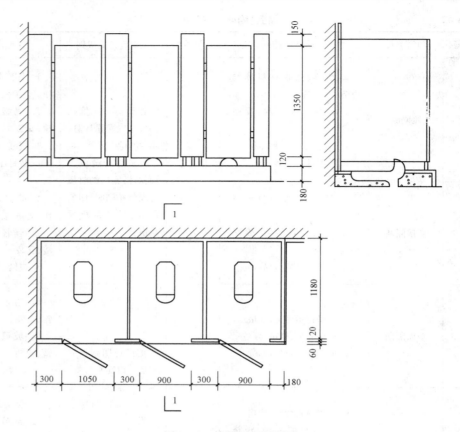

图 6-12　某厕所木隔断图

【计算分析】根据工程量计算规则,木隔断按图示尺寸长度乘高度按实铺面积以 m² 计算。

【解】　厕所木隔断工程量=(1.35+0.15)×(0.30×3+0.18+1.18×3)+1.35×0.90×2+
$$1.35×1.05$$
$$=10.78m²$$

清单项目工程量计算结果见表 6-43。

表 6-43　　　　　　　　　　　清单工程量计算表

项目编码	项目名称	项目特征	计量单位	工程量
011210001001	木隔断	木隔断,门的材质与隔断材质相同	m²	10.78

【计算实例 16】

图 6-13 所示为某墙面装饰施工图,龙骨截面为 40mm×35mm,间距为 500mm×1000mm 的玻璃隔断,木压条镶嵌花玻璃,门口尺寸为 900mm×2000mm,安装艺术门扇;钢筋混凝土柱面钉木龙骨,中密度板基层,三合板面层,刷调和漆三遍,装饰后断面为 400mm×400mm。试计算其工程量。

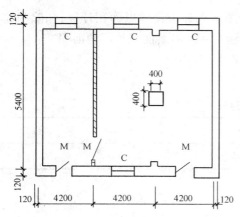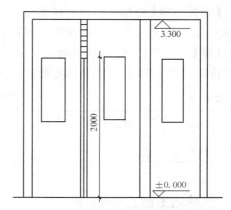

图 6-13　某墙面装饰施工图

【解】　(1)玻璃隔断工程量：

隔断工程量＝图示长度×高度－不同材质门窗面积间壁墙工程量
$$=(5.4-0.24)\times3.3-0.9\times2.0$$
$$=15.23\text{m}^2$$

(2)柱面装饰工程量：

柱面装饰板工程量＝柱饰面外围周长×装饰高度＋柱帽、柱墩面积

柱面工程量＝$0.40\times4\times3.3=5.28\text{m}^2$

清单工程量计算结果见表 6-44。

表 6-44　　　　　　　　　　**清单项目工程量计算表**

项目编码	项目名称	项目特征	计量单位	工程量
011210003001	玻璃隔断	墙面玻璃隔断，装饰木压条镶嵌花玻璃	m²	15.23
011208001001	柱(梁)面装饰	柱面木龙骨，中密度板基层，三合板面层，刷调和漆三遍，装饰后断面为 400mm×400mm	m²	5.28

【计算实例 17】

图 6-14 所示为木骨架全玻璃隔墙示意图，试计算其工程量。

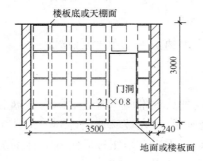

图 6-14　木骨架全玻璃隔墙示意图

【计算分析】根据工程量计算规则,隔墙按设计图示框外围尺寸以面积计算,扣除门窗洞口及 $0.3m^2$ 以上的孔洞所占面积。即:玻璃隔墙工程量＝间隔墙面积－门洞面积。

【解】　　　　　　玻璃隔墙工程量＝$3.5 \times 3 - 2.1 \times 0.8 = 8.82m^2$

清单项目工程量计算结果见表 6-45。

表 6-45　　　　　　　　　　　**清单工程量计算表**

项目编码	项目名称	项目特征	计量单位	工程量
011210003001	玻璃隔墙	全玻璃隔墙	m²	8.82

五、幕墙工程工程量计算

幕墙是指悬挂在建筑物结构框架外表面的非承重墙,常用的有玻璃幕墙与铝合金玻璃幕墙两种。玻璃幕墙主要是利用玻璃做饰面材料,覆盖在建筑物的表面,铝合金玻璃幕墙是指以铝合金型材为框架,框内镶以功能性玻璃而构成的建筑物围护墙体。

(一)带骨架幕墙

1. 带骨架幕墙构造

带骨架幕墙主要由三部分构成:饰面玻璃,固定玻璃的骨架以及结构与骨架之间的连接和预埋材料。由于骨架形式的不同,又可分为全框、半隐框、隐框玻璃幕墙。

(1)全隐框玻璃幕墙。全隐框玻璃幕墙的构造是在铝合金构件组成的框格上固定玻璃框,玻璃框的上框挂在铝合金整个框格体系的横梁上,其余三边分别用不同方法固定在立柱及横梁上(图 6-15)。

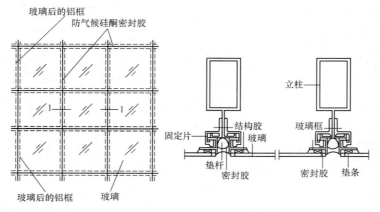

图 6-15　全隐框玻璃幕墙

(2)半隐框玻璃幕墙。

1)竖隐横不隐玻璃幕墙。这种玻璃幕墙只有立柱隐在玻璃后面,玻璃安放在横梁的玻璃镶嵌槽内,镶嵌槽外加盖铝合金压板,盖在玻璃外面(图 6-16)。

2)横隐竖不隐玻璃幕墙。竖边用铝合金压板固定在立柱的玻璃镶嵌槽内,形成从上到下整片玻璃由立柱压板分隔成长条形画面(图 6-17)。

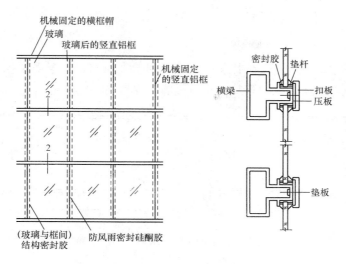

图 6-16　竖隐横不隐玻璃幕墙构造

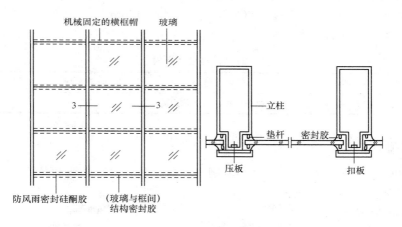

图 6-17　横隐竖不隐玻璃幕墙构造

2. 带骨架幕墙工程量计算规定

带骨架幕墙工程量计算规定见表 6-46。

表 6-46　　　　　　　　　　　　带骨架幕墙(编码:011209)

项目编码	项目名称	项目特征	计量单位	工程量计算规则	工作内容
011209001	带骨架幕墙	1. 骨架材料种类、规格、中距 2. 面层材料品种、规格、颜色 3. 面层固定方式 4. 隔离带、框边封闭材料品种、规格 5. 嵌缝、塞口材料种类	m²	按设计图示框外围尺寸以面积计算。与幕墙同种材质的窗所占面积不扣除	1. 骨架制作、运输、安装 2. 面层安装 3. 隔离带、框边封闭 4. 嵌缝、塞口 5. 清洗

3. 带骨架幕墙工程量计算实例

【计算实例 18】

图 6-18 所示某商场外装修,在其北面外墙从标高±0.000 起至楼顶标高 38.000m 处安装铝合金全隐框玻璃幕墙。试计算其北立面幕墙工程量。

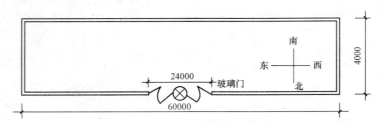

图 6-18　某商场一层外廊平面图

注:门洞高 6.0m

【计算分析】 根据工程量计算规则,按设计图示尺寸以 m² 计算。

【解】　北立面外墙面积工程量＝60×38－6×24＝2136m²

清单项目工程量计算结果见表 6-47。

表 6-47　　　　　　　　　　　　　　清单工程量计算表

项目编码	项目名称	项目特征	计量单位	工程量
011209001001	带骨架幕墙	铝合金全隐框玻璃幕墙	m²	2136

【计算实例 19】

图 6-19 所示为某大厅外立面铝板幕墙剖面图,高 15m,试计算其工程量。

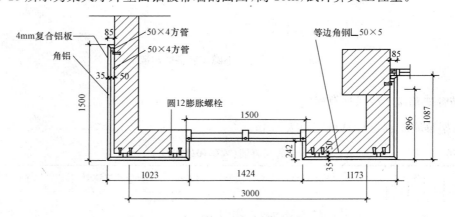

图 6-19　大厅外立面铝板幕墙剖面图

【解】　幕墙工程量＝(1.5＋1.023＋0.242×2＋1.173＋1.087＋0.085×2)×15

　　　　　　　＝81.56m²。

清单项目工程量计算结果见表 6-48。

表 6-48　　　　　　　　　　　清单工程量计算表

项目编码	项目名称	项目特征	计量单位	工程量
011209001001	带骨架幕墙	50×4方管骨架,4mm复合铝板面层	m²	81.56

(二)全玻(无框玻璃)幕墙

1. 全玻(无框玻璃)幕墙构造做法

全玻璃幕墙是指面板和肋板均为玻璃的幕墙。面板和肋板之间用透明硅酮胶粘接,幕墙完全透明,能创造出一种独特的通透视觉装饰效果。当玻璃高度小于4m时,可以不加玻璃肋;当玻璃高度大于4m时,就应用玻璃肋来加强,玻璃肋的厚度应不小于19mm。全玻璃幕墙可分为坐地式和悬挂式两种。

2. 全玻(无框玻璃)幕墙工程量计算规定

全玻(无框玻璃)幕墙工程量计算规定见表 6-49。

表 6-49　　　　　　　全玻(无框玻璃)幕墙(编码:011209)

项目编码	项目名称	项目特征	计量单位	工程量计算规则	工作内容
011209002	全玻(无框玻璃)幕墙	1. 玻璃材料品种、规格、颜色 2. 粘结塞口材料种类 3. 固定方式	m²	按设计图示尺寸以面积计算。带肋全玻幕墙按展开面积计算	1. 幕墙安装 2. 嵌缝、塞口 3. 清洗

3. 全玻(无框玻璃)幕墙工程量计算实例

【计算实例 20】

图 6-20 所示为某办公楼处立面玻璃幕墙示意图,试计算其工程量。

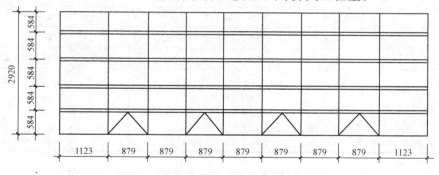

图 6-20　某办公楼外立面玻璃幕墙示意图

【计算分析】根据工程量计算规则,按设计图示尺寸以 m² 计算。

【解】 玻璃幕墙工程量$=2.92×(1.123×2+0.879×7)=24.53m^2$

清单项目工程量计算结果见表 6-50。

表 6-50　　　　　　　　　　　清单工程量计算表

项目编码	项目名称	项目特征	计量单位	工程量
011209002001	全玻(无框玻璃)幕墙	外立面为玻璃幕墙	m²	24.53

第七章　天棚工程工程量计算

第一节　天棚工程工程量计算常用资料

一、天棚龙骨的形式与规格

天棚龙骨分木龙骨、轻钢龙骨、铝合金龙骨、铝合金方板龙骨和铝合金条板龙骨五种。

(1)方木龙骨。天棚龙骨由大龙骨、中龙骨和吊木等组成,并有圆木龙骨和方木龙骨之分。方木龙骨断面尺寸:搁在墙上大龙骨 50mm×70mm@500,中龙骨 50mm×50mm@500;吊在混凝土楼板下,大、中龙骨均取 50mm×40mm,其大龙骨间距 600mm 及 800mm,中龙骨间距按 300mm 及 400mm 取定。龙骨间距是按天棚面层的方格尺寸而取定的。

木龙骨常见形式与龙骨规格见表 7-1;一般规定木龙骨各种规格含量见表 7-2。

表 7-1　　　　　　　　　　木骨架常见形式与龙骨规格

骨　架　类　型			分　格　尺　寸(a×b) 中距/mm		龙　骨　截　面/mm	
吊　顶　木　骨　架			250×250	300×300	25×35	30×45
隔　墙 木　骨　架	单层	大方木	500×500	800×500	50×80	50×100
		小方木	300×300	400×400	30×45	40×55
	双　层		300×300	400×400	25×35	30×40
壁　面　木　骨　架			300×300	300×240	25×35	30×40
			450×450	500×500	40×40	40×50
墙　裙　木　骨　架			300×300		25×35	
木楼地面木搁栅			400×400	450×450	30×40	40×50

表 7-2　　　　　　　　　　木龙骨各种规格含量表

每100m² 含量/m³ 规　格　/mm	中距 /mm	双　向　木　龙　骨		单　向　木　龙　骨	
		450×450	500×500	450×450	500×500
24×30		0.387	0.343	0.200	0.175
25×40		0.537	0.477	0.277	0.243
30×40		0.645	0.572	0.333	0.291
25×50		0.684	0.596	0.347	0.303
40×40		0.860	0.763	0.444	0.388
40×50		1.075	0.953	0.555	0.485

（2）轻钢龙骨。天棚轻钢龙骨一般是采用冷轧薄钢板或镀锌薄钢板,经剪裁冷弯、辊轧成型。按载重能力分为装配式 U 形上人型轻钢龙骨和不上人型轻钢龙骨;按其型材断面分为 U 形和 T 形龙骨,因为断面形状为"U"("["")形和"T"("⊥")形,故而得名。轻钢龙骨由大龙骨、中龙骨、小龙骨、横撑龙骨和各种连接件等组成。其中,大龙骨按其承载能力分为三级;轻型大龙骨不能承受上人荷载;中型大龙骨能承受偶然上人荷载,亦可在其上铺设简易检修走道;重型大龙骨能承受上人荷载,并可在其上铺设永久性检修走道。常用的轻钢龙骨是 U 形龙骨系列(其大、中、小龙骨断面均为 U 形)。U 形天棚轻钢龙骨及其配件见表 7-3;T 形天棚轻钢龙骨及其配件见表 7-4。

表 7-3　　　　　　　　　　　U 形天棚轻钢龙骨及其配件

名称	主件			配件						
	龙骨			垂直吊挂件			纵向连接件			平面连接件
	轻型	中型	重型	轻型	中型	重型	轻型	中型	重型	
大龙骨	0.45kg/m	0.67kg/m	(1) 1.52kg/m (2) 4.8kg/m	2 厚	2 厚	(1) 3 厚 (2) 5 厚	1.2 厚	1.2 厚	1.2 厚 长圆孔20×10 3 厚	
中龙骨	0.4kg/m			0.75 厚	0.75 厚	0.75 厚	0.5 厚			0.5 厚
小龙骨	0.3kg/m			0.75 厚	0.75 厚	0.75 厚	0.5 厚			0.5 厚

表 7-4　　　　　　　　　　　　　T 形天棚轻钢龙骨及其配件

名称	主件			配件						
	龙骨			垂直吊挂件			纵向连接件			平面连接件
	轻型	中型	重型	轻型	中型	重型	轻型	中型	重型	
大龙骨	0.56kg/m	0.92kg/m	1.52kg/m	2厚	3厚	2厚	1.2厚	1.2厚	1.2厚	

名称					轻型	中型	重型			
中龙骨			0.2kg/m				1.2厚		0.75厚	

名称				
小龙骨	0.14kg/m			

名称				轻型	中型	重型
边龙骨	0.15kg/m	0.25kg/m		φ3.5	φ3.5	φ3.5

（3）铝合金天棚龙骨。铝合金天棚龙骨是目前使用最多的一种吊顶龙骨，常用的是 T 形龙骨，T 形龙骨也由大龙骨、中龙骨、小龙骨、边龙骨及各种连接配件组成。大龙骨也分轻型、中型和重型系列，其断面与 U 形轻钢吊顶大龙骨相同；中、小龙骨断面均为"⊥"型，边龙骨的断面为"L"形（也称小龙骨边横撑、封口角铝）。中龙骨与小龙骨相交叉，用铁丝或螺栓连接，或用吊钩连接。

二、各种天棚、吊顶木楞规格及中距计算参考表

各种天棚、吊顶木楞规格及中距计算参考见表 7-5。

表 7-5 　　　　　各种天棚、吊顶木楞规格及中距计算参考表

类别	主楞跨度/m	主楞/cm			次楞/cm			板厚	保温层厚度
		中距	断面		中距	断面		cm	cm
			方木	圆木		不靠墙	靠墙		
保温天棚	≤1.5				50	4×6	3×6	1.5	5
	≤3.0	150	7×12	φ10	45	4×6	3×6	1.5	5
	≤4.0	120	7×12	φ10	45	4×6	3×6	1.5	5
普通天棚	≤1.5				50	4×5	3×5		
	≤3.0	150	6×12	φ8	45	4×5	3×5		
	≤4.0	120	6×12	φ8	45	4×5	3×5		
	楞木吊在混凝土板上 单层楞		4×8		50	4×5	3×5		
	双层楞	150		$\frac{1}{2}$φ8	50	4×5	3×5		

三、天棚吊顶木材用量参考表

天棚吊顶木材用量参考见表 7-6。

表 7-6 　　　　　　　　天棚吊顶木材用量参考表

项 目	规格/mm	单 位	每 100m² 用量
搁 栅	70×120	m³	0.803
	70×130	m³	0.891
	70×140	m³	0.968
	70×150	m³	1.045
	80×140	m³	1.122
	80×150	m³	1.199
	80×160	m³	1.287
	90×150	m³	1.342
	90×160	m³	1.403
吊顶格栅	40×40	m²	0.475
	40×60	m³	0.713
吊 木	40×40	m³	0.330

第二节　天棚工程清单及定额项目简介

一、天棚工程计量规范项目划分

1. 天棚抹灰工程

计量规范中天棚抹灰清单工作内容包括:基层清理、底层抹灰、抹面层。

2. 天棚吊顶工程

计量规范中天棚吊顶包括吊顶天棚、格栅吊顶、吊筒吊顶、藤条造型悬挂吊顶、织物软雕吊顶、装饰网架吊顶六个项目。

（1）吊顶天棚清单工作内容包括：基层清理、吊杆安装；龙骨安装；基层板铺贴；面层铺贴；嵌缝；刷防护材料。

（2）格栅吊顶清单工作内容包括：基层清理；安装龙骨；基层板铺贴；面层铺贴；刷防护材料。

（3）吊筒吊顶清单工作内容包括：基层清理；吊筒制作安装；刷防护材料。

（4）藤条造型悬挂吊顶、织物软雕吊顶清单工作内容包括：基层清理；龙骨安装；铺贴面层。

（5）装饰网架吊顶清单工作内容包括：基层清理；网架制作安装。

3. 采光天棚

计量规范中采光天棚清单工作内容包括：清理基层；面层制作安装；嵌缝、塞口；清洗。

4. 天棚其他装饰

计量规范中天棚其他装饰包括灯带（槽）、送风口、回风口两个项目。

（1）灯带（槽）清单工作内容包括：安装、固定。

（2）送风口、回风口清单工作内容包括：安装、固定；刷防护材料。

二、天棚工程定额项目划分

（一）基础定额项目划分及工作内容

基础定额中天棚工程包括抹灰面层、天棚龙骨、面层、龙骨及饰面、送（回）风口六个项目

1. 抹灰面层

抹灰面层定额项目范围包括混凝土面天棚、钢板网天棚、板条及其他木质面、装饰线等，共列 20 个子目，其定额工作内容如下：

（1）清理修补基层表面、墙眼、调运砂浆、清扫落地灰。

（2）抹灰找平、罩面及压光，包括小圆角抹光。

2. 天棚龙骨

（1）天棚对剖圆木楞。定额中圆木天棚龙骨分搁在砖墙上、吊在梁下或板下，主楞跨度有 3m 以内和 4m 以内两种，共列 4 个项目。其定额工作内容包括：定位、弹线、选料、下料、制安、吊装及刷防腐油等。

（2）天棚方木楞。天棚方木楞定额项目共列 5 个子目，其定额工作内容如下：

1）制作、安装木楞（包括检查孔）。

2）搁在砖墙及吊在屋架上的楞头、木砖刷防腐油。

3）混凝土梁下、板下的木楞刷防腐油。

（3）天棚轻钢龙骨定额工作内容。天棚轻钢龙骨定额项目范围包括不上人型装配式 U 形轻钢天棚龙骨、上人型装配式 U 形轻钢天棚龙骨两种形式，其定额工作内容如下：

1）吊件加工、安装。

2）定位、弹线、射钉。

3）选料、下料、定位杆控制高度、平整、安装龙骨及横撑附件、孔洞预留等。

4）临时加固、调整、校正。

5)灯箱风口封边、龙骨设置。

6)预留位置、整体调整。

(4)天棚铝合金龙骨定额工作内容。天棚铁合金龙骨共列51个子目,其定额工作内容如下:

1)定位、弹线、射钉、膨胀螺栓及吊筋安装。

2)选料、下料组装、吊装。

3)安装龙骨及横撑、临时固定支撑。

4)预留孔洞,安、封边龙骨。

5)调整、校正。

3. 面层

天棚面层包括板条、薄板、胶合板、埃特板、塑料板、钢板网、铝板网、石膏板、隔音板等25种面层材料,共列32个子目,其定额工作内容主要包括:安装天棚面层、玻璃磨砂打边。

4. 龙骨及饰面

龙骨及饰面定额项目主要有铝栅假天棚、雨篷底吊铝骨架铝条天棚、铝合金扣板雨篷、铝结构中空玻璃等光天棚、钢结构中空玻璃采光天棚及钢结构钢无玻璃采光天棚,共列6个子目。其主要定额工作如下:

(1)定位、弹线、选料、下料、安装龙骨、拼装或安装面层等。

(2)定位、弹线、选料、下料、安装骨架、放胶垫、装玻璃、上螺栓。

5. 送(回)风口

送(回)风口定额项目包括柚木送(回)风口、铝合金送(回)风口、木方格吊顶天棚,共列5个子目,其定额工作内容如下:

(1)对口、号眼、安装木框条、过滤网及风口校正、上螺钉、固定等。

(2)截料、弹线、拼装格栅、钉铁钉、安装铁钩及不锈钢管等。

(二)《全国统一装饰装修工程消耗量定额》相关问题说明

对于按《全国统一装饰装修工程消耗量定额》执行的天棚工程项目,其执行时应注意下列问题:

(1)定额除部分项目为龙骨、基层、面层合并列项外,其余均为天棚龙骨、基层、面层分别列项编制。

(2)定额对龙骨已列有几种常用材料组合的项目,如实际采用不同时,可以换算。木质龙骨损耗率为6%,轻钢龙骨损耗率为6%,铝合金龙骨损耗率为7%。

(3)定额中除注明了规格、尺寸的材料在实际使用不同时可以换算外,其他材料均不予换算。在木龙骨天棚中,大龙骨规格为50mm×70mm,中、小龙骨规格为50mm×50mm,吊木筋为50mm×50mm,实际使用不同时,允许换算。

(4)定额龙骨的种类、间距、规格和基层、面层材料的型号、规格是按常用材料和常用做法考虑的,如设计要求不同时,材料可以调整,但人工、机械不变。

(5)天棚面层在同一标高者为平面天棚,天棚面层不在同一标高者为跌级天棚(跌级天棚其面层人工乘系数1.1)。

(6)轻钢龙骨、铝合金龙骨在定额中为双层结构(即中小龙骨紧贴大龙骨底面吊挂),如使用单层结构(大中龙骨底面在同一水平上),材料用量应扣除定额中小龙骨及相应配件数量,人工乘以系数0.85。

（7）天棚抹石灰砂浆的平均总厚度：板条、现浇混凝土为 15mm；预制混凝土为 18mm；金属网为 20mm。

（8）木质骨架及面层的防火处理套油漆、涂料部分相应项目。

（9）定额中平面天棚和跌级天棚指一般直线型天棚，不包括灯光槽的制作安装。灯光槽制作安装应按定额相应子目执行。艺术造型天棚项目中包括灯光槽的制作安装。

（10）龙骨架、基层、面层的防火处理，应安本定额相应子目执行。

（11）天棚检查孔的工料已包括在定额项目内，不另计算。

第三节　天棚分项工程工程量计算

一、天棚抹灰工程量计算

天棚抹灰工程是用灰浆涂抹在天棚表面上的一种传统做法的装饰工程。从抹灰级别上可分普、中、高三个等级；从抹灰材料可分石灰麻刀灰浆、水泥麻刀砂浆、涂刷涂料等；从天棚基层可分混凝土基层、板条基层、钢丝网基层抹灰、密肋井字梁天棚抹灰等。常见天棚抹灰分层做法见表 7-7。

表 7-7　　　　　　　　　　　　　　　常见天棚抹灰分层做法

名称	分层做法	厚度/mm	施工要点	注意事项
现浇混凝土楼板天棚抹灰	（1）1：0.5：1 水泥石灰砂浆抹底层。 （2）1：3：9 水泥石灰砂浆抹中层。 （3）纸筋石灰或麻刀灰抹面层	2 6 2 或 3	纸筋石灰配合比是，白灰膏：纸筋＝100：1.2（质量比）；麻刀灰配合比是，白灰膏：细麻刀＝100：1.7（质量比）	（1）现浇混凝土楼板天棚抹头道灰时，必须与模板木纹的方向垂直，并用钢皮抹子用力抹实，越薄越好，底子灰抹完后紧跟抹第二遍找平，待六七成干时，即应罩面。 （2）无论现浇或预制楼板天棚，如用人工抹灰，都应进行基体处理，即混凝土表面先刮水泥浆或洒水泥砂浆
	（1）1：0.2：4 水泥纸筋砂浆抹底层。 （2）1：0.2：4 水泥纸筋砂浆抹中层找平。 （3）纸筋灰罩面	2～3 10 2		
预制混凝土楼板天棚抹灰	（1）1：0.5：1 水泥石灰混合砂浆抹底层。 （2）1：3：9 水泥石灰砂浆抹中层。 （3）纸筋石灰或麻刀灰抹面层	2 6 2 或 3	抹前，要先将预制板缝勾实勾平	
	（1）1：0.5：4 水泥石灰砂浆抹底层。 （2）1：0.5：4 水泥石灰砂浆抹中层。 （3）纸筋灰罩面	4 4 2	①基体板缝处理。 ②底层与中层抹灰要连续操作	
	（1）1：0.3：6 水泥纸筋灰砂浆抹底层、中层。 （2）1：0.2：6 水泥细纸筋灰罩面压光	7 5	适用机械喷涂抹灰	
	（1）1：1 水泥砂浆（加水泥重量 2% 的聚醋酸乙烯乳液）抹底层。 （2）1：3：9 水泥石灰砂浆抹中层。 （3）纸筋灰罩面	2 6 2	（1）适用于高级装修工程。 （2）底层抹灰需养护 2～3d 后，再做找平层	

续表

名称	分层做法	厚度/mm	施工要点	注意事项
板条、苇箔金属网天棚抹灰	(1)纸筋石灰或麻刀石灰砂浆抹底层。 (2)纸筋石灰或麻刀石灰砂浆抹中层。 (3)1:2.5石灰砂浆(略掺麻刀)找平。 (4)纸筋石灰或麻刀石灰砂浆罩面	3~6 3~6 2~3 2 或 3	底层砂浆应压入板条缝或网眼内,形成转脚结合牢固	天棚的高级抹灰,应加钉长 350~450mm 的麻束,间距为 400mm 并交错布置;分遍按放射状梳理抹进中层砂浆内
钢板网天棚抹灰	(1)1:0.2:2石灰水泥砂浆(略掺麻刀)抹底层,灰浆要挤入网眼中。 (2)挂麻丁,将小束麻丝每隔30cm左右挂在钢板网网眼上,两端纤维垂下,长25cm。 (3)1:2石灰砂浆抹中层,分两遍成活,每遍将悬挂的麻丁向四周散开1/2,抹入灰浆中。 (4)纸筋灰罩面	3 3 2	(1)钢板网吊顶龙骨以 40cm×40cm 方格为宜。 (2)为避免木龙骨收缩变形使抹灰层开裂,可使用 $\phi6$ 钢筋,拉直钉在木龙骨上,然后用铅丝把钢板网撑紧,绑扎在钢筋上。 (3)适用于大面积厅室等高级装修工程	—

注:1. 本表所列配合比无注明者均为体积比。

2. 水泥强度等级 32.5 级以上,石灰为含水率 50% 的石灰膏。

2. 天棚抹灰工程量计算规定

天棚抹灰工程量计算规定见表7-8。

表 7-8　　　　　　　　　　　　天棚抹灰(编码:011301)

项目编码	项目名称	项目特征	计量单位	工程量计算规则	工作内容
011301001	天棚抹灰	1. 基层类型 2. 抹灰厚度、材料种类 3. 砂浆配合比	m^2	按设计图示尺寸以水平投影面积计算。不扣除间壁墙、柱、附墙烟囱、检查口和管道所占的面积,带梁天棚的梁两侧抹灰面积并入天棚面积内,板式楼梯底面抹灰按斜面积计算,锯齿形楼梯底板抹灰按展开面积计算	1. 基层清理 2. 底层抹灰 3. 抹面层

3. 天棚抹灰工程量计算实例

【计算实例1】

图 7-1 所示为某现浇井字梁天棚示意图,采用麻刀石灰浆面层。试计算其定额工程量。

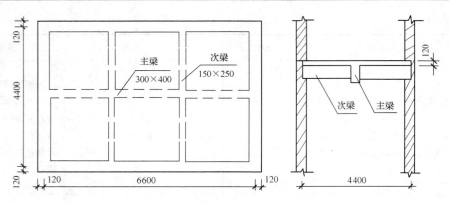

图 7-1　某现浇井字梁天棚示意图

【解】　天棚抹灰工程量＝$(6.60-0.24)\times(4.40-0.24)+(0.40-0.12)\times6.36\times2+$

　　　　　　　　　　　$(0.25-0.12)\times3.86\times2\times2-(0.25-0.12)\times0.15\times4$

　　　　　　　　　　　$=31.95m^2$

清单项目工程量计算结果见表 7-9。

表 7-9　　　　　　　　　　　　　　清单工程量计算表

项目编码	项目名称	项目特征	计量单位	工程量
011301001001	天棚抹灰	现浇井字梁天棚,采用麻刀石灰浆面层	m^2	31.95

【计算实例 2】

图 7-2 所示为某教室天棚面水泥砂浆抹灰示意图。试计算其抹灰工程工程量。(梁净高为 500mm,已扣除板厚)。

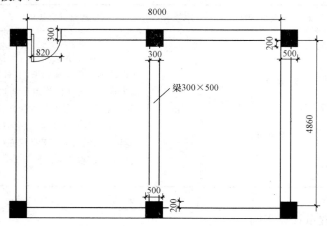

图 7-2　某教室天棚面水泥砂浆抹灰示意图

【解】　根据工程量计算规则,工程量计算如下:

天棚抹灰工程量＝$8.00\times4.86+4.86\times0.5\times2=43.74m^2$

清单项目工程量计算结果见表 7-10。

表 7-10　　　　　　　　　　　　　　　清单工程量计算表

项目编码	项目名称	项目特征	计量单位	工程量
011301001001	天棚抹灰	天棚水泥砂浆抹灰	m²	43.74

二、天棚吊顶工程工程量计算

常见天棚吊顶做法见表 7-11。

表 7-11　　　　　　　　　　　　　　　常见天棚吊顶做法

编号	名称	图示	做法说明	厚度/mm	附注
1	板底喷涂	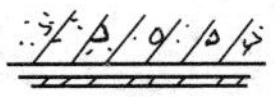	钢筋混凝土楼板（预制） 板底勾缝 板底刮腻子 喷涂料		
2	板底抹灰喷涂（一）	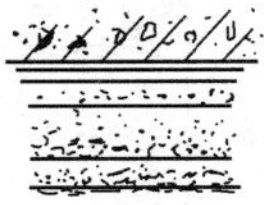	钢筋混凝土楼板（现浇） 板底刷素水泥浆一道 1：0.5：1 水泥石灰膏砂浆 1：3：9 水泥石灰膏砂浆 纸筋灰罩面 喷涂料	 2 6 2	
3	板底抹灰喷涂（二）		钢筋混凝土楼板 板底刷水泥浆一道 1：3 水泥砂浆打底 1：2.5 水泥砂浆罩面 喷涂料	 5 5	
4	板底油漆		钢筋混凝土板 板底刷水泥浆一道 1：0.3：3 水泥石灰膏砂浆 1：0.3：2.5 水泥石灰膏砂浆 刷无光油漆	 5 5	
5	纸面石膏板吊顶喷涂	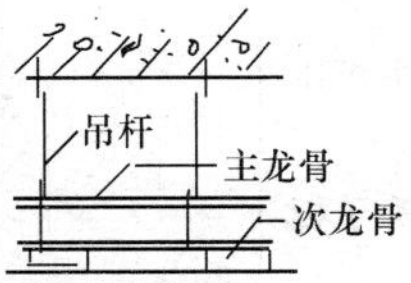	钢筋混凝土板 φ8 钢筋吊杆、双向吊点、中距 900～1200 轻钢主龙骨 轻钢次龙骨 纸面石膏板或埃特板 刷防潮涂料（氯偏乳液或乳化光油一道） 刮腻子找平 天棚喷涂	9～12	轻钢龙骨分上人和不上人两种，上人龙骨壁厚为 1.5mm，不上人龙骨壁厚为 0.63mm

续一

编号	名称	图示	做法说明	厚度/mm	附注
6	纸面石膏板吊顶贴壁纸	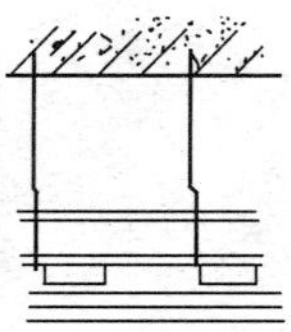	钢筋混凝土板 φ8 钢筋吊杆、双向吊点、中距 900～1200 轻钢主龙骨 轻钢次龙骨 纸面石膏板或埃特板 棚面刷一道 108 胶水溶液 配合比:108 胶∶水＝3∶7	9～12	轻钢龙骨分上人和下上人两种,上人龙骨壁厚为 1.5mm,不上人龙骨壁厚为 0.63mm
			贴壁纸、纸背面和棚顶面均刷胶,配合比: 　108 胶∶纤维素＝1∶0.3 (纤维素水溶液浓度为 4%)并稍加水		也可用壁纸胶粘贴
7	纸面石膏板吊顶粘贴铝塑板或矿棉板	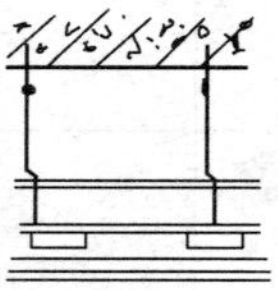	钢筋混凝土板 φ8 钢筋吊杆、双向吊点、中距 900～1200 轻钢主龙骨 轻钢次龙骨 纸面石膏板或埃特板 铝塑板、用 XY401 胶粘剂直接粘贴	9～12 6	
8	穿孔石膏吸音板吊顶	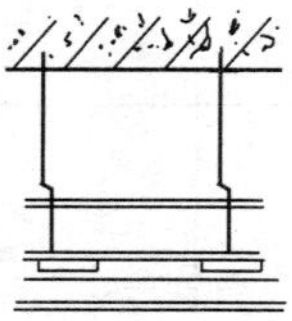	钢筋混凝土板 φ8 钢筋吊杆、双向吊点、中距 900～1200 轻钢主龙骨 轻钢次龙骨 穿孔石膏吸音板 刷无光油漆	9	在穿孔石膏吸音板上放 50 厚超细玻璃棉,用玻璃布包好
9	水泥石棉板吊顶		钢筋混凝土板 50×70 大木龙骨,中距 900～1200 50×50 小木龙骨,中距 450～600 水泥石棉板 刷无光油漆	5	穿孔水泥石棉板吸音吊顶,做法相同,在龙骨内填 50 厚超细玻璃棉用玻璃布包好
10	矿棉板吊顶	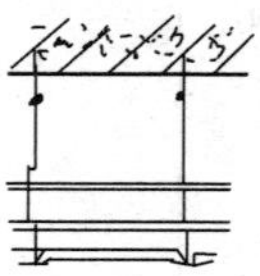	钢筋混凝土板 φ8 钢筋吊杆、双向吊点、中距 900～1200 轻钢主龙骨 铝合金中龙骨⊥32×22×1.3,中距等于板材宽度(边龙骨⌐35×11×0.75) 铝合金横撑⊥25×22×1.3,中距等于板材宽度 矿棉板	18	矿棉板规格: 600×600×18, 500×500×18

续二

编号	名称	图示	做法说明	厚度/mm	附注
11	胶合板吊顶		钢筋混凝土板 50×70 大木龙骨、中距 900～1200（用8 号镀锌铁丝吊牢） 50×50 小木龙骨、中距 450～600 胶合板 油漆	5	混凝土板与吊杆铁丝连接用膨胀螺栓或射钉
12	穿孔胶合板吸音吊顶	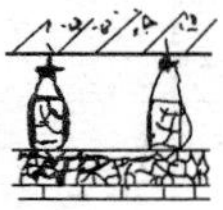	钢筋混凝土板 50×70 大木龙骨、中距 900～1200（用8 号镀锌铁丝吊牢） 50×50 小木龙骨、中距 450～600 胶合板穿孔（在胶合板上面放 50 厚超细玻璃丝棉，用玻璃布包好） 油漆	5	混凝土板与吊杆铁丝连接用膨胀螺栓或射钉
13	穿孔铝板吸音天棚	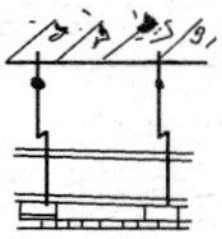	钢筋混凝土板 φ8 钢筋吊杆、双向吊点，中距 900～1200 轻钢主龙骨 轻钢次龙骨 穿孔铝板（在穿孔铝板上面和龙骨中间填 50 厚超细玻璃棉，用玻璃布包好） 喷漆或本色		混凝土板与吊杆铁丝连接用膨胀螺栓或射钉
14	铝合金条板吊顶（又称铝合金扣板）	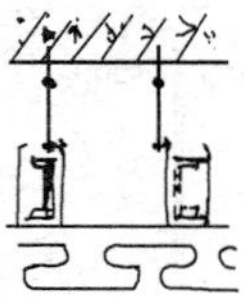	钢筋混凝土板 φ8 钢筋吊杆、双向吊点、中距 900～1200 轻钢主龙骨（60×30×1.5） 中龙骨 铝合金条板	0.8～1	铝合金条板有本色，古铜色、金色、烤漆
15	铝合金条板挂板吊顶	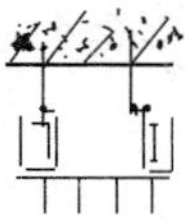	钢筋混凝土板 φ8 钢筋吊杆、双向吊点、中距 900～1200 轻钢主龙骨（60×30×1.5） 中龙骨 铝合金条板挂板		铝合金条板烤漆各种颜色（白、蓝、红为多）
16	木格栅吊顶	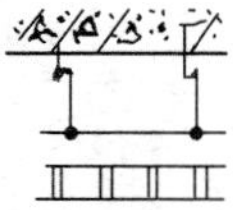	钢筋混凝土板 φ8 钢筋吊杆、双向吊点、中距 900～1200 龙骨 木格栅 200×200,150×150 等见方		木格栅用九层夹板制作成型

续三

编号	名　称	图　示	做 法 说 明	厚度/mm	附　注
17	铝合金格栅吊顶		钢筋混凝土板 $\phi6$ 钢筋吊杆、双向吊点、中距 $900\sim1200$ 龙骨 铝格栅（$80\times80\times40$、$100\times100\times45$、 $125\times125\times45$、$150\times150\times5$ 等）		M6 膨胀螺栓，∟$25\times25\times3$，角钢 $l=30$，吊杆 $\phi6.5$ 钢筋
18	不锈钢镜面吊顶		钢筋混凝土板 $\phi8$ 钢筋吊杆、双向吊点、中距 $900\sim1200$ 轻钢主龙骨 轻钢次龙骨 不锈钢镜面		
19	玻璃镜面吊顶		钢筋混凝土板 $\phi8$ 钢筋吊杆、双向吊点、中距 $900\sim1200$ 轻钢主龙骨 轻钢次龙骨 胶合板 双面弹力胶带粘贴 玻璃镜面	 5 3 $5\sim6$	胶合板与玻璃镜面先用双面胶粘结，再用不锈钢螺丝钉固牢

天棚吊项是指房屋天棚顶部装修，其是室内装饰的重要部分之一。

1. 天棚吊顶构造做法

吊顶又名天棚、平顶、天花板，从它的形式来分有直接式和悬、吊式两种，目前从悬吊式吊顶的应用最为广泛。悬吊式吊顶的构造主要由基层、悬吊件、龙骨和面层组成，如图 7-3 所示。

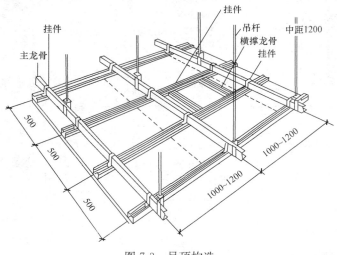

图 7-3　吊顶构造

2. 天棚吊顶工程量计算规定

天棚吊顶工程量计算规定见表 7-12。

表 7-12　　　　　　　　　　　　　　天棚吊顶(编码:011302)

项目编码	项目名称	项目特征	计量单位	工程量计算规则	工作内容
011302001	吊顶天棚	1. 吊顶形式、吊杆规格、高度 2. 龙骨材料种类、规格、中距 3. 基层材料种类、规格 4. 面层材料品种、规格 5. 压条材料种类、规格 6. 嵌缝材料种类 7. 防护材料种类	m²	按设计图示尺寸以水平投影面积计算。天棚面中的灯槽及跌级、锯齿形、吊挂式、藻井式天棚面积不展开计算。不扣除间壁墙、检查口、附墙烟囱、柱垛和管道所占面积,扣除单个>0.3m²的孔洞、独立柱及与天棚相连的窗帘盒所占的面积	1. 基层清理、吊杆安装 2. 龙骨安装 3. 基层板铺贴 4. 面层铺贴 5. 嵌缝 6. 刷防护材料
011302002	格栅吊顶	1. 龙骨材料种类、规格、中距 2. 基层材料种类、规格 3. 面层材料品种、规格 4. 防护材料种类	m²	按设计图示尺寸以水平投影面积计算	1. 基层清理 2. 安装龙骨 3. 基层板铺贴 4. 面层铺贴 5. 刷防护材料
011302003	吊筒吊顶	1. 吊筒形状、规格 2. 吊筒材料种类 3. 防护材料种类			1. 基层清理 2. 吊筒制作安装 3. 刷防护材料
011302004	藤条造型悬挂吊顶	1. 骨架材料种类、规格 2. 面层材料品种、规格			1. 基层清理 2. 龙骨安装 3. 铺贴面层
011302005	织物软雕吊顶				
011302006	装饰网架吊顶	网架材料品种、规格			1. 基层清理 2. 网架制作安装

3. 天棚吊顶工程量计算实例

【计算实例3】

图 7-4 所示为某天棚吊顶工程示意图,试计算其工程量。

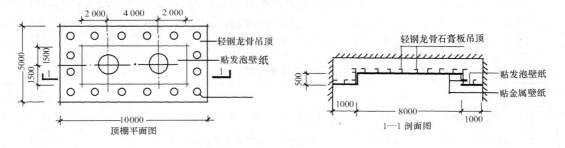

图 7-4　某天棚吊顶工程示意图

【计算分析】根据工程量计算规则：

吊顶天棚工程量＝主墙间净长度×主墙间净宽度－独立柱及相连窗帘盒等所占面积

【解】　天棚吊顶工程量＝10×5＝50m²

清单项目工程量计算结果见表7-13。

表7-13　　　　　　　　　　　　　清单工程量计算表

项目编码	项目名称	项目特征	计量单位	工程量
011302001001	吊顶天棚	轻钢龙骨石膏板吊顶	m²	50

【计算实例 4】

某宾馆标准客房 20 间，如图 7-5 所示为客房吊顶示意图，试计算其工程量。

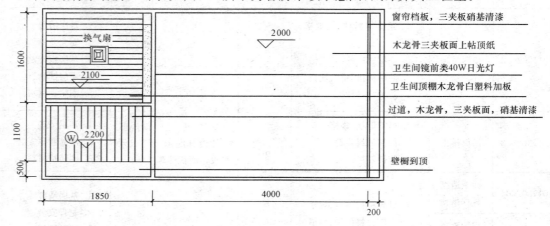

图 7-5　某宾馆标准客房吊顶示意图

【解】　由于客房各部位天棚做法不同，应分别计算。

(1)房间天棚工程量。根据工程量计算规则，龙骨及面层工程量均按主墙间净面积计算，与天棚相连的窗帘盒面积应扣除。

房间天棚工程量＝(4－0.12)×3.2×20＝248.32m²。

(2)走道天棚工程量。壁橱到顶部分不做天棚，胶合板硝基清漆工程量按面板面积计算。

走道天棚工程量＝(1.85－0.12)×(1.1－0.12)×20＝33.91m²。

(3)卫生间天棚工程量。卫生间用木龙骨的塑料扣板吊顶，其工程量仍按实做面积计算。

卫生间天棚工程量＝(1.6－0.12)×(1.85－0.12)×20＝51.21m²。

清单项目工程量计算结果见表7-14。

表7-14　　　　　　　　　　　　　清单工程量计算表

序号	项目编码	项目名称	项目特征	计量单位	工程量
1	011302001001	吊顶天棚	房间木龙骨三夹板面上硝基清漆	m²	248.32
2	011302001002	吊顶天棚	卫生间天棚木龙骨白塑料扣板	m²	33.91
3	011302001003	吊顶天棚	过道，木龙骨，三夹板面，硝基清漆	m²	51.21

【计算实例 5】

图 7-6 所示预制钢筋混凝土板底吊不上人型装配式 U 形轻钢龙骨,间距 450mm×450mm,龙骨上铺钉中密度板,面层粘贴 6m 厚铝塑板,试计算其工程量。

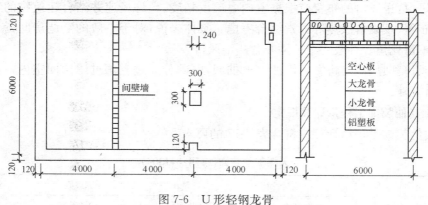

图 7-6　U 形轻钢龙骨

【计算分析】根据工程量计算规则,吊顶天棚工程量＝主墙间净长度×主墙间净宽度－独立柱及相连窗帘盒等所占面积。

【解】 吊顶天棚工程量＝(12－0.24)×(6－0.24)－0.3×0.3＝67.65m²

清单项目工程量计算结果见表 7-15。

表 7-15　　　　　　　　　　　　　清单工程量计算表

项目编码	项目名称	项目特征	计量单位	工程量
011302001001	吊顶天棚	装配式 U 形轻钢龙骨中密度板,面层粘贴 6m 厚铝塑板。	m²	67.65

三、采光天棚工程量计算

采光天棚工程量计算应符合表 7-16 的要求。

表 7-16　　　　　　　　　　　采光天棚(编码:011303)

项目编码	项目名称	项目特征	计量单位	工程量计算规则	工作内容
011303001	采光天棚	1. 骨架类型 2. 固定类型、固定材料品种、规格 3. 面层材料品种、规格 4. 嵌缝、塞口材料种类	m²	按框外围展开面积计算	1. 清理基层 2. 面层制安 3. 嵌缝、塞口 4. 清洗

四、天棚其他装饰工程量计算

天棚其他装饰工程是指对天棚表面进行装饰,使其更加美观。

1. 灯带(槽)、送风口、回风口介绍

(1)灯带(槽):灯带(槽)是指把 LED 灯用特殊的加工工艺焊接在铜线或者带状柔性线路板上面,再连接上电源发光,因其发光时形状如一条光带而得名。

(2)送风口:送风口的布置应根据室内温湿度精度、允许风速并结合建筑物的特点、内部装修、工艺布置、及设备散热等因素综合考虑。具体来说,对于一般的空调房间,就是要均匀布置,保证不留死角。一般一个柱网布置 4 个风口。

(3)回风口:回风口是将室内污浊空气抽回,一部分通过空调过滤送回室内,一部分通过排风口排出室外。

2. 天棚其他装饰工程量计算规定

天棚其他装饰工程量计算应符合表 7-17 的要求。

表 7-17　　　　　　　　　　天棚其他装饰(编码:011304)

项目编码	项目名称	项目特征	计量单位	工程量计算规则	工作内容
011304001	灯带(槽)	1. 灯带形式、尺寸 2. 格栅片材料品种、规格 3. 安装固定方式	m²	按设计图示尺寸以框外围面积计算	安装、固定
011304002	送风口、回风口	1. 风口材料品种、规格 2. 安装固定方式 3. 防护材料种类	个	按设计图示数量计算	1. 安装、固定 2. 刷防护材料

3. 天棚其他装饰工程量计算实例

【计算实例 6】

图 7-7 所示为某天棚平面图。试计算其日光灯带的工程量。

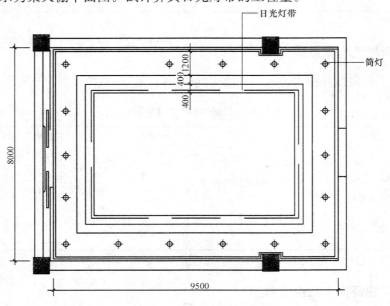

图 7-7　室内天棚平面图

【解】　$L_中＝[8.0－2×(1.2＋0.4＋0.2)]×2＋[9.5－2×(1.2＋0.4＋0.2)]×2$
$＝20.6m$

日光灯带工程量＝$L_中×b＝20.6×0.4＝8.24m^2$

清单项目工程量计算结果见表7-18。

表 7-18　　　　　　　　　　　　　**清单工程量计算表**

项目编码	项目名称	项目特征	计量单位	工程量
011304001001	灯带	日光灯带	m²	8.24

【计算实例 7】

图 7-8 所示为安装风口的示意图,设计要求做铝合金送风口和回风口各 3 个。试计算其工程量。

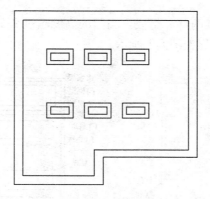

图 7-8　送、回风口平面示意图
(顶部及上部周边混合送风,下部回风)

【解】　送(回)风口工程量:送风口 3 个,回风口 3 个。

清单项目工程量计算结果见表7-19。

表 7-19　　　　　　　　　　　　　**清单工程量计算表**

序号	项目编码	项目名称	项目特征	计量单位	工程量
1	011304002001	送风口、回风口	铝合金送风口	个	3
2	011304002002	送风口、回风口	铝合金回风口	个	3

第八章 门窗工程工程量计算

第一节 门窗工程工程量计算常用资料

一、木门窗构造

1. 木门基本构造

门是由门框（门槛）和门扇两部分组成。当门的高度超过 2.1m 时，还要增加门上窗（又称亮子或么窗）。门的各部分名称如图 8-1 所示。

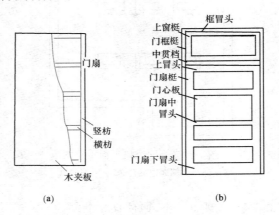

图 8-1 门的构造形式
(a)蒙板门；(b)镶板门

（1）木门框。木门框（门槛），由冒头（横挡）、框梃（框柱）组成，有亮子时，在门扇与上亮子之间设中贯横挡。门框架各连接部位都是用榫眼连接固定的。框梃与冒头的连接，是在冒头上打眼，框梃上做榫；梃与中贯挡的连接，是在框梃上打眼，中贯横挡两端做榫。其榫眼连接形式如图 8-2 所示。

图 8-2 框梃与冒头及中贯挡的榫眼连接示意图

（2）木门扇。按板材的安装方式，分为镶板式与包板式两种。其构造形式如图 8-3 所示。

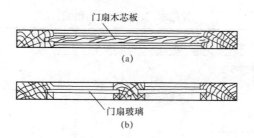

图 8-3　镶板式木门扇的主要构造形式
(a)全木式；(b)木质板与玻璃结合式

1)镶板式门扇是在做好门扇框架之后,将板材嵌入框架上的凹槽中。门扇立框(梃)与上横框(上冒头)的连接,是在门扇立框上打眼,上横框的上半部做半榫,下半部做全榫(图 8-4)。门扇立框与中横框(中冒头)的连接同上冒头的连接基本一样。

门扇立框与门扇下横挡(下冒头)的连接,由于下横框一般比上、中两冒头较宽,为连接牢固,要做两个全榫、两个半榫,相应在门扇梃(立框)上须打两个全眼和两个半槽(图 8-5)。为了将门板安装于门扇梃和门扇冒头之间,需在梃和冒间上开出宽度等于门板厚度的凹槽,以便嵌入门芯板。为了防止门板一旦受潮或由于其他原因膨胀而造成门扇变形或芯板翘鼓,嵌装门板的凹槽应考虑留有 2～3mm 的间隙,以保证板材的胀缩余地。

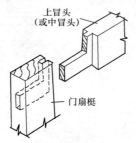

图 8-4　门扇梃与上、中冒头的连接

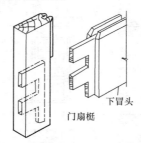

图 8-5　门扇梃与下冒头的连接

2)包板式。也称蒙板式,其构造如图 8-6 所示。其门扇框所使用的木材截面尺寸较小,而且被蒙在胶合板面层之内,故只起到骨架作用。其竖向与横向方木的连接,通常采用单榫结构,不必像镶板门那样复杂,在一些面积不大的装饰门制作时,其骨架的横竖连接也可采用钉、胶结合的方法。门扇两面的面层蒙板,一般是使用 4mm 厚的胶合板。

图 8-6　包板式门扇木线脚装饰图案示例

常见的木门形式见表 8-1。

表 8-1　　　　　　　　　　　　常见木门(及钢木门)型式

名　称	图　形	名　称	图　形
夹板门		木板门	
半截玻璃门		镶板(胶合板式纤维板)门	
双扇门		半截玻璃门	
拼板门		联窗门	
弹簧门		钢木大门	
		推拉门	
		平开木大门	

2. 木窗基本构造

木窗由窗框、窗扇组成,在窗扇上按设计要求安装玻璃(图 8-7)。

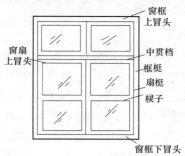

图 8-7　木窗的构造形式

(1)窗框。窗框由梃、上冒头、下冒头等组成,有上窗时,要设中贯横挡。

(2)窗扇。窗扇由上冒头、下冒头、扇梃、扇棂等组成。

(3)玻璃。玻璃安装于冒头、窗扇梃、窗棂之间。

常见的木窗形式见表 8-2。

表 8-2　　　　　　　　　　常见木窗形式

名　称	图　形	名　称	图　形
平开窗		推拉窗	
立转窗		百叶窗	
提拉窗		中悬窗	

二、金属门窗构造

1. 铝合金门窗基本构造

(1)铝合金门按开启方式可分为地弹门、平开门、推拉门、电子感应门和卷帘门等几种主要类型,它们的代号用汉语拼音表示:DHLM,地弹簧铝合金门;PLM,平开铝合金门;TLM,推拉铝合金门等。

(2)铝合金窗按开启方式分为平开窗、推拉窗和固定窗等,其代号为:PK,平开窗;TL,推拉窗;G,固定窗。铝合金门窗的构造组成包括:窗框扇料,玻璃,附件及密封材料等部分,窗框扇料采用中空铝合金方料型材,常用的外框型材规格有:38 系列;60 系列,壁厚 1.25～1.3mm;70 系列,厚 1.3mm;90 系列,厚 1.35mm、1.4mm;90 系列,厚 1.5mm 等。其中,60、70、90 等数字是指型材外框宽度,单位为 mm。

2. 涂色镀锌钢板门窗基本构造

涂色镀锌钢板门窗原材料一般为合金化镀锌卷板,经脱脂、化学辊涂预处理后,再辊涂环氧底漆、聚酯面漆和罩光漆。颜色有红、绿、棕、蓝和乳白等数种;门窗玻璃用 4mm 平板玻璃或双层中空保温玻璃;配件采用五金喷塑铰链并用塑料盒装饰,连接采用塑料插接件螺钉,把手为锌基合金三位把手、五金镀铬把手或工程塑料把手;密封采用橡胶密封条和密封胶。制品出厂时,其玻璃、密封胶条和零附件均已安装齐全,现场施工简便易行。按构造的不同,目前有两种类型,即带副框或不带副框的门、窗。

涂色镀锌钢板门窗的选用比较简单,这是因为彩板门窗的窗型(或门型)设计与普通钢门窗基本相仿,而其材料中空腔室又不像塑料门窗挤出异型材那样复杂。一般情况下,彩板门窗的造型,也模仿钢门窗的方法进行造型(或门窗)。

三、门窗工程材料用量计算

1. 木门窗工程材料用量计算

(1)不同规格门、窗洞口每平方米含门、窗框料用量(表 8-3)。

表 8-3　　　　　　　　不同规格门、窗洞口每平方米含门、窗框料用量表

		门　洞　宽　度　/mm										
		710	810	900	1000	1200	1300	1500	1800	2400	2700	3000
门洞高度 /mm	1900	3.34	3.00	2.75	2.53	2.19	2.06	1.86	1.64	1.36	1.27	1.19
	2000	3.32	2.97	2.72	2.50	2.17	2.04	1.83	1.61	1.33	1.24	1.17
	2100	3.17	3.42	3.17	2.95	2.62	2.49	2.29	2.06	1.79	1.69	1.62
	2400	3.65	3.30	3.06	2.83	2.50	2.37	2.17	1.94	—	—	—
	2500	—	3.27	3.02	2.80	2.47	2.34	2.13	1.91	—	—	—
	2600	—	—	2.99	2.77	2.44	2.31	2.10	1.88	—	—	—
	2700	—	—	2.96	2.74	2.41	2.28	2.07	1.85	2.41	2.22	2.07
	3000	—	—	—	—	—	2.00	1.78	2.33	2.15	2.00	
		窗　洞　宽　度　/mm										
		620	880	1000	1140	1500	1800	2100	2400			
窗洞高度 /mm	600	6.56	6.74	6.33	5.96	6.00	5.56	5.71	5.83			
	800	—	5.91	5.50	5.13	5.11	4.72	4.88	5.00			
	1000	—	—	5.00	4.63	4.67	4.22	4.38	4.50			
	1200	—	—	4.70	4.30	4.33	3.89	4.05	4.17			
	1400	5.37	5.55	3.67	3.90	4.81	4.37	4.52	4.64			
	1500	5.23	4.27	4.00	3.75	4.67	4.22	4.38	4.50			
	1600	5.10	4.15	3.88	3.63	4.54	4.10	4.26	4.38			
	1700	—	4.04	3.76	3.52	4.33	3.99	4.15	4.26			
	1800	—	—	3.67	3.42	4.31	3.89	4.05	4.17			

（2）松木门窗用量（表 8-4）。

表 8-4　　　　　　　　　　　　　　松木门窗用料量表

序号	名　称	松木毛料量/(m³/m²)	序号	名　称	松木毛料量/(m³/m²)
1	纤维板门	0.0274	22	防火门	0.0551
2	三合板门	0.0308	23	外开一玻一纱窗	0.0462
3	五合板门	0.0308	24	外开单玻窗	0.0335
4	半截玻璃门带纱扇	0.0492	25	内开一玻一纱窗	0.0411
5	半截玻璃门	0.0330	26	内开单玻窗	0.0301
6	全玻璃门	0.0438	27	杂用固定玻璃窗	0.0247
7	装纤维板门(中小学专用)	0.0356	28	杂用立转一玻一纱窗	0.0530
8	拼板门	0.0490	29	杂用立转玻璃窗	0.0308
9	壁橱门	0.0265	30	推拉杂用窗(活扇)	0.0438
10	阁楼门	0.0363	31	推拉杂用窗(固定扇)	0.0222
11	库房大门	0.0441	32	提拉杂用窗	0.0188
12	变电室门	0.0362	33	橱窗(带护窗板)	0.0450
13	隔音门	0.0421	34	橱窗	0.0203
14	冷藏门	0.0777	35	中悬窗	0.0300
15	机房门	0.0387	36	组合窗	0.0292
16	厕浴门	0.0098	37	双层玻璃窗	0.0603
17	围墙大门	0.0742	38	百叶窗	0.0421
18	阳台联门窗带纱扇	0.0457	39	圆、半圆、多角形窗	0.0603
19	阳台联门窗	0.0344	40	半截玻璃隔断	0.0429
20	保温隔声门(三合板)	0.0416	41	全玻璃隔断	0.0312
21	保温隔声门(五合板)	0.0424			

（3）硬木门窗用量（表 8-5）。

表 8-5　　　　　　　　　　　　　　硬木门窗用料量表

序号	名　称	硬木毛料量/(m³/m²)	序号	名　称	硬木毛料量/(m³/m²)
1	三合板门	0.0506	8	单层玻璃窗(活扇)	0.0407
2	五合板门	0.0506	9	单层玻璃窗(框安玻璃)	0.0259
3	半截玻璃门带纱扇	0.0779	10	双玻一纱窗	0.0784
4	半截玻璃门	0.0564	11	双层玻璃窗(活扇)	0.0463
5	全玻璃门	0.0552	12	双层玻璃窗(框安玻璃)	0.0285
6	厕浴门及隔断	0.0114	13	半截玻璃隔断	0.0442
7	一玻一纱窗(活扇)	0.0590	14	全玻璃隔断	0.0312

（4）钢框木门用量（表 8-6）。

表 8-6   钢框木门用料量表

序号	名　称	松木毛料量/(m³/m²)	钢框重量/(kg/m²)
1	纤维板门	0.0131	4.174
2	防盗门	0.0374	4.262
3	厕浴门	0.0114	4.694
4	半截玻璃门	0.0146	6.012
5	壁橱门	0.0110	3.929
6	阁楼门	0.0124	7.059
7	大门	0.0297	32.616
8	上翻车库门	—	19.814
9	隔断专用钢窗	—	6.972

2. 金属门窗工程用量计算

（1）钢门窗重量计算（表 8-7）。

表 8-7   钢门窗重量计算表

钢　门	横　芯		横芯带纱门		十　字　芯		十字芯带纱门	
	主　材　规　格　（厚度:cm）							
	3.2	3.8	3.2	3.8	3.2	3.8	3.2	3.8
	每　1m²　钢　门　重　量　/kg							
有亮子半截玻璃门	28.06	32.94	42.71	47.59	29.28	34.16	43.93	48.87
无亮子半截玻璃门	25.62	30.50	40.27	45.14	26.84	31.72	41.49	46.31
钢　门	横　芯		横　芯　带　纱　窗		十　字　芯		十字芯带纱窗	
	主　材　规　格　（厚度:cm）							
	2.5	3.2	2.5	3.2	2.5	3.2	2.5	3.2
	每　1m²　钢　窗　重　量　/kg							
有亮子玻璃钢窗	19.52	24.40	25.36	30.26	20.74	25.62	26.60	31.48
无亮子玻璃钢窗	17.06	21.96	22.94	27.82	18.30	23.18	24.16	29.04
玻璃钢翻窗	17.08	24.40	18.30	25.62				

（2）普通钢门窗五金配件用量计算（表 8-8）。

表 8-8   铝合金门窗用料表

型　式	单扇地弹门				有上亮单扇地弹门					
外框尺寸/mm	850×2075	950×2075	850×2375	950×2375	850×2675 a=2100	950×2675 a=2100	850×2975 a=2400	950×2975 a=2400	850×2475 a=2075	950×2475 a=2075
外框用料规格/mm	每 100m² 洞口面积用量/kg									
方管 76.2×44.5×1.5	749.86	695.37	721.95	670.56	666.57	688.00	691.01	643.50	733.82	693.55
方管 76.2×44.5×2.0	836.65	775.16	807.00	750.47	748.92	776.39	784.67	730.17	831.06	778.20
方管 101.6×44.5×1.5	800.04	(745.99)	774.55	719.80	767.84	(718.18)	750.66	700.01	799.05	748.44
方管 101.6×44.5×2.0	914.11	846.50	883.63	820.03	822.84	848.86	867.09	807.42	922.69	858.14

续一

型式	双扇地弹门		有上亮双扇地弹门			有侧亮双扇地弹门				四扇地弹门	
外框尺寸/mm	1750×2075	1750×2375	1750×2475 a=2100	1750×2675 a=2100	1750×2975 a=2400	2650×2075	2650×2375	2950×2375	3250×2375	3250×2375 b=1536	3550×2375 b=1686
外框用料规格/mm	每100m² 洞口面积用量/kg										
方管 76.2×44.5×1.5	641.19	614.04	628.06	595.36	577.91	572.67	552.60	503.78	458.16	663.41	625.20
方管 76.2×44.5×2.0	693.07	663.10	685.80	655.08	635.76	635.71	614.76	560.22	511.77	714.08	674.79
方管 101.6×44.5×1.5	(681.92)	654.09	645.24	(609.08)	591.68	(625.69)	603.10	555.78	517.07	(677.53)	636.20
方管 101.6×44.5×2.0	739.18	745.84	740.66	709.02	689.75	692.93	669.15	611.79	578.04	761.84	718.71

型式	有侧上亮双扇地弹门						有上亮四扇地弹门			
外框尺寸/mm	2650×2675 a=2100	2950×2675 a=2100	3250×2675 a=2100	2650×2975 a=2400	2950×2975 a=2400	3250×2975 a=2400	3250×2675 a=2100 b=1536	3250×2975 a=2400 b=1536	3550×2675 a=2100 b=1686	3550×2975 a=2400 b=1686
外框用料规格/mm	每100m² 洞口面积用量/kg									
方管 76.2×44.5×1.5	556.99	512.84	476.81	542.52	498.08	462.84	639.19	524.46	606.40	590.09
方管 76.2×44.5×2.0	629.35	580.07	541.21	612.60	563.42	524.37	702.61	683.65	666.97	647.79
方管 101.6×44.5×1.5	(618.40)	575.05	539.58	601.06	557.59	522.03	(682.59)	664.28	648.31	629.33
方管 101.6×44.5×2.0	693.93	640.47	597.80	675.86	621.92	582.97	759.21	738.34	720.71	699.61

注：以上地弹门 101.6mm×44.5mm 方管、厚 1.5mm 为定额采用型材断面，括号中的数字为定额采用同规格的数字。

型式	单扇平开门			有上亮平开门			单扇平开窗		
外框尺寸/mm	650×2075	750×2075	850×2075	650×2575 a=2100	750×2575 a=2100	850×2575 a=3100	550×550	550×580	550×1150
外框用料规格	每100m² 洞口面积用量/kg								
38 系列	585.52	539.28	503.32	557.42	515.10	482.19	716.19	609.78	(550.58)

型式	有上亮单扇平开窗					有顶窗单扇平开窗			
外框尺寸/mm	550×850 a=550	550×1150 a=850	550×1450 a=1150	550×1750 a=1150	550×2050 a=1400	550×800 a=550	550×1150 a=850	550×1450 a=1150	550×1750 a=1150
外框用料规格	每 100m² 洞 口 面 积 用 量 /kg								
38 系列	648.08	585.30	547.63	438.52	170.59	831.59	732.01	(657.80)	614.33

续二

型　式	有侧亮单扇平开窗				双扇平开窗			
外框尺寸/mm	2050×850	2050×1150	2350×850	2350×1150	850×550	850×850	850×115⌷	1150×1150
外框用料规格	每 100m² 洞口面积用量/kg							
38 系 列	382.17	311.54	351.75	281.47	842.51	723.49	670.78	554.49

型　式	有 上 亮 双 扇 平 开 窗					
外框尺寸/mm	850×1150 a＝850	750×1450 a＝850	850×1750 a＝1150	1150×1450 a＝850	1150×1550 a＝1150	1150×1750 a＝1150
外框用料规格	每 100m² 洞口面积用量/kg					
38 系 列	656.91	550.77	544.42	471.86	502.40	(457.30)

型　式	双 扇 推 拉 窗									
外框尺寸/mm	1150×1150	1150×1350	1150×1450	1150×1550	1450×1150	1450×1350	1450×1450	1450×1550	1750×1150	1750×1350
外框用料规格	每 100m² 洞口面积用量/kg									
60 系列 1.25～1.3mm 厚	369.20	347.46	338.13	332.36	327.02	305.74	297.15	289.37	300.94	278.44
70 系列 1.3mm 厚	439.00	419.54	408.54	400.13	397.42	370.06	360.70	350.70	366.16	333.44
90 系列 1.35～1.4mm 厚	660.57	631.89	617.21	604.37	595.46	557.46	542.26	528.96	546.74	507.84
90 系列 1.5mm 厚	777.18	734.95	715.61	698.70	687.92	645.05	(633.60)	613.21	531.78	587.23

型　式	双 扇 推 拉 窗					三 扇 推 拉 窗				
外框尺寸/mm	1750×1450	1750×1550	2050×1350	2050×1450	2050×1550	2950×1150	2950×1350	2950×1450	2950×1550	2950×1750
外框用料规格	每 100m² 洞口面积用量/kg									
60 系列 1.25～1.3mm 厚	268.79	261.83	257.92	250.07	242.10	274.23	251.28	242.39	235.29	221.80
70 系列 1.3mm 厚	327.06	318.34	314.40	303.86	291.11	307.21	309.12	297.52	287.69	250.48
90 系列 1.35～1.4mm 厚	492.29	529.54	472.41	456.60	442.77	503.81	463.83	447.84	433.83	410.51
90 系列 1.5mm 厚	568.76	554.63	545.12	528.23	511.03	582.59	537.47	(522.05)	502.98	476.98

型　式	四 扇 推 拉 窗									
外框尺寸/mm	2950×1150	2950×1350	2950×1450	2950×1550	2950×1750	3350×1150	3350×1350	3350×1450	3350×1550	3350×1750
外框用料规格	每 100m² 洞口面积用量/kg									
60 系列 1.25～1.3mm 厚	303.44	281.62	271.86	264.82	252.39	279.73	257.69	248.80	240.73	228.18
70 系列 1.3mm 厚	376.94	349.89	338.40	328.65	312.62	348.71	320.45	308.85	299.01	282.82
90 系列 1.35～1.4mm 厚	571.48	532.56	516.99	503.38	480.69	526.74	487.09	471.24	457.37	440.97
90 系列 1.5mm 厚	666.09	622.24	605.12	(568.79)	563.45	611.96	567.26	549.40	534.04	507.20

续三

型式	四　扇　推　拉　窗							有上亮双扇推拉窗	
外框尺寸/mm	4150×1350	4150×1450	4150×1550	4150×1750	4450×1450	4450×1550	4750×1550	1150×1450	1450×1450
外框用料规格	每100m² 洞口面积用量/kg								
60系列1.25～1.3厚	241.05	231.15	223.99	211.34	224.64	217.46	210.90	422.43	375.49
70系列1.3mm厚	300.13	287.50	278.55	262.26	280.09	270.15	262.67	492.84	445.73
90系列1.35～1.4厚	454.18	438.55	424.50	401.07	425.49	411.35	399.86	721.97	639.00
90系列1.5mm厚	528.05	509.95	494.37	467.31	494.69	478.13	464.42	789.09	710.14

型式	有　上　亮　双　扇　推　拉　窗									
外框尺寸/mm	1150×1550 $a=1200$	1450×1550 $a=1200$	1750×1550 $a=1200$	1150×1750 $a=1300$	1450×1750 $a=1300$	1750×1750 $a=1300$	2050×1750 $a=1300$	1150×2050 $a=1400$	1450×2050 $a=1400$	1750×2050 $a=1400$
外框用料规格	每100m² 洞口面积用量/kg									
60系列1.25～1.3厚	410.61	367.34	362.62	390.91	347.68	319.40	298.56	368.23	325.44	295.99
70系列1.3mm厚	479.72	429.99	425.23	455.11	405.35	373.50	349.71	426.30	377.84	344.38
90系列1.35～1.4厚	689.72	619.65	572.91	653.24	582.93	536.05	502.57	609.13	539.08	492.28
90系列1.5mm厚	772.06	668.11	637.52	731.75	648.02	595.53	555.55	657.08	(570.75)	546.06

型式	有　上　亮　双　扇　推　拉　窗									
外框尺寸/mm	2050×2050 $a=1400$	2350×2050 $a=1400$	2650×2050 $a=1400$	1150×2350 $a=1600$	1450×2350 $a=1600$	1750×2350 $a=1600$	2050×2350 $a=1600$	2350×2350 $a=1600$	1150×2650 $a=1750$	1450×2650 $a=1750$
外框用料规格	每100m² 洞口面积用量/kg									
60系列1.25～1.3mm厚	275.66	259.84	248.02	351.57	307.23	278.46	257.32	241.93	337.88	294.26
70系列1.3mm厚	321.35	303.41	290.00	406.29	327.64	323.41	299.43	281.97	389.37	340.0.
90系列1.35～1.4厚	458.90	433.86	414.38	580.27	509.47	462.26	428.55	403.23	555.93	484.98
90系列1.5mm厚	508.38	479.18	456.97	651.10	567.87	514.38	475.36	441.07	623.61	542.57

型式	有上亮双扇推拉窗		有　上　亮　三　扇　推　拉　窗							
外框尺寸/mm	1750×2650 $a=1750$	2050×2650 $a=1750$	2950×1750 $a=1400$	3550×1750 $a=1400$	4150×1750 $a=1400$	4450×1750 $a=1400$	2950×2050 $a=1600$	3550×2050 $a=1600$	4150×2050 $a=1600$	4450×2050 $a=1600$
外框用料规格	每100m² 洞口面积用量/kg									
60系列1.25～1.3mm厚	264.53	243.79	292.54	273.23	259.38	253.81	265.90	247.40	233.43	227.82
70系列1.3mm厚	306.39	282.93	346.07	324.05	308.37	300.92	313.89	294.57	277.80	272.22
90系列1.35～1.4厚	437.67	403.87	499.68	466.69	443.12	433.69	458.13	424.89	401.13	391.69
90系列1.5mm厚	487.69	447.39	552.44	515.90	487.01	476.20	(502.55)	470.71	442.45	431.51

续四

型　式	有 上 亮 三 扇 推 拉 窗				有 上 亮 四 扇 推 拉 窗					
外框尺寸/mm	4750×2050 a=1600	2950×2350 a=1700	3550×2350 a=1700	2950×2650 a=1750	2950×1750 a=1400	3550×1750 a=1400	4150×1750 a=1400	4450×1750 a=1400	2950×2050 a=1600	3550×2050 a=1600
外框用料规格	每 100m² 洞口面积用量/kg									
60系列 1.25~1.3mm厚	223.15	252.27	232.70	238.39	317.40	293.37	276.67	270.16	289.90	268.57
70系列 1.3mm厚	266.62	296.56	273.26	279.89	379.54	350.89	331.42	323.04	349.41	321.52
90系列 1.35~1.4mm厚	383.31	425.09	389.79	398.56	554.84	512.65	482.51	470.46	512.48	470.16
90系列 1.5mm厚	421.43	471.54	434.14	441.77	625.00	572.52	536.47	522.01	(579.71)	526.05

型　式	有 上 亮 四 扇 推 拉 窗					
外框尺寸/mm	4150×2050 a=1600	4450×2050 a=1600	4750×2050 a=1600	2950×2350 a=1750	3550×2350 a=1700	2950×2650 a=1700
外框用料规格	每 100m² 洞口面积用量/kg					
60系列 1.25~1.3mm厚	251.75	245.20	293.57	274.41	250.80	259.61
70系列 1.3mm厚	300.95	293.46	285.94	326.41	293.36	306.91
90系列 1.35~1.4mm厚	439.94	427.05	471.47	475.60	434.04	444.66
90系列 1.5mm厚	490.54	476.08	462.05	535.43	486.10	498.96

型　式	三 孔 固 定 窗					三 孔 固 定 窗				
外框尺寸/mm	1150×2350 a=1500	1450×1450 a=1000	1450×1750 a=1000	1450×2050 a=1200	1450×2350 a=1500	1150×2650 a=1800	1150×1150 a=800	1150×1450 a=800	1150×1750 a=1000	1150×2050 a=1300
外框用料规格	每 100m² 洞口面积用量/kg									
38系列 方管 76.2mm×44.5mm× 1.5mm	253.10 480.20	280.86 528.12	247.93 488.52	231.40 396.33	222.06 319.24	246.73 310.29	348.57 —	311.91 —	277.28 —	261.28 461.70

型　式	单 孔 固 定 窗						双 孔 固 定 窗			
外框尺寸/mm	550×550	550×1150	550×1750	1150×1150	1150×1750	1750×1750	1150×850	1150×1150	1150×1450	1450×850
外框用料规格	每 100m² 洞口面积用量/kg									
38系列 方管 76.2mm× 44.5mm×1.5mm	381.07 —	295.08 —	266.15 572.87	199.52 429.65	167.79 361.15	135.01 290.59	283.29 —	266.81 —	286.33 —	226.63 563.19

注:38系列外框 0.408kg/m、中框 0.676kg/m、压线 0.176kg/m。方管 76.2×44.5×1.5(mm)0.9675kg/m、压线 0.15kg/m

型　式	双　孔　固　定　窗			
外框尺寸/mm	1450×1450	1750×850	1750×1150	1750×1450
外框用料规格	每100m² 洞口面积用量/kg			
38系列	231.96	258.29	226.36	207.19
方管76.2mm× 44.5mm×1.5mm	454.07	519.14	449.85	426.80

第二节　门窗工程清单及定额项目简介

一、门窗工程计量规范项目划分

1. 木门

计量规范中木门工程包括镶板木质门、木质门带套、木质连窗门、木质防火门、木门框、门锁安装六个项目。

（1）木质门、木质门带套、木质连窗门、木质防火门清单工作内容包括：门安装；玻璃安装；五金安装。

（2）木门框清单工作内容包括：木门框制作、安装；运输；刷防护材料。

（3）门锁安装清单工作内容主要为安装。

2. 金属门

计量规范中金属门工程包括金属(塑钢)门、彩板门、钢质防火门、防盗门四个项目。

（1）金属(塑钢)门、彩板门、钢质防火门清单工作内容包括：门安装；五金安装；玻璃安装。

（2）防盗门清单工作内容包括：门安装；五金安装。

3. 金属卷帘(闸)门

计量规范中金属卷帘(闸)门工程包括金属卷(闸)门、防火卷帘(闸)门两个项目。

金属卷帘门清单工作内容包括：门运输、安装；启动装置、活动小门、五金安装。

4. 厂库房大门、特种门

计量规范中厂库房大门、特种门包括木板大门、钢木大门、全钢板大门、防护铁丝门、金属格栅门、钢质花饰大门、特种门七个项目。

（1）木板大门、钢木大门、全钢板大门、防护铁丝门清单工作内容包括：门(骨架)制作、运输；门、五金配件安装；刷防护材料。

（2）金属格栅门清单工作内容包括：门安装；启动装置、五金配件安装。

（3）钢质花饰大门、特种门清单工作内容包括：门安装；五金配件安装。

5. 其他门

计量规范中其他门包括电子感应门、旋转门、电子对讲门、电动伸缩门、全玻自由门、镜面不锈钢饰面门、复合材料门七个项目。

(1)电子感应门、旋转门、电子对讲门、电动伸缩门清单工作内容包括:门安装;启动装置、五金配件安装。

(2)全玻自由门、镜面不锈钢饰面门、复合材料门清单工作内容包括:门安装;五金配件安装。

6. 木窗

计量规范中木窗工程包括木质窗、木飘(凸)窗、木橱窗、木纱窗四个项目。

(1)木质窗、木飘(凸)窗清单工作内容包括:窗安装;五金、玻璃安装。

(2)木橱窗清单工作内容包括:窗框制作、运输、安装;五金、玻璃安装;刷防护材料。

(3)木纱窗清单工作内容包括:窗安装;五金安装。

7. 金属窗

计量规范中金属窗工程包括金属(塑钢、断桥)窗、金属防火窗、金属百叶窗、金属纱窗、金属格栅窗、金属(塑钢、断桥)橱窗、金属(塑钢、断桥)飘(凸)窗、彩板窗、复合材料窗九个项目。

(1)金属(塑钢、断桥)窗、金属防火窗清单工作内容包括:窗安装;五金、玻璃安装。

(2)金属百叶窗、金属纱窗、金属格栅窗清单工作内容包括:窗安装;五金安装。

(3)金属(塑钢、断桥)橱窗清单工作内容包括:窗制作、运输、安装;五金、玻璃安装;刷防护材料。

(4)金属(塑钢、断桥)飘(凸)窗、彩板窗、复合材料窗清单工作内容包括:窗安装;五金、玻璃安装。

8. 门窗套

计量规范中门窗套包括木门窗套、木筒子板、饰面夹板筒子板、金属门窗套、石材门窗套、门窗木贴脸、成品木门窗套七个项目。

(1)木门窗套、木筒子板、饰面夹板筒子板清单工作内容包括:清理基层;立筋制作、安装;基层板安装;面层铺贴;线条安装;刷防护材料。

(2)金属门窗套清单工作内容包括:清理基层;立筋制作、安装;基层板安装;面层铺贴;刷防护材料。

(3)石材门窗套清单工作内容包括:清理基层;立筋制作、安装;基层抹灰;面层铺贴;刷防护材料。

(4)门窗木贴脸清单工作内容主要为安装。

(5)成品木门窗套清单工作内容包括:清理基层;立筋制作、安装;板安装。

9. 窗台板

计量规范中窗台板包括木窗台板、铝塑窗台板、金属窗台板、石材窗台板四个项目。

(1)木窗台板、铝塑窗台板、金属窗台板清单工作内容包括:基层清理;基层制作安装;窗台板制作、安装;刷防护材料。

(2)石材窗台板清单工作内容包括:基层清理;抹找平层;窗台板制作、安装。

10. 窗帘、窗帘盒、轨

计量规范中窗帘、窗帘盒、轨包括窗帘、木窗帘盒、饰面夹板、塑料窗帘盒、铝合金窗帘盒、窗帘轨五个项目。

（1）窗帘清单工作内容包括：制作、运输；安装。

（2）木窗帘盒、饰面夹板、塑料窗帘盒、铝合金窗帘盒、窗帘轨清单工作内容包括：制作、运输、安装；刷防护材料。

二、门窗工程定额项目划分

（一）基础定额项目划分及工作内容

基础定额中门窗工程包括普通木门，厂库房大门、特种门，普通木窗，铝合金门窗制作与安装，铝合金、不锈钢门窗安装，彩板组角钢门窗安装，塑料门窗安装，钢门窗安装八个项目。

（1）普通木门的定额工作内容如下：

1）镶板门、胶合板门。定额项目范围包括各种带纱、无纱、单扇、双扇、有亮、无亮镶板门和胶合板门的制作和安装，共列72个子目。其定额工作内容如下：

①制作安装门框、门扇及扇子、刷防亮油；装配亮子玻璃及小五金。

②制作安装纱门窗、纱亮子、钉铁纱。

2）半截玻璃门、自由门。定额项目范围包括带纱、无纱、带亮、无亮、单扇、双扇半玻门的制作安装；半玻、全玻自由门以及连窗门的制作安装，共列56个子目。其定额工作内容如下：

1）制作安装门框、门扇及亮子，刷防腐油，装配门扇，亮子玻璃及小五金。

2）制作安装纱门扇、纱亮子、钉铁纱。

（2）厂库房大门、特种门定额工作内容。厂库房大门包括木板大门、平开钢木大门（分一面板和两面板）、推拉钢木大门（分一面板和两面板）3个分项列20个子目；特种门包括冷藏库门、冷藏冷冻间门、防火门、保温门、变电室门及折叠门6个分项列17个子目。其定额工作内容如下：

1）制作安装门扇、装配玻璃及五金零件、固定铁脚、制作安装便门扇。

2）铺油毡和毛毡、安密缝条。

3）制作安装门樘框架和筒子板、刷防腐油。

本定额不包括固定铁件的混凝土垫块及门樘或梁柱内的预埋铁件。

（3）普通木窗的定额工作内容。普通木窗定额项目范围包括单层玻璃窗、一玻一纱窗、双层玻璃窗、双玻内外开带纱扇窗、百叶窗、天窗（全中悬、中悬带固定）、推拉传递窗双扇、圆形玻璃窗、半圆形玻璃窗、门窗扇色镀锌铁皮和门窗柜等，共列93个子目。其定额工作内容包括：制作安装窗框、窗扇、刷防腐油、填塞麻刀石灰浆、装配玻璃、铁纱及小五金。

（4）铝合金门窗制作与安装定额工作内容。定额项目范围包括单扇地弹门、双扇地弹门、四扇地弹门、双扇双玻璃地弹门、单扇平开门（窗）、推拉窗、固定窗、不锈钢片包门框等，共列27个子目，其定额工作内容如下：

1）制作：型材矫正、放样下料，切割断料、钻孔组装、制作搬运。

2）安装：现场搬运、安装、校正框扇、裁安玻璃、五金配件、周边塞口清扫等。

3）定位、弹线、安装骨架、钉木基层，粘贴不锈钢片面层、清扫等全部操作过程。木骨架枋材40×45，设计与定额不符时可以换算。

（5）铝合金、不锈钢门窗安装定额工作内容。定额项目范围包括地弹门、平开门、推拉窗、固定窗、平开窗、防盗窗、百叶窗、卷闸门安装等,共列 13 个子目,其定额工作内容:包括现场搬运、安装框扇、校正、安装玻璃及配件、周边塞口、清扫等。

地弹门、双扇全玻地弹门包括不锈钢上下帮地弹门、拉手、玻璃胶及安装年需辅助材料。

(6)彩板组角钢门窗安装定额工作内容。定额项目范围包括彩板门、彩板窗、附框 100m³ 个子目,其定额工作内容包括:校正框扇、安装玻璃、装配五金,焊接接件,周边塞缝。

(7)塑料门窗安装定额工作内容。定额项目共列带亮塑料门、不带亮塑料门、单层塑料窗和带纱塑料窗 4 个子目,其定额工作内容包括:校正框扇、安装门窗、裁定玻璃,装配五金配件,周边塞缝等。

(8)钢门窗安装定额工作内容。定额项目范围包括普通钢门窗、钢天窗、钢防盗门、全板钢大门、围墙钢大门等,共列 18 个子目,其定额工作内容如下:

1)解捆、划线定位、调直、凿洞、吊正、埋铁件、塞缝、安纱门窗、纱门扇、拼装组合、钉胶条、小五金安装等全部操作过程。

①钢门窗安装按成品考虑(包括五金配件和铁脚在内)。

②钢天窗安装角铁横挡及连接件,设计与定额用量不同时,可以调整,损耗按 60%。

③实腹式或空腹式钢门窗均执行本定额。

④组合窗、钢天窗为拼装缝需满刮油灰时,每 100m² 洞口面积增加人工 5.54 工日,油灰 58.5kg。

⑤钢门窗安玻璃,如采用塑料、橡胶条,按门窗安装工程量每 100m² 计算压条 736m。

2)放样、划线、裁料、平直、钻孔、拼装、焊接、成品校正,刷防锈漆及成品堆放。

(二)《全国统一装饰装修工程消耗量定额》相关问题说明

对于按《全国统一装饰装修工程消耗量定额》执行的门窗工程项目,其执行时应注意下列问题:

(1)定额中的铝合金窗、塑料窗、彩板组角钢窗等适用于平式开、推拉式、中转式,以及上、中、下悬式。

(2)铝合金地弹门制作(框料)型材是按 101.6mm×44.5mm,厚 1.5mm 方管编制的,单扇平开门、双扇平开门是按 38 系列编制的,推拉窗是按 90 系列编制的。如设计型材料面尺寸及厚度与定额规定不同时,可按图示尺寸乘以线密度加 6‰施工损耗计算型材质量。

(3)装饰板门扇制作安装按木龙骨、基层、饰面板面层分别计算。

(4)成品门窗安装项目中,门窗附件按包含在成品门窗单价内考虑;铝合金门窗制作、安装项目中未含五金配件,五金配件按相关规定选用。

(5)铝合金卷闸门(包括卷筒、导轨)、彩板组角钢门窗、塑料门窗、钢门窗安装以成品制定。

第三节　门窗分项工程工程量计算

门窗按其所处的位置不同分为围护构件或分隔构件,有不同的设计要求要分别具有保温、隔热、隔声、防水、防火等功能要求。

一、木门工程量计算

木门工程量计算规定见表 8-9。

表 8-9   木门（编码：010801）

项目编码	项目名称	项目特征	计量单位	工程量计算规则	工作内容
010801001	木质门	1. 门代号及洞口尺寸 2. 镶嵌玻璃品种、厚度	1. 樘 2. m²	1. 以樘计量，按设计图示数量计算 2. 以平方米计量，按设计图示洞口尺寸以面积计算	1. 门安装 2. 玻璃安装 3. 五金安装
010801002	木质门带套				
010801003	木质连窗门				
010801004	木质防火门				
010801005	木门框	1. 门代号及洞口尺寸 2. 框截面尺寸 3. 防护材料种类	1. 樘 2. m	1. 以樘计量，按设计图示数量计算 2. 以米计量，按设计图示框的中心线以延长米计算	1. 木门框制作、安装 2. 运输 3. 刷防护材料
010801006	门锁安装	1. 锁品种 2. 锁规格	个 （套）	按设计图示数量计算	安装

注：1. 木质门应区分镶板木门、企口木板门、实木装饰门、胶合板门、夹板装饰门、木纱门、全玻门（带木质扇框）、木质半玻门（带木质扇框）等项目，分别编码列项。

2. 木门五金应包括：折页、插销、门碰珠、弓背拉手、搭机、木螺丝、弹簧折页（自动门）、管子拉手（自由门、地弹门）、地弹簧（地弹门）、角铁、门轧头（地弹门、自由门）等。木门五金配件表可参考表 8-10。

3. 木质门带套计量按洞口尺寸以面积计算，不包括门套的面积，但门套应计算在综合单价中。

4. 以樘计量，项目特征必须描述洞口尺寸；以平方米计量，项目特征可不描述洞口尺寸。

5. 单独制作安装木门框按木门框项目编码列项。

表 8-10   木门五金配件表   樘

项目		单位	镶板、胶合板、半截玻璃门不带纱门			
			单扇有亮	双扇有亮	单扇无亮	双扇无亮
人工	综合工日	工日	—	—	—	—
材料	折页 100mm	个	2.00	4.00	2.00	4.00
	折页 63mm	个	4.00	4.00		
	插销 100mm	个	2.00	2.00	1.00	1.00
	插销 150mm	个		1.00		1.00
	插销 300mm	个	—	1.00		1.00
	风钩 200mm	个	2.00	2.00		
	拉手 150mm	个	1.00	2.00	1.00	2.00
	铁塔扣 100mm	个	1.00	1.00	1.00	1.00
	木螺丝 38mm	个	16.00	32.00	16.00	32.00
	木螺丝 32mm	个	24.00	24.00	—	—

续一

项 目		单位	镶板、胶合板、半截玻璃门不带纱门			
			单扇有亮	双扇有亮	单扇无亮	双扇无亮
人工	综 合 工 日	工日	—	—	—	—
材料	木螺丝 25mm	个	4.00	8.00	4.00	8.00
	木螺丝 19mm	个	19.00	37.00	13.00	31.00
	折页 100mm	个	2.00	4.00	2.00	4.00
	折页 63mm	个	8.00	8.00	—	—
	蝶式折页 100mm	个	2.00	4.00	2.00	4.00
	插销 100mm	个	4.00	3.00	2.00	1.00
	插销 150mm	个	—	1.00	—	1.00
	插销 300mm	个	—	1.00	—	1.00
	风钩 200mm	个	2.00	2.00	—	—
	拉手 150mm	个	2.00	4.00	2.00	4.00
	铁塔扣 100mm	个	1.00	1.00	1.00	1.00
	木螺丝 38mm	个	16.00	32.00	16.00	32.00
	木螺丝 32mm	个	60.00	72.00	12.00	24.00
	木螺丝 25mm	个	8.00	16.00	8.00	16.00
	木螺丝 19mm	个	31.00	43.00	19.00	31.00

项 目		单位	自由门带固定亮子、无亮子		镶板门带一块百叶	
			半坡门	全坡门	单扇有亮	单扇无亮
人工	综 合 工 日	工日	—	—	—	—
材料	折页 100mm	个	—	—	2.00	2.00
	折页 75mm	个	—	—	2.00	—
	弹簧折页 200mm	个	4.00	—	—	—
	插销 100mm	个	—	—	2.00	1.00
	风钩 200mm	个	—	—	1.00	—
	拉手 150mm	个	—	—	1.00	1.00
	管子拉手 400mm	个	4.00	—	—	—
	管子拉手 600mm	个	—	4.00	—	—
	铁塔扣 100mm	个	—	—	1.00	—
	门轧头 mm	个	—	2.00	—	—
	铁角 150mm	个	12.00	12.00	—	—
	地弹簧 mm	套	—	2.00	—	—
	木螺丝 38mm	个	132.00	132.00	16.00	16.00
	木螺丝 32mm	个	—	—	12.00	—
	木螺丝 25mm	个	—	—	4.00	4.00
	木螺丝 19mm	个	—	—	19.00	13.00

续二

项　目		单位	平开木板大门		推拉木板大门	
			无小门	有小门	无小门	有小门
人工	综 合 工 日	工日	—	—	—	—
材料	五金铁件	kg	67.72	67.62	143.96	143.96
	折页 100mm	个	—	2.00	—	2.00
	弓背拉手 125mm	个	—	2.00	—	2.00
	插销 125mm	个	—	1.00	—	1.00
	木螺丝 38mm	个	32.00	58.00	—	26.00
	大滑轮 $d=100$mm	个	—	—	4.00	4.00
	小滑轮 $d=56$mm	个	—	—	4.00	4.00
	轴承 203	个	—	—	8.00	8.00

项　目		单位	平开钢木大门		
			无小门一般型	有小门防风型	有小门防严寒
人工	综 合 工 日	工日	—	—	—
材料	五金铁件	kg	52.97	57.90	57.90
	钢丝弹簧 $L=95$	个	1.00	1.00	1.00
	钢珠 32.5	个	4.00	4.00	4.00

【计算实例 1】

图 8-8 所示为某办公室平面布置图,所有门为实木装饰,已知 M-1、M-3 为 2100mm×900mm,M-2 为 2100mm×1200mm,试计算房间门工程量。

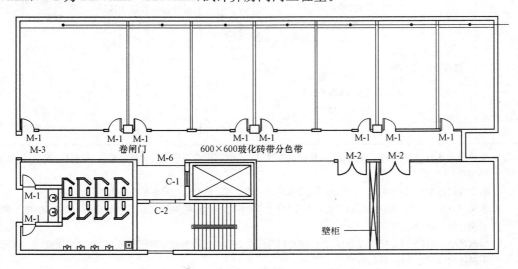

图 8-8　某办公室平面布置图

【解】 根据工程量计算规则,得:

M-1 的工程量＝10 樘或＝2.1×0.9×10＝18.9m²

M-2 的工程量＝2 樘或＝2.1×1.2×2＝5.04m²

M-3 的工程量＝1 樘或＝2.1×0.9＝1.89m²

清单项目工程量计算结果见表 8-11。

表 8-11　　　　　　　　　　　　　清单工程量计算表

序号	项目编码	项目名称	项目特征	计量单位	工程量
1	010801001001	木质门	实木装饰门 2100mm×900mm	樘(m²)	10(18.9)
2	010801001002	木质门	实木装饰门 2100mm×1200mm	樘(m²)	2(5.04)
3	010801001003	木质门	实木装饰门 2100mm×900mm	樘(m²)	1(1.89)

二、金属门、金属卷帘(闸)门工程量计算

金属门、金属卷帘(闸)门工程量计算应符合表 8-12 及表 8-14 的规定。

表 8-12　　　　　　　　　　　　金属门(编码:010802)

项目编码	项目名称	项目特征	计量单位	工程量计算规则	工作内容
010802001	金属(塑钢)门	1. 门代号及洞口尺寸 2. 门框或扇外围尺寸 3. 门框、扇材质 4. 玻璃品种、厚度	1. 樘 2. m²	1. 以樘计量,按设计图示数量计算 2. 以平方米计量,按设计图示洞口尺寸以面积计算	1. 门安装 2. 五金安装 3. 玻璃安装
010802002	彩板门	1. 门代号及洞口尺寸 2. 门框或扇外围尺寸			
010802003	钢质防火门	1. 门代号及洞口尺寸 2. 门框或扇外围尺寸 3. 门框、扇材质			1. 门安装 2. 五金安装
010802004	防盗门				

注:1. 金属门应区分金属平开门、金属推拉门、金属地弹门、全玻门(带金属扇框)、金属半玻门(带扇框)等项目,分别编码列项。

2. 铝合金门五金包括:地弹簧、门锁、拉手、门插、门铰、螺丝等。铝合金门五金配件见表 8-13。

3. 金属门五金包括 L 型执手插锁(双舌)、执手锁(单舌)、门轨头、地锁、防盗门机、门眼(猫眼)、门碰珠、电子锁(磁卡锁)、闭门器、装饰拉手等。

4. 以樘计量,项目特征必须描述洞口尺寸,没有洞口尺寸必须描述门框或扇外围尺寸,以平方米计量,项目特征可不描述洞口尺寸及框、扇的外围尺寸。

5. 以平方米计量,无设计图示洞口尺寸,按门框、扇外围以面积计算。

表 8-13   铝合金门五金配件表   套(樘)

项　目	单　位	单　价/元	单扇地弹门	双扇地弹门	四扇地弹门	单扇平开门
国产地弹簧	个	128.73	1	2	4	—
门　锁	把	11.03	1	1	3	—
铝合金拉手	对	36.00	1	2	4	—
门　插	套	6.00	—	2	2	—
门　铰	个	6.96	—	—	—	2
螺　钉	元	—	—	—	—	1.04
门　锁	把	9.88	—	—	—	1
合　计	元	—	175.76	352.76	704.01	24.84

表 8-14   金属卷帘(闸)门(编码:010803)

项目编码	项目名称	项目特征	计量单位	工程量计算规则	工作内容
010803001	金属卷帘(闸)门	1. 门代号及洞口尺寸 2. 门材质 3. 启动装置品种、规格	1. 樘 2. m²	1. 以樘计量,按设计图示数量计算 2. 以平方米计量,按设计图示洞口尺寸以面积计算	1. 门运输、安装 2. 启动装置、活动小门、五金安装
010803002	防火卷帘(闸)门				

注:以樘计量,项目特征必须描述洞口尺寸;以平方米计量,项目特征可不描述洞口尺寸。

【计算实例 2】

某档案室分三个管室,均安装钢防盗门,如图 8-9 所示。试计算其工程量。

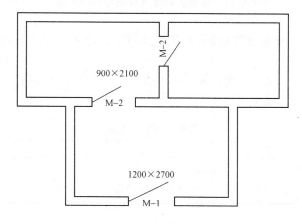

图 8-9 档案室平面图

【解】 钢防盗门安装工程量=3 樘或=1.2×2.7+0.9×2.1×2=7.02m²
清单项目工程量计算结果见表 8-15。

表 8-15　　　　　　　　　　　清单工程量计算表

项目编码	项目名称	项目特征	计量单位	工程量
010802004001	防盗门	钢防盗门:1200mm×2700mm 钢防盗门:900mm×2100mm 钢防盗门:900mm×2100mm	樘(m²)	3(7.02)

【计算实例 3】

某商店铝合金双扇地弹门,设计洞口尺寸如图 8-10 所示,共计 3 樘。试计算其工程量。

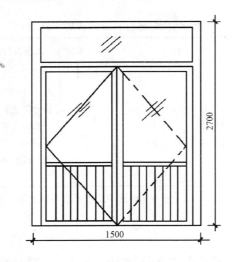

图 8-10　某商店铝合金双扇地弹门示意图

　　【计算分析】根据工程量计算规则:金属地弹门工程量＝设计图示数量或＝设计图示洞口面积×樘数

　　【解】　铝合金门工程量＝3 樘　　或　　＝3×(1.5×2.7)＝12.15m²

　　清单项目工程量计算结果见表 8-16。

表 8-16　　　　　　　　　　　清单工程量计算表

项目编码	项目名称	项目特征	计量单位	工程量
010803002001	金属卷帘(闸门)	铝合金双扇地弹门	樘(m²)	3(12.15)

三、厂库房大门、特种门工程量计算

厂库房大门、特种门工程量计算规定见表 8-17。

表 8-17　　　　　　　　厂库房大门、特种门(编码:010804)

项目编码	项目名称	项目特征	计量单位	工程量计算规则	工作内容
010804001	木板大门	1. 门代号及洞口尺寸 2. 门框或扇外围尺寸 3. 门框、扇材质 4. 五金种类、规格 5. 防护材料种类		1. 以樘计量,按设计图示数量计算 2. 以平方米计量,按设计图示洞口尺寸以面积计算	1. 门(骨架)制作、运输 2. 门、五金配件安装 3. 刷防护材料
010804002	钢木大门				
010804003	全钢板大门				
010804004	防护铁丝门			1. 以樘计量,按设计图示数量计算 2. 以平方米计量,按设计图示门框或扇以面积计算	
010804005	金属格栅门	1. 门代号及洞口尺寸 2. 门框或扇外围尺寸 3. 门框、扇材质 4. 启动装置的品种、规格	1. 樘 2. m²	1. 以樘计量,按设计图示数量计算 2. 以平方米计量,按设计图示洞口尺寸以面积计算	1. 门安装 2. 启动装置、五金配件安装
010804006	钢质花饰大门	1. 门代号及洞口尺寸 2. 门框或扇外围尺寸 3. 门框、扇材质		1. 以樘计量,按设计图示数量计算 2. 以平方米计量,按设计图示门框或扇以面积计算	1. 门安装 2. 五金配件安装
010804007	特种门			1. 以樘计量,按设计图示数量计算 2. 以平方米计量,按设计图示洞口尺寸以面积计算	

注:1. 特种门应区分冷藏门、冷冻间门、保温门、变电室门、隔音门、防射线门、人防门、金库门等项目,分别编码列项。

2. 以樘计量,项目特征必须描述洞口尺寸,没有洞口尺寸必须描述门框或扇外围尺寸;以平方米计量,项目特征可不描述洞口尺寸及框、扇的外围尺寸。

3. 以平方米计量,无设计图示洞口尺寸,按门框、扇外围以面积计算。

【计算实例 4】

如图 8-11 所示,某厂房有平开全钢板大门(带探望孔),共 5 樘,刷防锈漆。试计算其工程量。

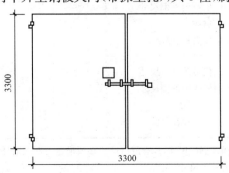

图 8-11　平开钢板大门

【解】　根据工程量计算规则，得：

$$全钢板大门工程量＝3.30×3.30×5$$
$$＝54.45m^2$$

或

$$＝5 樘$$

清单项目工程量计算结果见表 8-18。

表 8-18　　　　　　　　　　清单工程量计算表

项目编码	项目名称	项目特征	计量单位	工程量
8010804003001	全钢板大门	平开全钢板大门（带探望孔），刷防锈漆	樘（m²）	5（54.45）

四、其他门工程量计算

其他门工程量计算规定见表 8-19。

表 8-19　　　　　　　　　　其他门（编码：010805）

项目编码	项目名称	项目特征	计量单位	工程量计算规则	工作内容
010805001	电子感应门	1. 门代号及洞口尺寸 2. 门框或扇外围尺寸 3. 门框、扇材质			1. 门安装 2. 启动装置、五金、电子配件安装
010805002	旋转门	4. 玻璃品种、厚度 5. 启动装置的品种、规格 6. 电子配件品种、规格			
010805003	电子对讲门	1. 门代号及洞口尺寸 2. 门框或扇外围尺寸 3. 门材质	1. 樘 2. m²	1. 以樘计量，按设计图示数量计算 2. 以平方米计量，按设计图示洞口尺寸以面积计算	
010805004	电动伸缩门	4. 玻璃品种、厚度 5. 启动装置的品种、规格 6. 电子配件品种、规格			
010805005	全玻自由门	1. 门代号及洞口尺寸 2. 门框或扇外围尺寸 3. 框材质 4. 玻璃品种、厚度			1. 门安装 2. 五金安装
010805006	镜面不锈钢饰面门	1. 门代号及洞口尺寸 2. 门框或扇外围尺寸 3. 框、扇材质			
010805007	复合材料门	4. 玻璃品种、厚度			

注：1. 以樘计量，项目特征必须描述洞口尺寸，没有洞口尺寸必须描述门框或扇外围尺寸；以平方米计量，项目特征可不描述洞口尺寸及框、扇的外围尺寸。

　　2. 以平方米计量，无设计图示洞口尺寸，按门框、扇外围以面积计算。

【计算实例5】

某底层商店采用全玻自由门，不带纱扇，如图 8-12 所示，木材采用水曲柳，不刷底油，共计 8 樘。试计算其工程量。

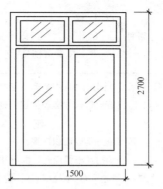

图 8-12　全玻璃自由门

【解】 根据工程量计算规则，全玻自由门的工程量按门洞口面积或按设计图示数量计算，则

全玻自由门工程量＝8 樘或＝$2.7×1.5×8=32.4m^2$

清单项目工程量计算结果见表 8-20。

表 8-20　　　　　　　　　　清单工程量计算表

项目编码	项目名称	项目特征	计量单位	工程量
010805005001	全玻自由门	全玻自由门，不带纱窗，木材采用水曲柳，不刷底油	（樘）m²	（8）32.4

五、木窗工程量计算

木窗工程量计算应符合表 8-21 的规定。

表 8-21　　　　　　　　　　木窗（编码：010806）

项目编码	项目名称	项目特征	计量单位	工程量计算规则	工作内容
010806001	木质窗	1. 窗代号及洞口尺寸 2. 玻璃品种、厚度	1. 樘 2. m²	1. 以樘计量，按设计图示数量计算 2. 以平方米计量，按设计图示洞口尺寸以面积计算	1. 窗安装 2. 五金、玻璃安装
010806002	木飘（凸）窗			1. 以樘计量，按设计图示数量计算 2. 以平方米计量，按设计图示尺寸以框外围展开面积计算	1. 窗制作、运输、安装 2. 五金、玻璃安装 3. 刷防护材料
010806003	木橱窗	1. 窗代号 2. 框截面及外围展开面积 3. 玻璃品种、厚度 4. 防护材料种类			

续表

项目编码	项目名称	项目特征	计量单位	工程量计算规则	工作内容
010806004	木纱窗	1. 窗代号及框的外围尺寸 2. 窗纱材料品种、规格	1. 樘 2. m²	1. 以樘计量,按设计图示数量计算 2. 以平方米计量,按框的外围尺寸以面积计算	1. 窗安装 2. 五金安装

注:1. 木质窗应区分木百叶窗、木组合窗、木天窗、木固定窗、木装饰空花窗等项目,分别编码列项。

2. 以樘计量,项目特征必须描述洞口尺寸,没有洞口尺寸必须描述窗框外围尺寸;以平方米计量,项目特征可不描述洞口尺寸及框的外围尺寸。

3. 以平方米计量,无设计图示洞口尺寸,按窗框外围以面积计算。

4. 木橱窗、木飘(凸)窗以樘计量,项目特征必须描述框截面及外围展开面积。

5. 木窗五金包括:折页、插销、风钩、木螺丝、滑轮滑轨(推拉窗)等。木窗五金配件表可参考表 8-22。

表 8-22　　　　　　　　　　　　　木窗五金配件表(樘)

项　目		单位	普通木窗不带纱窗			
			单扇无亮	双扇带亮	三扇带亮	四扇带亮
人工	综 合 工 日	工日	—	—	—	—
材料	折页 75mm	个	2.00	4.00	6.00	8.00
	折页 50mm	个	—	4.00	6.00	8.00
	插销 150mm	个	1.00	1.00	2.00	2.00
	插销 100mm	个	—	1.00	2.00	2.00
	风钩 200mm	个	1.00	4.00	6.00	8.00
	木螺丝 32mm	个	12.00	48.00	72.00	96.00
	木螺丝 19mm	个	6.00	12.00	24.00	24.00

项　目		单位	普通木窗带纱窗			
			单扇无亮	双扇带亮	三扇带亮	四扇带亮
人工	综 合 工 日	工日	—	—	—	—
材料	折页 75mm	个	4.00	8.00	12.00	16.00
	折页 63mm	个		8.00	12.00	16.00
	插销 150mm	个	2.00	2.00	4.00	4.00
	插销 100mm	个		2.00	4.00	4.00
	风钩 200mm	个	1.00	4.00	6.00	8.00
	木螺丝 32mm	个	24.00	96.00	144.00	192.00
	木螺丝 19mm	个	12.00	24.00	48.00	48.00

项　目		单位	普通双层木窗带纱窗			
			单扇无亮	双扇带亮	三扇带亮	四扇带亮
人工	综合工日	工日	—	—	—	—
材料	折页 75mm	个	6.00	12.00	18.00	24.00
	折页 50mm	个	—	12.00	18.00	24.00
	插销 150mm	个	3.00	3.00	6.00	6.00
	插销 100mm	个	—	3.00	6.00	6.00
	风钩 200mm	个	2.00	8.00	12.00	16.00
	木螺丝 32mm	个	36.00	144.00	216.00	288.00
	木螺丝 19mm	个	18.00	36.00	72.00	72.00

注：双层玻璃窗小五金按普通木窗不带纱窗乘 2 计算。

【计算实例 6】

某茶馆设计有矩形窗上带半圆形木制固定玻璃窗，制作时刷底油一遍，设计洞口尺寸如图 8-13 所示，共 2 樘。试计算半圆形玻璃窗部分工程量。

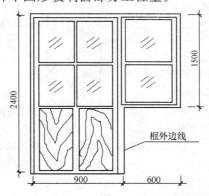

图 8-13　某茶馆设计洞口尺寸

【解】　(1)根据工程量计算规则，以平方米计量，按图示洞口面积以 m² 计算。异形木固定窗定额工程量＝2×[1.2×0.9＋(π×0.6×0.6)/2]＝3.29m²

(2)以樘计量，按设计图示数量计算，则：

异形木固定窗工程量＝设计图示数量＝2 樘。

清单项目工程量计算结果见表 8-23。

表 8-23　　　　　　　　　　清单工程量计算表

项目编码	项目名称	项目特征	计量单位	工程量
010806001001	木质窗	半圆形木制固定窗	樘(m²)	2(3.29)

六、金属窗工程量计算

金属窗工程量计算规定见表 8-24。

表 8-24　　　　　　　　　　　**金属窗(编码:010807)**

项目编码	项目名称	项目特征	计量单位	工程量计算规则	工作内容
010807001	金属(塑钢、断桥)窗	1. 窗代号及洞口尺寸 2. 框、扇材质 3. 玻璃品种、厚度		1. 以樘计量,按设计图示数量计算 2. 以平方米计量,按设计图示洞口尺寸以面积计算	1. 窗安装 2. 五金、玻璃安装
010807002	金属防火窗				
010807003	金属百叶窗				
010807004	金属纱窗	1. 窗代号及框的外围尺寸 2. 框材质 3. 窗纱材料品种、规格		1. 以樘计量,按设计图示数量计算 2. 以平方米计量,按框的外围尺寸以面积计算	1. 窗安装 2. 五金安装
010807005	金属格栅窗	1. 窗代号及洞口尺寸 2. 框外围尺寸 3. 框、扇材质	1. 樘 2. m²	1. 以樘计量,按设计图示数量计算 2. 以平方米计量,按设计图示洞口尺寸以面积计算	
010807006	金属(塑钢、断桥)橱窗	1. 窗代号 2. 框外围展开面积 3. 框、扇材质 4. 玻璃品种、厚度 5. 防护材料种类		1. 以樘计量,按设计图示数量计算 2. 以平方米计量,按设计图示尺寸以框外围展开面积计算	1. 窗制作、运输、安装 2. 五金、玻璃安装 3. 刷防护材料
010807007	金属(塑钢、断桥)飘(凸)窗	1. 窗代号 2. 框外围展开面积 3. 框、扇材质 4. 玻璃品种、厚度			1. 窗安装 2. 五金、玻璃安装
010807008	彩板窗	1. 窗代号及洞口尺寸 2. 框外围尺寸 3. 框、扇材质 4. 玻璃品种、厚度		1. 以樘计量,按设计图示数量计算 2. 以平方米计量,按设计图示洞口尺寸或框外围以面积计算	
010807009	复合材料窗				

注:1. 金属窗应区分金属组合窗、防盗窗等项目,分别编码列项。

　2. 以樘计量,项目特征必须描述洞口尺寸,没有洞口尺寸必须描述窗框外围尺寸;以平方米计量,项目特征可不描述洞口尺寸及框的外围尺寸。

　3. 以平方米计量,无设计图示洞口尺寸,按窗框外围以面积计算。

　4. 金属橱窗、飘(凸)窗以樘计量,项目特征必须描述框外围展开面积。

　5. 金属窗五金包括:折页、螺丝、执手、卡锁、铰拉、风撑、滑轮、滑轨、拉把、拉手、角码、牛角制等。铝合金窗五金配件见表8-25。

表 8-25　　　　　　　　　　　　　铝合金窗五金配件表　　　　　　　　　　套（樘）

| 项　目 | 单位 | 单价/元 | 推　拉　窗 | | | 单扇平开窗 | | 双扇平开窗 | |
			双扇	三扇	四扇	不带顶窗	带顶窗	不带顶窗	带顶窗
锁	把	3.55	2	2	4	—	—	—	—
滑　轮	套	3.11	4	6	8	—	—	—	—
铰　拉	套	1.20	1	1	1	—	—	—	—
执　手	套	3.60	—	—	—	1	1	2	2
拉　手	个	0.30	—	—	—	1	1	2	2
风撑 90°	支	5.08	—	—	—	2	2	4	4
风撑 60°	支	4.74	—	—	—	—	—	—	2
拉　巴	支	1.80	—	—	—	1	1	2	2
白钢勾	元	—	—	—	—	0.16	0.16	0.32	0.32
白　码	个	0.50	—	—	—	4	8	8	12
牛角制	套	4.65	—	—	—	—	1	—	1
合　计	元	—	20.76	26.98	40.32	18.02	34.15	36.04	52.17

【计算实例 7】

某工程采用塑钢推拉窗，如图 8-14 所示，共 35 樘，计算塑钢窗工程量。

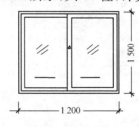

图 8-14　塑钢推拉窗

【解】　塑钢推拉窗工程量＝设计图示数量或设计图示洞口尺寸面积

塑钢窗工程量＝35 樘或＝$1.2 \times 1.5 \times 35$

$$= 63m^2$$

清单项目工程量计算结果见表 8-26。

表 8-26　　　　　　　　　　　　　　清单工程量计算表

项目编码	项目名称	项目特征	计量单位	工程量
010807001001	金属（塑钢、断桥）窗	塑钢推拉窗 1200mm×1500mm	樘（m²）	35(63)

七、门窗套工程量计算

门窗套主要是用于保护和装饰门框及窗框。门窗套包括筒子板和贴脸，与墙连接在一起。

门窗套的工程量计算应符合表 8-27 的规定。

表 8-27　　　　　　　　　　　　　　门窗套（编码：010808）

项目编码	项目名称	项目特征	计量单位	工程量计算规则	工作内容
010808001	木门窗套	1. 窗代号及洞口尺寸 2. 门窗套展开宽度 3. 基层材料种类 4. 面层材料品种、规格 5. 线条品种、规格 6. 防护材料种类	1. 樘 2. m² 3. m	1. 以樘计量，按设计图示数量计算 2. 以平方米计量，按设计图示尺寸以展开面积计算 3. 以米计量，按设计图示中心以延长米计算	1. 清理基层 2. 立筋制作、安装 3. 基层板安装 4. 面层铺贴 5. 线条安装 6. 刷防护材料
010808002	木筒子板	1. 筒子板宽度 2. 基层材料种类 3. 面层材料品种、规格 4. 线条品种、规格 5. 防护材料种类			
010808003	饰面夹板筒子板				
010808004	金属门窗套	1. 窗代号及洞口尺寸 2. 门窗套展开宽度 3. 基层材料种类 4. 面层材料品种、规格 5. 防护材料种类			1. 清理基层 2. 立筋制作、安装 3. 基层板安装 4. 面层铺贴 5. 刷防护材料
010808005	石材门窗套	1. 窗代号及洞口尺寸 2. 门窗套展开宽度 3. 粘结层厚度、砂浆配合比 4. 面层材料品种、规格 5. 线条品种、规格			1. 清理基层 2. 立筋制作、安装 3. 基层抹灰 4. 面层铺贴 5. 线条安装
010808006	门窗木贴脸	1. 门窗代号及洞口尺寸 2. 贴脸板宽度 3. 防护材料种类	1. 樘 2. m	1. 以樘计量，按设计图示数量计算 2. 以米计量，按设计图示尺寸以延长米计算	安装
010808007	成品木门窗套	1. 门窗代号及洞口尺寸 2. 门窗套展开宽度 3. 门窗套材料品种、规格	1. 樘 2. m² 3. m	1. 以樘计量，按设计图示数量计算 2. 以平方米计量，按设计图示尺寸以展开面积计算 3. 以米计量，按设计图示中心以延长米计算	1. 清理基层 2. 立筋制作、安装 3. 板安装

【计算实例 8】

某宾馆有 900mm×2100mm 的门洞 66 樘，内外钉贴细木工板门套、贴脸（不带龙骨），榉木夹板贴面，尺寸如图 8-15 所示。试计算门窗木贴脸工程量。

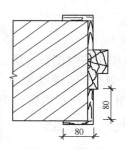

图 8-15　榉木夹板贴面尺寸

【计算分析】根据工程量计算规则,门窗木贴脸工程量按樘或按图示尺寸以延长米计算。

【解】　门窗木贴脸工程量＝66 樘或＝(2.1×2＋0.9)×66＝336.6m

清单项目工程量计算结果见表 8-28。

表 8-28　　　　　　　　　　　　　　　　**清单工程量计算表**

项目编码	项目名称	项目特征	计量单位	工程量
010808006001	门窗木贴脸	门洞尺寸 900mm×2100mm,内外钉贴细木工板门套、贴脸(不带龙骨),榉木夹板贴面	樘(m)	66(336.6)

【计算实例 9】

门贴脸示意图如图 8-16 所示,门的外围尺寸为 2100mm×3000mm,双面钉贴脸。试计算其工程量。

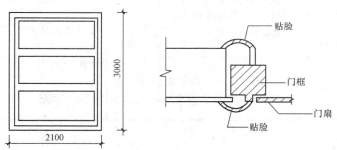

图 8-16　门贴脸示意图

【计算分析】门窗贴脸的工程量按实际长度计算,若图纸中未标明尺寸时,门窗贴脸按门窗外围的长度计算。

【解】　门窗贴脸工程量＝(3.0＋3.0＋2.1)×2(两面)＝16.2m

清单项目工程量计算结果见表 8-29。

表 8-29　　　　　　　　　　　　　　　　**清单工程量计算表**

项目编码	项目名称	项目特征	计量单位	工程量
010808006001	门窗木贴脸	门双面钉贴脸,门外围尺寸为 2100mm×3000mm	m	16.2

八、窗台板工程量计算

窗台板一般设置在窗内侧沿处,用于临时摆设台历、杂志、报纸、钟表等物件,以增加室内装饰效果。窗台板宽度一般为 100～200mm,厚度为 20～50mm。窗台板常用木材、水泥、水磨石、大理石、塑钢、铝合金等制作,图 8-17 所示为窗台板构造示意图。

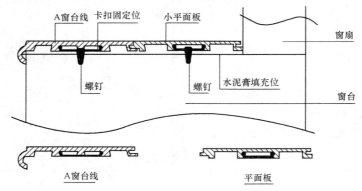

图 8-17　窗台板构造示意图

窗台板工程量计算规定见表 8-30。

表 8-30　　　　　　　　　　　　　　窗台板(编码:010809)

项目编码	项目名称	项目特征	计量单位	工程量计算规则	工作内容
010809001	木窗台板	1. 基层材料种类 2. 窗台面板材质、规格、颜色 3. 防护材料种类	m²	按设计图示尺寸以展开面积计算	1. 基层清理 2. 基层制作、安装 3. 窗台板制作、安装 4. 刷防护材料
010809002	铝塑窗台板				
010809003	金属窗台板				
010809004	石材窗台板	1. 粘结层厚度、砂浆配合比 2. 窗台板材质、规格、颜色			1. 基层清理 2. 抹找平层 3. 窗台板制作、安装

【计算实例 10】

图 8-18 所示为某房间做榉木板面层窗台板。试计算其工程量。

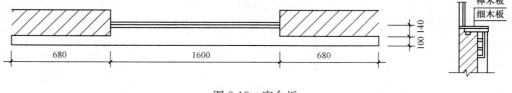

图 8-18　窗台板

【计算分析】根据工程量计算规则,窗台板工程量按展开面积计算。

【解】　窗台板工程量＝(1.6＋0.68×2)×0.1＋0.14×1.6＝0.52m²

清单项目工程量计算结果见表 8-31。

表 8-31 清单工程量计算表

序号	项目编码	项目名称	项目特征	计量单位	工程量
1	010809001001	木窗台板	榉木板面层窗台板	m²	0.52

【计算实例 11】

图 8-19 所示为某工程木窗台板示意图,其尺寸为 1200mm×1500mm,共计 2 樘。试计算其工程量。

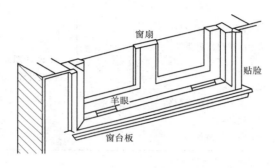

图 8-19 木窗台板示意图

【计算分析】根据工程量计算规则,窗台板清单工程量＝设计图示展开宽度×设计图示长度

【解】 窗台板工程量＝1.2×1.5×2＝3.6m²

清单项目工程量计算结果见表 8-32。

表 8-32 清单工程量计算表

项目编码	项目名称	项目特征	计量单位	工程量
010809001001	木窗台板	木制窗台板,尺寸为1200mm×1500m	m²	3.6

九、窗帘、窗帘盒、轨工程量计算

窗帘是用布、竹、苇、麻、纱、塑料、金属材料等制作的遮蔽或调节室内光照的挂在窗上的帘子。随着窗帘的发展,它已成为居室不可缺少的、功能性和装饰性完美结合的室内装饰品。窗帘种类繁多,常用的品种有:布窗帘、纱窗帘、无缝纱帘、遮光窗帘、隔音窗帘、直立帘、罗马帘、木竹帘、铝百叶、卷帘、窗纱、立式移帘。窗帘种类繁多,但大体可归为成品帘和布艺帘两大类。

窗帘盒是用木材或塑料等材料制成安装于窗子上方,用以遮挡、支撑窗帘杆(轨)、滑轮和拉线等的盒形体。窗帘盒包括木窗帘盒、饰面夹板窗帘盒、塑料窗帘盒、铝合金窗帘盒等。

窗帘、窗帘盒、轨的工程量计算应符合表 8-33 的规定。

表 8-33 窗帘、窗帘盒、轨(编码:010810)

项目编码	项目名称	项目特征	计量单位	工程量计算规则	工作内容
010810001	窗帘	1. 窗帘材质 2. 窗帘高度、宽度 3. 窗帘层数 4. 带幔要求	1. m 2. m²	1. 以米计量,按设计图示尺寸以成活后长度计算 2. 以平方米计量,按图示尺寸以成活后展开面积计算	1. 制作、运输 2. 安装
010810002	木窗帘盒				
010810003	饰面夹板、塑料窗帘盒	1. 窗帘盒材质、规格 2. 防护材料种类	m	按设计图示尺寸以长度计算	1. 制作、运输、安装 2. 刷防护材料
010810004	铝合金窗帘盒				
010810005	窗帘轨	1. 窗帘轨材质、规格 2. 轨的数量 3. 防护材料种类			

注:1. 窗帘若是双层,项目特征必须描述每层材质。

2. 窗帘以米计量,项目特征必须描述窗帘高度和宽。

【计算实例 12】

图 8-20 所示,木窗帘盒有 6 樘。试计算其工程量。

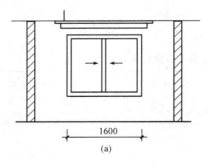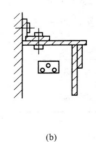

图 8-20 木窗帘盒示意图

(a)平面图;(b)1—1 剖面图

【计算分析】根据工程量计算规则,窗帘盒按设计图示尺寸以长度计算。

【解】 窗帘盒工程量=1.6×6=9.6m

清单项目工程量计算结果见表 8-34。

表 8-34 清单工程量计算表

项目编码	项目名称	项目特征	计量单位	工程量
010810002001	木窗帘盒	木窗帘盒	m	9.6

【计算实例 13】

某住宅工程设计 8 个窗户,窗宽为 2m,制安细木工板明式窗帘盒,长度为 2.30m,带铝合金窗帘轨(双轨),布窗帘。试计算其工程量。

【计算分析】根据工程量计算规则,窗帘盒工程量按设计图示尺寸以长度计算。

【解】　窗帘盒工程量＝8×2.30＝18.4m。

清单项目工程量计算结果见表 8-35。

表 8-35　　　　　　　　　　　　　　清单工程量计算表

项目编码	项目名称	项目特征	计量单位	工程量
010810002001	木窗帘盒	细木工板明式窗帘盒,铝合金窗帘轨(双轨)	m	18.4

第九章 油漆、涂料、裱糊工程工程量计算

第一节 油漆、涂料、裱糊工程工程量计算常用资料

一、油漆涂料的分类

以涂料产品的用途为主线,并辅以主要成膜物将油漆进行分类,见表9-1。

表 9-1　　　　　　　　　　　　　油漆涂料的分类

		主要产品类型	主要成膜物类型
建筑涂料	墙面涂料	合成树脂乳液内墙涂料 合成树脂乳液外墙涂料 溶剂型外墙涂料 其他墙面涂料	丙烯酸酯类及其改性共聚乳液;醋酸乙烯及其改性共聚乳液;聚氨酯、氟碳等树脂;无机粘合剂等
	防水涂料	溶剂型树脂防水涂料 聚合物乳液防水涂料 其他防水涂料	EVA、丙烯酸酯类乳液;聚氨酯、沥青、PVC 胶泥或油膏、聚丁二烯等树脂
	地坪涂料	水泥基等非木质地面用涂料	聚氨酯、环氧等树脂
	功能性建筑涂料	防火涂料 防霉(藻)涂料 保温隔热涂料 其他功能性建筑涂料	聚氨酯、环氧、丙烯酸酯类、乙烯类、氟碳等树脂
工业涂料	汽车涂料(含摩托车涂料)	汽车底漆(电泳漆) 汽车中涂漆 汽车面漆 汽车罩光漆 汽车修补漆 其他汽车专用漆	丙烯酸酯类、聚酯、聚氨酯、醇酸、环氧、氨基、硝基、PVC 等树脂
	木器涂料	溶剂型木器涂料 水性木器涂料 光固化木器涂料 其他木器涂料	聚酯、聚氨酯、丙烯酸酯类、醇酸、硝基、氨基、酚醛、虫胶等树脂

续表

主要产品类型			主要成膜物类型
工业涂料	铁路、公路涂料	铁路车辆涂料 道路标志涂料 其他铁路、公路设施用涂料	丙烯酸酯类、聚氨酯、环氧、醇酸、乙烯类等树脂
	轻工涂料	自行车涂料 家用电器涂料 仪器、仪表涂料 塑料涂料 纸张涂料 其他轻工专用涂料	聚氨酯、聚酯、醇酸、丙烯酸酯类、环氧、酚醛、氨基、乙烯类等树脂
	船舶涂料	船壳及上层建筑物漆 船底防锈漆 船底防污染 水线漆 甲板漆 其他船舶漆	聚氨酯、醇酸、丙烯酸酯类、环氧、乙烯类、酚醛、氯化橡胶、沥青等树脂
	防腐涂料	桥梁涂料 集装箱涂料 专用埋地管道及设施涂料 耐高温涂料 其他防腐涂料	聚氨酯、丙烯酸酯类、环氧、醇酸、酚醛、氧化橡胶、乙烯类、沥青、有机硅、氟碳等树脂
	其他专用涂料	卷材涂料 绝缘涂料 机床、农机、工程机械等涂料 航空、航天涂料 军用器械涂料 电子元器件涂料 以上未涵盖的其他专用涂料	聚酯、聚氨酯、环氧、丙烯酸酯类、醇酸、乙烯类、氨基、有机硅、氟碳、酚醛、硝基等树脂
通用涂料及辅助材料	调和漆 清漆 磁漆 底漆 腻子 稀释剂 防潮剂 催干剂 脱漆剂 固化剂 其他通用涂料及辅助材料	以上未涵盖的无明确应用领域的涂料产品	改性油脂;天然树脂;酚醛、沥青、醇酸等树脂

注:主要成膜物类型中树脂类型包括水性、溶剂型、无溶剂型、固体粉末等。

二、油漆涂料的命名

(1)命名原则。涂料全名一般是由颜色或颜料名称加上成膜物质名称,再加上基本名称(特性或专业用途)而组成。对于不含颜料的清漆,其全名一般是由成膜物质名称加上基本名称而组成。

(2)颜色名称通常由红、黄、蓝、白、黑、绿、紫、棕、灰等颜色,有时再加上深、中、浅(淡)等词构成。若颜料对漆膜性能起显著作用,则可用颜料的名称代替颜色的名称,例如铁红、锌黄、红丹等。

(3)成膜物质名称可做适当简化,例如聚氨基甲酸酯简化成聚氨酯;环氧树脂简化成环氧;硝酸纤维素(酯)简化为硝基等。漆基中含有多种成膜物质时,选取起主要作用的一种成膜物质命名,必要时也可选取两或三种成膜物质命名,主要成膜物质名称在前,次要成膜物质名称在后,例如红环氧硝基磁漆。

(4)基本名称表示涂料的基本品种、特性和专业用途,例如清漆、磁漆、底漆、锤纹漆、罐头漆、甲板漆、汽车修补漆等。涂料基本名称见表9-2。

表 9-2　　　　　　　　　　　　　涂料基本名称　　　　　　　　　　　mm

基本名称	基本名称	基本名称
清油	清漆	厚漆
调和漆	磁漆	粉末涂料
底漆	腻子	大漆
电泳漆	乳胶漆	水溶(性)漆
透明漆	斑纹漆、裂纹漆、桔纹漆	锤纹漆
皱纹漆	金属漆、闪光漆	防污漆
水线漆	甲板漆、甲板防滑漆	船壳漆
船底防锈漆	饮水舱漆	油舱漆
压载舱漆	化学品舱漆	车间(预涂)底漆
耐酸漆、耐碱漆	防腐漆	防锈漆
耐油漆	耐水漆	防火涂料
防霉(藻)涂料	耐热(高温)涂料	示温涂料
涂布漆	桥梁漆、输电塔漆及其他(大型露天)钢结构漆	航空、航天用漆
铅笔漆	罐头漆	木器漆
家用电器涂料	自行车涂料	玩具涂料
塑料涂料	(浸渍)绝缘漆	(覆盖)绝缘漆
抗弧(磁)漆、互感器漆	(粘合)绝缘漆	漆包线漆
硅钢片漆	电容器漆	电阻漆、电位器漆
半导体漆	电缆漆	可剥漆

续表

基本名称	基本名称	基本名称
卷材涂料	光固化涂料	保温隔热涂料
机床漆	工程机械用漆	农机用漆
发电、输配电设备用漆	内墙涂料	外墙涂料
防水涂料	地板漆、地坪漆	锅炉漆
烟囱漆	黑板漆	标志漆、路标漆、马路划线漆
汽车底漆、汽车中涂漆、汽车面漆、汽车罩光漆	汽车修补漆	集装箱涂料
铁路车辆涂料	胶液	其他未列出的基本名称

（5）在成膜物质名称和基本名称之间，必要时可插入适当词语来标明专业用途和特性等，例如白硝基球台磁漆、绿硝基外用磁漆、红过氯乙烯静电磁漆等。

（6）需烘烤干燥的漆，名称中（成膜物质名称和基本名称之间）应有"烘干"字样，如银灰氨基烘干磁漆、铁红环氧酯酚醛烘干绝缘漆。如名称中无"烘干"词，则表明该漆是自然干燥，或自然干燥、烘烤干燥均可。

（7）凡双（多）组分的涂料，在名称后应增加"（双组分）"或"（三组分）"等字样，例如聚氨酯木器漆（双组分）。

三、油漆、涂料、裱糊工程材料用量计算

（1）常用建筑涂料品种及用量（表 9-3）。

表 9-3　　　　　　　　　　常用建筑涂料品种及用量参考表

产品名称	适用范围	用量/$(m^2 \cdot kg^{-1})$
多彩花纹装饰涂料	用于混凝土、砂浆、木材、岩石板、钢、铝等各种基层材料及室内墙、顶面	3～4
乙丙各色乳胶漆（外用）	用于室外墙面装饰涂料	5.7
乙丙各色乳胶漆（内用）	用于室内装饰涂料	5.7
乙丙乳液厚涂料	用于外墙装饰涂料	2.3～3.3
苯丙彩砂涂料	用于内、外墙装饰涂料	2～3.3
浮雕涂料	用于内、外墙装饰涂料	0.6～1.25
封底漆	用于内、外墙基体面	10～13
封固底漆	用于内、外墙增加结合力	10～13
各色乙酸乙烯无光乳胶漆	用于室内水泥墙面、天花	5
ST 内墙涂料	水泥砂浆，石灰砂浆等内墙面，贮存期为 6 个月	3～6
106 内墙涂料	水泥砂浆，新旧石灰墙面，贮存期为 2 个月	2.5～3.0
JQ-83 耐洗擦内墙涂料	混凝土，水泥砂浆，石棉水泥板，纸面石膏板，贮存期 3 个月	3～4

产 品 名 称	适 用 范 围	用量/(m² · kg⁻¹)
KFT-831 建筑内墙涂料	室内装饰,贮存期 6 个月	3
LT-31 型Ⅱ型内墙涂料	混凝土,水泥砂浆,石灰砂浆等墙面	6～7
各种苯丙建筑涂料	内外墙、顶	1.5～3.0
高耐磨内墙涂料	内墙面,贮存期一年	5～6
各色丙烯酸有光、无光乳胶漆	混凝土,水泥砂浆等基面,贮存期 8 个月	4～5
各色丙烯酸凹凸乳胶底漆	水泥砂浆,混凝土基层(尤其适用于未干透者)贮存期一年	1.0
8201-4 苯丙内墙乳胶漆	水泥砂浆,石灰砂浆等内墙面,贮存期 6 个月	5～7
B840 水溶性丙烯醇封底漆	内外墙面,贮存期 6 个月	6～10
高级喷磁型外墙涂料	混凝土,水泥砂浆,石棉瓦楞板等基层	2～3
SB-2 型复合凹凸墙面涂料	内、外墙面	4～5
LT 苯丙厚浆乳胶涂料	外墙面	6～7
石头漆(材料)	内、外墙面	0.25
石头漆底漆	内、外墙面	3.3
石头漆、面漆	内、外墙面	3.3

(2)常用油漆材料单位面积用量(表 9-4)。

表 9-4　　　　　　　　常用油漆材料单位面积用量参考表

漆 种	用 途	材料项目	用量/(kg/m²)	
			普通油漆处理	精细油漆饰面
酚醛清漆	普通木饰面	酚醛清漆	0.12	
		松节油	0.02	
硝基清漆	木天棚、木墙裙、木造型、木线条及木家具的饰面	虫胶片	0.023	0.03
		工业酒精	0.14	0.2
		硝基清漆	0.15	0.22
		天那水或香蕉水	0.8	1.4
聚氨酯清漆	木天棚、木墙裙、木造型、木线条及木家具的饰面	虫胶片	0.023	0.03
		酒精	0.14	0.25
		聚氨酯清漆	0.12	0.15
硝基喷漆(手扫漆)	木造型、木线条、钢木家具	硝基磁漆	0.11	0.15
		天那水	1.2	1.8
硝基磁漆	木造型、木线条、钢木家具	硝基磁漆	0.11	0.15
		天那水或香蕉水	1.1	1.6
酚醛磁漆	普通木饰面	酚醛磁漆	0.14	
		松节油	0.05	
各色酚醛地板漆	木质地板或水泥地面		0.3	0.35

(3)常用腻子用量(表 9-5)。

表 9-5 常用腻子用量参考表

腻子种类	用 途	材料项目	用量/(kg·m⁻²)
石膏油腻子	墙面、柱面、地面、普通家具的不透木纹嵌底	石膏粉 熟桐油 松节油	0.22 0.06 0.02
血料腻子	中、高档家具的不透木纹嵌底	熟猪血 老粉(富粉) 木胶粉	0.11 0.23 0.03
石膏清漆腻子	墙面、地面、家具面的露木纹嵌底	石膏粉 清漆	0.18 0.08
虫胶腻子	墙面、地面、家具面的露木纹嵌底	虫胶漆 老粉	0.11 0.15
硝基腻子	常用于木器透明涂饰的局部填嵌	硝基清漆 老粉	0.08 0.16

（4）木材面油漆用量（表 9-6）。

表 9-6 木材面油漆用量参考表

油漆名称	应用范围	施工方法	油漆面积/(m²·kg⁻¹)	油漆名称	应用范围	施工方法	油漆面积/(m²·kg⁻¹)
Y02-1(各色厚漆)	底	刷	6～8	白色醇酸无光磁漆	面	刷或喷	8
Y02-2(锌白厚漆)	底	刷	6～8	C04-44 各色醇酸平光磁漆	面	刷或喷	8
Y02-13(白厚漆)	底	刷	6～8	Q01-1 硝基清漆	罩面	喷	8
抄白漆	底	刷	6～8	Q22-1 硝基木器漆	面	喷和揩	8
虫胶漆	底	刷	6～8	B22-2 丙烯酸木器漆	面	刷或喷	8
F01-1(酚醛清漆)	罩光	刷	8				
F80-1(酚醛地板漆)	面	刷	6～8				

（5）普通木门窗油漆饰面参考用量（表 9-7）。

表 9-7 普通木门窗油漆饰面用量参考表

饰面项目	材 料 用 量/(kg·m⁻²)						
	深色调和漆	浅色调和漆	防锈漆	深色厚漆	浅色厚漆	熟桐油	松节油
深色普通窗	0.15			0.12		0.08	
深色普通门	0.21			0.16			0.05
深色木板壁	0.07			0.07			0.04
浅色普通窗		0.175			0.25		0.05
浅色普通门		0.24			0.33		0.08
浅色木板壁		0.08			0.12		0.04
旧门重油漆	0.21						0.04
旧窗重油漆	0.15						0.04
新钢门窗油漆	0.12		0.05				0.04
旧钢门窗油漆	0.14		0.1				
一般铁窗栅油漆	0.06		0.1				

（6）金属面油漆用量（表 9-8）。

表 9-8　　　　　　　　　　金属面油漆用量参考表

油　漆　名　称	应用范围	施工方法	油漆面积/(m²·kg⁻¹)	油漆名称	应用范围	施工方法	油漆面积/(m²·kg⁻¹)
Y53-2 铁红（防锈漆）	底	刷	6～8	C04-48 各色醇酸磁漆	面	刷、喷	8
F03-1 各色酚醛调和漆	面	刷、喷	8	C06-1 铁红醇酸底漆	底	刷	6～8
F04-1 铝粉，金色酚醛磁漆	面	刷、喷	8	Q04-1 各色硝基磁漆	面	刷	8
F06-1 红灰酚醛底漆	底	刷、喷	6～8	H06-2 铁红	底	刷、喷	6～8
F06-9 锌黄,纯酚醛底漆	用于铝合金	刷	6～8	脱漆剂	除旧漆	刷、刮涂	4～6
C01-7 醇酸清漆	罩面	刷	8				

（7）防火涂料用量（表 9-9）。

表 9-9　　　　　　　　　　防火涂料用量参考表

名　　　称	型　号	用量/(kg·m⁻²)	名　　　称	型　号	用量/(kg·m⁻²)
水性膨胀型防火涂料	ZSBF 型（双组分）	0.5～0.7	LB 钢结构膨胀防火涂料		底层 5面层 0.5
水性膨胀型防火涂料	ZSBS 型（单组分）	0.5～0.7	木结构防火涂料	B60-2 型	0.5～0.7
改性氨基膨胀防火涂料	A60-1 型	0.5～0.7	混凝土梁防火隔热涂料	106 型	6

第二节　油漆、涂料、裱糊工程清单及定额项目简介

一、油漆、涂料、裱糊工程计量规范项目划分

1. 油漆工程

计量规范中油漆工程包括门油漆、窗油漆、木扶手及其他板条和线条油漆、木材面油漆、金属面油漆、抹灰面油漆六个项目。

（1）木门窗油漆、木扶手及其他板条和线条油漆、木材面油漆、金属面油漆、抹灰面油漆工程的清单工作内容包括：基层清理；刮腻子；刷防护材料、油漆。

（2）金属门窗工程的清单工作内容包括：除锈、基层清理；刮腻子；刷防护材料、油漆。

（3）木地板烫硬蜡面工程的清单工作内容包括：基层清理；烫蜡。

（4）满刮腻子清单工作内容包括：基层清理；刮腻子。

2. 喷刷涂料

计量规范中喷刷涂料包括墙面喷刷涂料、天棚喷刷涂料、空花格和栏杆刷涂料、线条刷涂料、金属构件刷防火涂料、木材构件喷刷防火涂料六个项目。

（1）墙面喷刷涂料、天棚喷刷涂料、空花格、栏杆刷涂料、线条刷涂料清单工作内容包括：基层清理；刮腻子；刷、喷涂料。

（2）金属构件刷防火涂料清单工作内容包括：基层清理；刷防护材料、油漆。

（3）木材构件喷刷防火涂料清单工作内容包括：基层清理；刷防火材料。

3. 裱糊

计量规范中裱糊工程包括墙纸裱糊和织锦缎裱糊两个项目。

裱糊工程的清单工作内容包括：基层清理；刮腻子；面层铺粘；刷防护材料。

二、油漆、涂料、裱糊工程定额项目划分

（一）基础定额项目划分及工作内容

基础定额中油漆、涂料、裱糊工程包括木材面油漆、金属面油漆、抹灰面油漆、涂料和裱糊四个项目。

1. 木材面油漆

木材面油漆项目定额范围包括木门、木窗、木地板、隔墙、隔断、护壁木龙骨、地板木龙骨、天棚骨架等，共列 165 个子目。其定额工作内容包括：清扫、磨砂纸、点漆片、润油粉、刮腻子，刷底油、油色、刷理漆片、调和漆、磁漆、磨退出亮、磁漆罩面、硝基清漆、补嵌腻子、刷广（生）漆、醇酸清漆、丙烯酸清漆、过氯乙烯底漆、防火漆、聚氨酯漆、色聚氨酯漆、酚醛清漆、碾颜料、过筛、调色、刷地板漆、烫硬蜡、擦蜡、刷臭油水，其中调和漆、清漆、醇酸磁漆、醇酸清漆、丙烯酸清漆、过氯乙烯底漆、防火漆、聚氨酯漆、色聚氨酯漆、酚醛清漆、刷广（生）漆等可根据设计要求遍数，进行增减调整。

2. 金属面油漆

金属面油漆项目定额范围包括单层钢门窗及其他金属面的油漆，共列 35 个子目，其定额工作内容包括清扫、除锈、清除油污、磨光、补缝、刮腻子、喷漆、刷臭油水、磷化底漆、锌黄底漆，刷调和漆、醇酸清漆、过氯乙烯底漆、红丹防锈漆、银粉漆、防火漆，其中刷调和漆、醇酸清漆、过氯乙烯底漆、红丹防锈漆、银粉漆、防火漆等可根据设计要求遍数，进行增减调整。

3. 抹灰面油漆

抹灰面油漆项目定额范围包括抹灰面、拉毛面、砖墙面、墙（柱）天棚面、油漆面画石纹、抹灰面做假木纹等，共列 14 个子目。其主要工作内容包括：清扫、刮腻子、磨砂纸、刷底油、磨光、做花纹，调和漆、乳胶漆、刷熟桐油，其中刷调和漆、乳胶漆、刷熟桐油等可根据设计要求遍数，进行增减调整。

4. 涂料、裱糊

（1）喷塑的定额工作内容。喷塑项目定额范围包括大压花、中压花、喷中点动点及平面，共列 8 个子目。其定额工作内容包括清扫、清铲、热补墙面、门窗框贴粘合带、遮盖门窗口、调料、刷底油、喷塑、胶辊、压平、刷面油等。

（2）喷（刷）涂料的定额工作内容。喷（刷）涂料项目定额范围包括砖墙、混凝土墙、墙柱面、天棚、抹灰面、楼地面、混凝土栏杆花饰等，共列 35 个子目。其定额工作内容如下：

1）外墙 JH801 涂料、彩砂喷涂、砂胶涂料均包括了基层清理、补小孔洞、调料、遮盖不应喷处、喷涂料、压平、清铲、清理被喷污的位置等。

2)仿瓷涂料包括了基层清理、补小孔洞、配料、刮腻子、磨砂纸、刮仿瓷涂料二遍。

3)抹灰面多彩涂料包括了清扫灰土、刮腻子、磨砂纸、刷底涂一遍、喷多彩面涂一遍、遮盖不应喷涂部位等。

4)抹灰面 106、803 涂料,刷普通水泥浆,刮腻子,刷可赛银浆均包括了清扫、配浆、刮腻子、磨砂纸、刷浆等。

5)108 胶水泥彩色地面、777 涂料席纹地面、177 涂料乳液罩面均包括了清理、找平、配浆、刮腻子、磨砂纸、刷浆、打蜡、擦光、养护等。

6)刷白水泥、刷石灰油浆、刷红土子浆均包括了清扫、配浆、刷涂料等。

7)抹灰面喷刷石灰浆、刷石灰大白浆、刮腻子刷大白浆均包括了清扫、刮腻子、磨砂纸、刷涂料等。

(3)裱糊的定额工作内容。裱糊项目定额范围包括墙纸(分对花和不对花两种)、金属墙纸和织锦缎,共列几个子目,其定额工作内容包括:清扫、执补、刷底油、刮腻子、磨砂纸、配制贴面材料、裱糊刷胶、裁墙纸(布)、贴装饰面等。

(二)《全国统一装饰装修工程消耗量定额》相关问题说明

对于按《全国统一装饰装修工程消耗量定额》执行的油漆、涂料、裱糊工程项目,其执行时应注意下列问题:

(1)定额刷涂、刷油采用手工操作,喷塑、喷涂、喷油采用机械操作,如操作方法不用,均按定额执行。

(2)定额在同一平面上的分色及门窗内外分色已综合考虑。如需做美术图案者,另行计算。

(3)定额内规定的喷、涂、刷遍数与要求不同时,可按每增加一遍定额项目进行调整。

(4)喷塑(一塑三油)、底油、装饰漆、面油,其规格划分如下:

1)大压花:喷点压平,点面积在 1.2cm² 以上。

2)中压花:喷点压平,点面积在 1~1.2cm²。

3)喷中点、幼点:喷点面积在 1cm² 以下。

(5)定额中的双层木门窗(单裁口)是指双层框扇。三层二玻一纱窗是指双层框三层扇。

(6)定额中的单层木门刷油是按双面刷油考虑的,如采用单面刷油,其定额含量乘以 0.49 系数计算。

(7)由于涂料品种繁多,如采用品种不同,材料可以换算,人工、机械不变。

(8)定额中的木扶手油漆为不带托板考虑。

第三节　油漆、涂料、裱糊分项工程工程量计算

一、油漆工程工程量计算

油漆是一种涂于物体表面能形成连续性的物质。

1. 门、窗油漆工程量计算

门窗油漆工程量计算规定见表 9-10 及表 9-11。

表 9-10　　　　　　　　　　门油漆(编码:011401)

项目编码	项目名称	项目特征	计量单位	工程量计算规则	工作内容
011401001	木门油漆	1. 门类型 2. 门代号及洞口尺寸 3. 腻子种类	1. 樘 2. m²	1. 以樘计量,按设计图示数量计量 2. 以平方米计量,按设计图示洞口尺寸以面积计算	1. 基层清理 2. 刮腻子 3. 刷防护材料、油漆
011401002	金属门油漆	4. 刮腻子遍数 5. 防护材料种类 6. 油漆品种、刷漆遍数			1. 除锈、基层清理 2. 刮腻子 3. 刷防护材料、油漆

注:1. 木门油漆应区分木大门、单层木门、双层(一玻一纱)木门、双层(单裁口)木门、全玻自由门、半玻自由门、装饰门及有框门或无框门等项目,分别编码列项。
　　2. 金属门油漆应区分平开门、推拉门、钢制防火门等项目,分别编码列项。
　　3. 以平方米计量,项目特征可不必描述洞口尺寸。

表 9-11　　　　　　　　　　窗油漆(编码:011402)

项目编码	项目名称	项目特征	计量单位	工程量计算规则	工作内容
011402001	木窗油漆	1. 窗类型 2. 窗代号及洞口尺寸 3. 腻子种类	1. 樘 2. m²	1. 以樘计量,按设计图示数量计量 2. 以平方米计量,按设计图示洞口尺寸以面积计算	1. 基层清理 2. 刮腻子 3. 刷防护材料、油漆
011402002	金属窗油漆	4. 刮腻子遍数 5. 防护材料种类 6. 油漆品种、刷漆遍数			1. 除锈、基层清理 2. 刮腻子 3. 刷防护材料、油漆

注:1. 木窗油漆应区分单层木门、双层(一玻一纱)木窗、双层框扇(单裁口)木窗、双层框三层(二玻一纱)木窗、单层组合窗、双层组合窗、木百叶窗、木推拉窗等项目,分别编码列项。
　　2. 金属窗油漆应区分平开窗、推拉窗、固定窗、组合窗、金属隔栅窗等项目,分别编码列项。
　　3. 以平方米计量,项目特征可不必描述洞口尺寸。

【计算实例 1】

单层木门尺寸如图 9-1 所示,油漆为底油一遍,调和漆三遍,共计 20 樘。试计算其工程量。

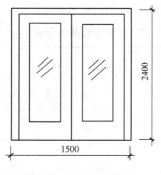

图 9-1　单层木门尺寸

【解】　木门油漆工程量＝20 樘或＝1.5×2.4×20＝72m²

清单项目工程量计算结果见表 9-12。

表 9-12　　　　　　　　　　　清单工程量计算表

项目编码	项目名称	项目特征	计量单位	工程量
011401001001	木门油漆	木门油漆,油漆为底油一遍,调和漆三遍	樘(m²)	20(72)

【计算实例 2】

图 9-2 所示为双层(一玻一纱)木窗,洞口尺寸为 1500mm×2100mm,共 11 樘,设计为刷润油粉一遍,刮腻子,刷调和漆一遍,磁漆两遍。试计算其工程量。

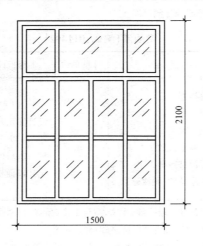

图 9-2　双层(一玻一纱)木窗

【计算分析】根据工程量计算规则,木窗油漆工程量按设计图示洞口面积或按设计图示数量计算。

【解】　木窗油漆工程量＝1.5×2.1×11＝34.65m² 或＝11 樘

清单项目工程量计算结果见表 9-13。

表 9-13　　　　　　　　　　　清单工程量计算表

项目编码	项目名称	项目特征	计量单位	工程量
011402001001	木窗油漆	双层(一玻一纱)木窗,洞口尺寸为 1500mm×2100mm,刷润油粉一遍,刮腻子,刷调和漆一遍,磁漆两遍	樘(m²)	11(34.65)

【计算实例 3】

图 9-3 所示为某办公室木门窗油漆示意图,试计算其工程量。

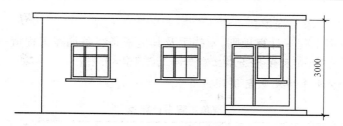

图 9-3　某办公室木门窗油漆示意图

【解】　(1)木门油漆工程量=设计图示樘数或以设计图示洞口尺寸计算所得面积,则:

门油漆清单工程量=1樘

(2)木窗油漆工程量按设计图示樘数或以设计图示洞口面积。则:

窗油漆工程量=3樘

清单项目工程量计算结果见表9-14。

表 9-14　　　　　　　　　　清单工程量计算表

序号	项目编码	项目名称	项目特征	计量单位	工程量
1	011401001001	木门油漆	木制门	樘	1
2	011402001001	木窗油漆	木制窗	樘	3

2. 木扶手及其他板条、线条油漆工程量计算

木扶手及其他板条、线条油漆工程量计算应符合表9-15的规定。

表 9-15　　　　　　　木扶手及其他板、条线条油漆(编码:011403)

项目编码	项目名称	项目特征	计量单位	工程量计算规则	工作内容
011403001	木扶手油漆				
011403002	窗帘盒油漆				
011403003	封檐板、顺水板油漆	1. 断面尺寸 2. 腻子种类 3. 刮腻子遍数 4. 防护材料种类 5. 油漆品种、刷漆遍数	m	按设计图示尺寸以长度计算	1. 基层清理 2. 刮腻子 3. 刷防护材料、油漆
011403004	挂衣板、黑板框油漆				
011403005	挂镜线、窗帘棍、单独木线油漆				

注:1. 木扶手及其他板条线条油漆工程量计算包含了刮腻子、油漆等工作内容,报价时计算方案工程量。

2. 木扶手区别带托板(图9-4)与不带托板分别编码列项。

3. 楼梯木扶手工程量按中心线斜长计算,弯头长度应计算在扶手长度内。

4. 博风板工程量按中心线斜长计算,需用大刀头的每个大刀头增加长度50cm。

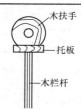

图 9-4　带托板
木扶手示意图

【计算实例4】

某大厅装饰柱面为30mm×15mm木线条,共计6块,其设计图示长度

为 1200mm。试计算油漆工程量。

【计算分析】根据工程量计算规则,木扶手及其他板条线条油漆工程量＝设计图示长度。

【解】 30mm×15mm 木线条油漆工程量＝1.2×6＝7.2m

清单项目工程量计算结果见表 9-16。

表 9-16   清单工程量计算表

项目编码	项目名称	项目特征	计量单位	工程量
011403005001	挂镜线、窗帘棍、单独木线油漆	30mm×15mm 木线条油漆部位长 1200mm	m	7.2

3. 木材面油漆工程量计算

木材面主要有门窗、家具、木装修(如木墙裙、隔断、天棚等)。根据装饰标准可分为普通油漆、中级油漆和高级油漆三种;根据漆膜性质可分成混色油漆和清色油漆。

木材面油漆工程量计算规定见表 9-17。

表 9-17   木材面油漆(编码:011404)

项目编码	项目名称	项目特征	计量单位	工程量计算规则	工作内容
011404001	木护墙、木墙裙油漆	1. 腻子种类 2. 刮腻子遍数 3. 防护材料种类 4. 油漆品种、刷漆遍数	m²	按设计图示尺寸以面积计算	1. 基层清理 2. 刮腻子 3. 刷防护材料、油漆
011404002	窗台板、筒子板、盖板、门窗套、踢脚线油漆				
011404003	清水板条天棚、檐口油漆				
011404004	木方格吊顶天棚油漆				
011404005	吸音板墙面、天棚面油漆				
011404006	暖气罩油漆				
011404007	其他木材面				
011404008	木间壁、木隔断油漆			按设计图示尺寸以单面外围面积计算	
011404009	玻璃间壁露明墙筋油漆				
011404010	木栅栏、木栏杆(带扶手)油漆				
011404011	衣柜、壁柜油漆			按设计图示尺寸以油漆部分展开面积计算	
011404012	梁柱饰面油漆				
011404013	零星木装修油漆				
011404014	木地板油漆			按设计图示尺寸以面积计算。空洞、空圈、暖气包槽、壁龛的开口部分并入相应的工程量内	
011404015	木地板烫硬蜡面	1. 硬蜡品种 2. 面层处理要求			1. 基层清理 2. 烫蜡

【计算实例5】

图9-5所示为某房间为墙裙油漆面示意图,已知墙裙高1.5m,窗台高1.0m,窗洞侧油漆宽100mm。试计算其工程量。

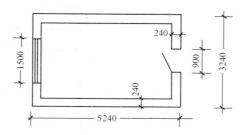

图9-5　某房间内墙裙油漆面示意图

【计算分析】根据墙裙油漆的清单工程量计算规则,墙裙油漆的清单工程量＝长×高－$\sum$应扣除面积＋$\sum$应增加面积

【解】　墙裙油漆工程量＝[(5.24－0.24×2)×2＋(3.24－0.24×2)×2]×1.5－[1.5×
(1.5－1.0)＋0.9×1.5]＋(1.50－1.0)×0.10×2
＝20.56m²

清单项目工程量计算结果见表9-18。

表9-18　　　　　　　　　　　　　清单工程量计算表

项目编码	项目名称	项目特征	计量单位	工程量
011404001001	内墙裙油漆	木护墙、木墙抹灰、墙裙油漆	m²	20.56

4. 金属面油漆工程量计算

在油漆施工中,金属面一般是指钢门窗、钢屋架和一般金属制品,如楼梯踏步、栏杆、管子及黑白铁皮制品等。金属面油漆涂饰之一是为了美观,更重要的是防锈。防锈的最主要工序为除锈和涂刷防锈漆或是底漆。对于中间层漆和面漆的选择,也要根据不同基层,尤其是不同使用条件的情况选择适宜的油漆,才能达到防止锈蚀和保持美观的要求。

金属面油漆工程量计算规定见表9-19。

表9-19　　　　　　　　　　　　　金属面油漆(编码:011405)

项目编码	项目名称	项目特征	计量单位	工程量计算规则	工作内容
011405001	金属面油漆	1. 构件名称 2. 腻子种类 3. 刮腻子要求 4. 防护材料种类 5. 油漆品种、刷漆遍数	1. t 2. m²	1. 以吨计量,按设计图示尺寸以质量计算 2. 以平方米计量,按设计展开面积计算	1. 基层清理 2. 刮腻子 3. 刷防护材料、油漆

【计算实例 6】

某钢直梯如图 9-6 所示，$\phi28$ 光圆钢筋线密度为 4.834kg/m。试计算钢直梯油漆工程量。

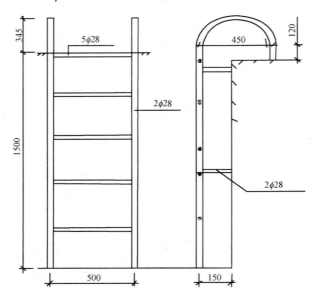

图 9-6　钢直梯示意图

　　【计算分析】根据工程量计算规则，金属面油漆工程量按设计图示尺寸以吨或按设计展开面积计算：

$$杆件质量＝杆件设计图示长度×单位理论质量$$

　　【解】　钢直梯油漆工程量＝$[(1.50＋0.12×2＋0.45×\pi/2)×2＋(0.50＋0.028)×5＋$
$$(0.15－0.014)×4]×4.834$$
$$＝39.04kg＝0.039t$$

清单项目工程量计算结果见表 9-20。

表 9-20　　　　　　　　　　　　清单工程量计算表

项目编码	项目名称	项目特征	计量单位	工程量
011405001001	金属面油漆	$\phi25$ 光圆钢筋线密度为 4.834kg/m	t	0.039

5. 抹灰面油漆工程量计算

　　抹灰面油漆是指涂饰抹灰面的水溶性漆，它是利用有溶于水的树脂作为成膜物质，与颜料混合研磨，再加水稀释而成。它的特点是以水为稀释剂，制作时成膜物质能溶于水，但施工后涂膜又能抗水。

　　抹灰面油漆工程量计算规定见表 9-21。

表 9-21　　　　　　　　　　　　　　抹灰面油漆(编码:011406)

项目编码	项目名称	项目特征	计量单位	工程量计算规则	工作内容
011406001	抹灰面油漆	1. 基层类型 2. 腻子种类 3. 刮腻子遍数 4. 防护材料种类 5. 油漆品种、刷漆遍数 6. 部位	m²	按设计图示尺寸以面积计算	1. 基层清理 2. 刮腻子 3. 刷防护材料、油漆
011406002	抹灰线条油漆	1. 线条宽度、道数 2. 腻子种类 3. 刮腻子遍数 4. 防护材料种类 5. 油漆品种、刷漆遍数	m	按设计图示尺寸以长度计算	
011406003	满刮腻子	1. 基层类型 2. 腻子种类 3. 刮腻子遍数	m²	按设计图示尺寸以面积计算	1. 基层清理 2. 刮腻子

【计算实例 7】

图 9-7 所示为某卧室平面图,卧室内墙抹灰面刷乳胶漆两遍,考虑吊顶因素,刷油漆高度为 3.0m。试计算其工程量。

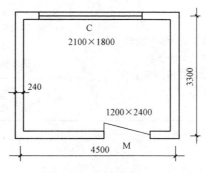

图 9-7　某卧室平面图

【计算分析】 抹灰面油漆的工程量按设计图示尺寸以面积计算。

【解】　抹灰面油漆工程量＝[(4.5-0.24)+(3.3-0.24)]×2×3.0-1.2×2.4-2.1×1.8

　　　　　　　　＝37.26m²

清单项目工程量计算结果见表 9-22。

表 9-22　　　　　　　　　　　　　　清单工程量计算表

项目编码	项目名称	项目特征	计量单位	工程量
011406001001	抹灰面油漆	内墙抹灰面刷乳胶漆两遍,刷油漆高度为 3m	m²	37.26

二、涂饰工程工程量计算

喷刷涂料是利用压缩空气,将涂料从喷枪中喷出并雾化,在气流的带动下涂到被涂件表面上形成涂膜的一种涂装方法。

喷刷涂料工程量计算规定见表9-23。

表 9-23　　　　　　　　　　　喷刷涂料(编码:011407)

项目编码	项目名称	项目特征	计量单位	工程量计算规则	工作内容
011407001	墙面喷刷涂料	1. 基层类型 2. 喷刷涂料部位 3. 腻子种类 4. 刮腻子要求 5. 涂料品种、喷刷遍数	m^2	按设计图示尺寸以面积计算	1. 基层清理 2. 刮腻子 3. 刷、喷涂料
011407002	天棚喷刷涂料				
011407003	空花格、栏杆刷涂料	1. 腻子种类 2. 刮腻子遍数 3. 涂料品种、刷喷遍数		按设计图示尺寸以单面外围面积计算	
011407004	线条刷涂料	1. 基层清理 2. 线条宽度 3. 刮腻子遍数 4. 刷防护材料、油漆	m	按设计图示尺寸以长度计算	
011407005	金属构件刷防火涂料	1. 喷刷防火涂料构件名称 2. 防火等级要求 3. 涂料品种、喷刷遍数	1. m^2 2. t	1. 以吨计量,按设计图示尺寸以质量计算 2. 以平方米计量,按设计展开面积计算	1. 基层清理 2. 刷防护材料、油漆
011407006	木材构件喷刷防火涂料		m^2	以平方米计量,按设计图示尺寸以面积计算	1. 基层清理 2. 刷防火材料

注:喷刷墙面涂料部位要注明内墙或外墙。

【计算实例8】

某工程如图9-8所示,内墙抹灰面满刮腻子两遍,贴对花墙纸;挂镜线刷涂料两遍;挂镜线以上及天棚刷仿瓷涂料两遍,计算仿瓷涂料工程量。

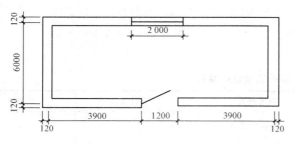
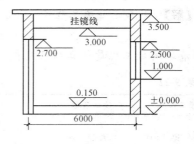

图 9-8　某工程剖面图

【计算分析】根据清单工程量计算规则,涂料工程量按设计图示尺寸以面积计算。

天棚刷喷涂料工程量＝主墙间净长度×主墙间净宽度＋梁侧面面积

【解】 仿瓷涂料清单工程量＝(9.00－0.24＋6.00－0.24)×2×(3.5－3.0)＋(9.00－0.24)×(6.00－0.24)

$$＝64.98m^2$$

清单项目工程量计算结果见表9-24。

表 9-24　　　　　　　　　　　　清单工程量计算表

项目编码	项目名称	项目特征	计量单位	工程量
011407002001	天棚喷刷涂料	内墙抹灰面满刮腻子两遍,贴对花墙纸;挂镜线以上及天棚刷仿瓷涂料两遍	m²	64.98

【计算实例 9】

某工程阳台如图 9-9 所示,欲刷防护涂料两遍,试计算其工程量。

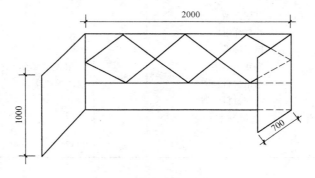

图 9-9　某工程阳台示意图

【解】 花饰格刷涂料清单工程量＝(1×0.7)×2＋2.0×1＝3.4m²

清单项目工程量计算结果见表9-25。

表 9-25　　　　　　　　　　　　清单工程量计算表

项目编码	项目名称	项目特征	计量单位	工程量
011407003001	空花格、栏杆刷涂料	刷防护涂料两遍	m²	3.4

【计算实例 10】

试计算图 9-8 所示挂镜线刷涂料的工程量。

【解】 挂镜线涂料工程量＝设计图示长度

挂镜线涂料工程量＝(9.00－0.24＋6.00－0.24)×2＝29.04m

清单项目工程量计算结果见表9-26。

表 9-26　　　　　　　　　　　　清单工程量计算表

项目编码	项目名称	项目特征	计量单位	工程量
011407004001	线条刷涂料	挂镜线刷涂料两遍	m	29.04

三、裱糊工程工程量计算

墙纸又称壁纸,有纸质壁纸和塑料壁纸两大类。纸质型壁纸透气、吸音性能好;塑料型壁纸光滑、耐擦洗,是目前国内外使用十分广泛的墙面装饰材料。

织锦缎墙布是用棉、毛、麻丝等天然纤维或玻璃纤维制成的各种粗细纱或织物,经不同纺纱编制工艺和花色捻线加工,再与防水防潮纸黏贴复合而成。它具有耐老化、无静电、不乏光、透气性能好等特点。

裱糊工程量计算规定见表 9-27。

表 9-27　　　　　　　　　　　　裱糊(编码:011408)

项目编码	项目名称	项目特征	计量单位	工程量计算规则	工作内容
011408001	墙纸裱糊	1. 基层类型 2. 裱糊部位 3. 腻子种类 4. 刮腻子遍数 5. 粘结材料种类 6. 防护材料种类 7. 面层材料品种、规格、颜色	m²	按设计图示尺寸以面积计算	1. 基层清理 2. 刮腻子 3. 面层铺粘 4. 刷防护材料
011408002	织锦缎裱糊				

【计算实例 11】

计算图 9-10 所示墙面贴壁纸工程量。已知墙高为 2.9m,踢脚板高度为 0.15m。

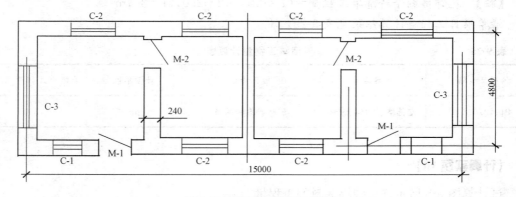

图 9-10　墙面贴壁纸示意图

(M-1:1.0×2.0m²,M-2:0.9×2.2m²;C-1:1.1×1.5m²,C-2:1.6×1.5m²,C-3:1.8×1.5m²)

【计算分析】根据计算规则,墙面贴壁纸以面积计算,应扣除门窗洞口和踢脚板工程量,增加门窗洞口侧壁面积。

【解】 (1)墙净长 $L=(15-0.24\times4)\times2+(4.8-0.24)\times8=64.56\text{m}$,墙高 $H=2.9\text{m}$。

(2)扣除门窗洞口、踢脚板面积。

踢脚板:$0.15\times64.56=9.684\text{m}^2$

M-1:$1.0\times(2-0.15)\times2=3.7\text{m}^2$

M-2:$0.9\times(2.2-0.15)\times4=7.38\text{m}^2$

C:$(1.8\times2+1.1\times2+1.6\times6)\times1.5=23.1\text{m}^2$

合计扣减面积$=9.684+3.7+7.38+23.1=43.864\text{m}^2$

(3)增加门窗侧壁面积。

M-1:$(0.24-0.09)/2\times(2-0.15)\times4+(0.24-0.09)/2\times1.0\times2=0.71\text{m}^2$

M-2:$(0.24-0.09)\times(2.2-0.15)\times4+(0.24-0.09)\times0.9=1.365\text{m}^2$

C:$(0.24-0.09)/2\times[(1.8+1.5)\times2\times2+(1.1+1.5)\times2\times2+(1.6+1.5)\times2\times6]$
$=4.56\text{m}^2$

合计增加面积$=0.71+1.365+4.56=6.635\text{m}^2$

墙纸工程量$=64.56\times2.9-43.864+6.635=150\text{m}^2$

清单项目工程量计算结果见表9-28。

表9-28　　　　　　　　　　　　清单工程量计算表

项目编码	项目名称	项目特征	计量单位	工程量
011408001001	墙纸裱糊	墙面贴壁纸	m²	150

【计算实例12】

图9-11所示为某会议室部分墙面装饰图,试计算壁纸工程量。

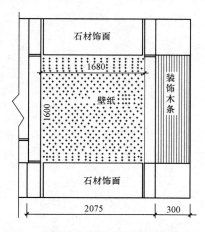

图9-11　某会议室部分墙面装饰图

【解】 壁纸清单工程量$=1.6\times1.68=2.69\text{m}^2$

清单项目工程量计算结果见表9-29。

表 9-29　　　　　　　　　　　　**清单工程量计算表**

项目编码	项目名称	项目特征	计量单位	工程量
011408001001	墙纸裱糊	内墙墙面壁纸铺贴	m²	2.69

第十章 其他装饰工程工程量计算

第一节 其他装饰工程工程量计算常用资料

一、常用零星工程材料规格

1. 木线条规格

木线条型号和规格见表 10-1。

表 10-1 木线条型号和规格 mm

型号	规格	型号	规格	型号	规格	型号	规格
封边线		B-29	40×18	G-10	25×25	封边线	
B-01	15×7	B-30	40×20	G-11	25×25	Y-01	15×17
B-02	15×13	B-31	45×18	G-12	33×27	Y-02	20×10
B-03	20×10	B-32	40×25	G-13	30×30	Y-03	25×13
B-04	20×10	B-33	45×20	G-14	30×30	Y-04	40×20
B-05	20×12	B-34	50×25	G-15	35×35	Y-05	8×4
B-06	25×10	B-35	55×25	G-16	40×40	Y-06	13×6
B-07	25×10	B-36	60×25	墙腰线		Y-07	15×7
B-08	25×15	B-37	20×10	Q-01	40×10	Y-08	20×10
B-09	20×10	B-38	25×8	Q-02	45×12	Y-09	25×13
B-10	15×8	B-39	30×8	Q-03	50×10	Y-10	35×17
B-11	25×10	B-40	30×10	Q-04	55×13	柱角线	
B-12	25×15	B-41	65×30	Q-05	70×15	Z-01	25×27
B-13	30×15	B-42	60×30	Q-06	80×15	Z-02	30×20
B-14	35×15	B-43	30×10	Q-07	85×25	Z-03	30×30
B-15	40×18	B-44	25×8	Q-08	95×13	Z-04	40×40
B-16	40×20	B-45	50×14	天花角线		弯线	
B-17	25×10	B-46	45×10	T-01	35×10	YT-301	φ70×19×17
B-18	30×12	B-47	50×10	T-02	40×12	YT-302	φ70×19×17
B-19	30×12	压角线		T-03	70×15	YT-303	φ70×11×19
B-20	30×15	G-01	10×10	T-04	65×15	YT-304	φ70×11×19
B-21	30×15	G-02	15×12	T-05	90×20	YT-305	φ89×8×13
B-22	30×18	G-03	15×15	T-06	50×15	YT-306	φ95×8×13
B-23	45×20	G-04	15×16	T-07	50×15	扶手	
B-24	55×20	G-05	20×20	T-08	15×12	D-01	75×65
B-25	35×15	G-06	20×20	T-09	60×15	D-02	75×65
B-26	35×20	G-07	20×20	T-10	60×15	镜框压边线	
B-27	35×20	G-08	25×13	T-11	100×20	K-1	6×19
B-28	40×15	G-09	25×25			K-2	5×15

2. 铝合金线条规格

铝合金线条规格见表10-2。

表 10-2 铝合金线条规格表

序号	截面形状	宽 B	高 H	壁厚 T	长度 L	序号	截面形状	宽 B	高 H	壁厚 T	长度 L
1		9.50	9.50	1	6000	3		19	12.70	1.20	6000
		12.50	12.50	1				21	19	1.00	
		15.00	15.00	1				25	19	1.50	
		25.40	25.40	1				30	18	3	
		25.40	25.40	1.50				38	25	3	
		25.40	25.40	2.30							
		30	30	1.50							
		30	30	3							
2		25.40	25.40		6000	4		9.50	9.50	1	6000
		29.80	29.80					9.50	9.50	1.50	
								12	5	1	
								12.70	12.70	1	
								12.70	12.70	1.50	
								19	12.70	1.60	
								19	19	1	
								7.70	13.10	1.30	
								50.8	12.70	1.5	

3. 铜线条规格

铜线条规格见表10-3。

表 10-3 铜线条规格表 mm

序号	截面形状	宽 B	高 H	厚 T	长度 L
1		3	6		2000
		3.5	6		
		4	8		
		4.5	8		
		5	9		
		6	9		
		7	10		
2		50	17	5	2000
		50	20	5	
		75	50	3	
		50	30	3	
3	水磨石分格铜条	2	12		2000

4. 不锈钢规格

不锈钢规格见表10-4。

表 10-4　　　　　　　　　　　　　不锈钢品种规格表　　　　　　　　　　mm

序号	截面形状	宽 B	高 H	壁厚 T	长度 L
1		15.90	15.90	0.50	2000~4000
		15.90	15.90	1	
		19	19	0.50	
		19	19	1	
		20	20	0.50	
		20	20	1	
		22	22	0.80	
		22	22	1.50	
		25.4	25.4	0.80	
		25.4	25.4	2	
		30	30	1.50	
		30	30	2	
2		20	10	0.50	2000~4000
		25	13	0.50	
		25	13	1	
		32	16	0.8	
		32	16	1.50	
		38.1	25.4	1.50	
		38.1	25.4	0.80	
		75	45	1.20	
		75	45	2	
		90	45	1.50	
		100	25	2	

二、楼梯扶手安装常用材料数量

楼梯扶手安装常用材料数量，见表10-5。

表 10-5　　　　　　　　　　　楼梯扶手安装常用材料数量表

材料名称	单位	每1m需用数量			材料名称	单位	每1m需用数量		
		不锈钢扶手	黄铜扶手	铝合金扶手			不锈钢扶手	黄铜扶手	铝合金扶手
角钢 50mm×50mm×3mm	kg	4.80	4.80	—	铝拉铆钉 $\phi5$	只	—	—	10
方钢 20mm×20mm	kg	—	—	1.60	膨胀螺栓 M8	只	4	4	4
钢板 2mm	kg	0.50	0.50	0.50	钢钉 32mm	只	2	2	2
玻璃胶	支	1.80	1.80	1.80	自攻螺钉 M5	只	—	—	5
不锈钢焊条	kg	0.05	—	—	不锈钢法兰盘座	只	0.50	—	—
铜焊条	kg	—	0.05	—	抛光蜡	盒	0.10	0.10	0.10
电焊条	kg	—	—	0.05					

三、常用浴厕配件型号与规格

1. 手纸盒与手纸架的型号与规格

手纸盒与手纸架的型号与规格见表 10-6。

表 10-6 手纸盒及手纸架的型号与规格

名 称	图 形	型 号	规格/mm
手纸盒		A-102	
手纸架		W-1060	
		PSh1	

2. 肥皂盒的型号与规格

肥皂盒的型号与规格,见表 10-7。

表 10-7 肥皂盒的型号与规格

名 称	图 形	型 号	规格/mm
扶手皂盒		PZ1	

续表

名　称	图　形	型　号	规格/mm
小肥皂盒		A-120×8	
大肥皂盒			
肥皂盒		PZ1	160×62
皂碟		W-1020	120×90

第二节　其他装饰工程清单及定额项目简介

一、其他工程计量规范项目划分

1. 柜类、货架

计量规范中柜类、货架包括柜台、酒柜、衣柜、存包柜、鞋柜、书柜、厨房壁柜、木壁柜、厨房低柜、厨房吊柜、矮柜、吧台背柜、酒吧吊柜、酒吧台、展台、收银台、试衣间、货架、书架、服务台二十个项目。

柜类、货架清单工作内容包括：台柜制作、运输、安装（安放）；刷防护材料、油漆；五金件安装。

2. 压条、装饰线

计量规范中压条、装饰线包括金属装饰线、木质装饰线、石材装饰线、石膏装饰线、镜面装饰线、铝塑装饰线、塑料装饰线、GRC 装饰线条八个项目。

（1）金属装饰线、木质装饰线、石材装饰线、石膏装饰线、镜面装饰线、铝塑装饰线、塑料装饰线清单工作内容包括：线条制作、安装；刷防护材料。

（2）GRC 装饰线条清单工作内容主要为线条制作安装。

3. 扶手、栏杆、栏板装饰

计量规范中扶手、栏杆、栏板装饰包括金属扶手、栏杆、栏板；硬木扶手、栏杆、栏板；塑料扶手、栏杆、栏板；GRC 栏杆、扶手；金属靠墙扶手；硬木靠墙扶手；塑料靠墙扶手；玻璃栏板八个项目。

扶手、栏杆、栏板装饰清单工作内容包括：制作；运输；安装；刷防护材料。

4. 暖气罩

计量规范中暖气罩包括饰面板暖气罩、塑料板暖气罩、金属暖气罩。

暖气罩清单工作内容包括：暖气罩制作、运输、安装；刷防护材料。

5. 浴厕配件

计量规范中浴厕配件包括洗漱台、晒衣架、帘子杆、浴缸拉手、卫生间扶手、毛巾杆（架）、毛巾环、卫生纸盒、肥皂盒、镜面玻璃、镜箱十一个项目。

（1）洗漱台、晒衣架、帘子杆、浴缸拉手、卫生间扶手清单工作内容包括：台面及支架运输、安装；杆、环、盒、配件安装；刷油漆。

（2）毛巾杆（架）、毛巾环、卫生纸盒、肥皂盒清单工作内容包括：台面及支架制作、运输、安装；杆环、盒、配件安装；刷油漆。

（3）镜面玻璃清单工作内容包括：基层安装；玻璃及框制作、运输、安装。

（4）镜箱清单工作内容包括：基层安装；箱体制作、运输、安装；玻璃安装；刷防护材料、油漆。

6. 雨篷、旗杆

计量规范中雨篷、旗杆包括雨篷吊挂饰面、金属旗杆、玻璃雨篷三个项目。

（1）雨篷吊挂饰面清单工作内容包括：底层抹灰；龙骨基层安装；面层安装；刷防护材料、油漆。

（2）金属旗杆清单工作内容包括：土石挖、填、运；基础混凝土浇筑；旗杆制作、安装；旗杆台座制作、饰面。

（3）玻璃雨篷清单工作内容包括：龙骨基层安装；面层安装；刷防护材料、油漆。

7. 招牌、灯箱

计量规范中招牌、灯箱包括平面、箱式招牌、竖式标箱、灯箱、信报箱三个项目。

招牌、灯箱清单工作内容包括：基层安装；箱体及支架制作、运输、安装；面层制作、安装；刷防护材料、油漆。

8. 美术字

计量规范中美术字包括泡沫塑料字、有机玻璃字、木质字、金属字、吸塑字五个项目。

美术字清单工作内容包括：字制作、运输、安装；刷油漆。

二、其他工程定额项目划分

（一）基础定额项目划分及工作内容

基础定额中其他工程包括招牌、灯箱基层；招牌、灯箱面层；美术字安装、压条、装饰线条；暖气罩；镜面玻璃；货架、柜类；拆除；其他九个项目。

1. 招牌、灯箱基层

招牌、灯箱基层的定额工作内容包括：下料、刨光、放样、组装、焊接成品、刷防锈漆、矫正、安装成型、清理等全部操作过程。

2. 招牌、灯箱面层

招牌、灯箱面层的定额工作内容包括：下料、涂胶、安装面层等全部操作过程。

3. 美术字安装

美术字的定额工作内容包括：复纸字、字样排列、凿墙眼、斩木楔、拼装字样、成品矫正、安装、清理等全部操作过程。

4. 压条、装饰线条

压条、装饰线条的定额工作内容包括：定位、弹线、下料、加楔、涂胶、安装、固定等全部操作过程。

5. 暖气罩

暖气罩的定额工作内容包括：下料、裁口、成型、安装、清理等全部操作过程。

6. 镜面玻璃

镜面玻璃的定额工作内容包括：刷防火涂料、木筋制作安装、钉胶合板、镜面玻璃裁制作安装、固定角铝、嵌缝、清理等全部操作过程。

7. 货架、柜类

货架、柜类的定额工作内容包括：下料、刨光、划线、拼装、钉贴胶合板、贴装饰面层、安裁玻璃、五金配件安装、清理等全部操作过程。

8. 拆除

拆除的定额工作内容包括：凿除块料面层、结合层、清理基层、废渣运到室外 30m 以内地点堆放。

9. 其他

其他的定额工作内容包括：钻孔、加楔、拧螺钉、固定、清理等全部操作过程。

(二)《全国统一装饰装修工程消耗量定额》相关问题说明

对于按《全国统一装饰装修工程消耗量定额》执行的其他工程项目,其执行时应注意下列问题:

(1)定额项目在实际施工中使用的材料品种、规格与定额取定不同时,可以换算,但人工、材料不变。

(2)定额中铁件已包括刷防锈漆一遍,如设计需涂刷油漆、防火涂料,按油漆、涂料、裱糊工程相应子目执行。

(3)招牌基层。

1)平面招牌是指安装在门前的墙面上的;箱体招牌、竖式标箱是指六面体固定在墙体上的;沿雨篷、檐口、阳台走向的立式招牌,套用平面招牌复杂项目。

2)一般招牌和矩形招牌是指正立面平整无凸出面,复杂招牌和异形招牌是指正立面有凸起或造型。

3)招牌的灯饰均不包括在定额内。

(4)美术字安装。

1)美术字均以成品安装固定为准。

2)美术字不分字体均执行本章定额。

(5)装饰线条。

1)木装饰线、石膏装饰线均以成品安装为准。

2)石材装饰线条均以成品安装为准。石材装饰线条磨边、磨圆角均包括在成品的单价中,不再另计。

(6)石材磨斜边、磨半圆边及台面开孔子目均为现场磨制。

(7)装饰线条以墙面上直线安装为准,如天棚安装直线型、圆弧形或其他同案者,按以下规定计算。

1)天棚面安装直线装饰线条,人工乘 1.34 系数。

2)天棚面安装圆弧装饰线条,人工乘 1.6 系数,材料乘 1.1 系数。

3)墙面安装圆弧装饰线条,人工乘 1.2 系数,材料乘 1.1 系数。

4)装饰线条做艺术图案者,人工乘 1.8 系数,材料乘 1.1 系数。

5)暖气罩挂板式是指钩挂在暖气片上;平墙式是指凹入墙内;明式是指凸出墙面;半凹半凸式按明式定额子目执行。

6)货架、柜类定额中未考虑面板拼花及饰面板上贴其他材料的花饰、造型艺术品。

第三节　其他装饰分项工程工程量计算

一、柜类货架工程量计算

柜类工程按高度分为:高柜(高度 1600mm 以上)、中柜(高度 900～1600mm)、低柜(高度

900mm 以内）；按用途分为：衣柜、书柜、资料柜、厨房壁柜、厨房吊柜、电视柜、床头柜、收银台等。

货架是指存放各种货物的架子。从规模上可分为重型托盘货架、中量型货架、轻量型货架、阁楼式货架和特殊货架五大类。

柜类、货架工程量计算规定见表 10-8。

表 10-8　　　　　　　　　　　　　柜类、货架（编码：011501）

项目编码	项目名称	项目特征	计量单位	工程量计算规则	工作内容
011501001	柜台				
011501002	酒柜				
011501003	衣柜				
011501004	存包柜				
011501005	鞋柜				
011501006	书柜				
011501007	厨房壁柜				
011501008	木壁柜	1. 台柜规格 2. 材料种类、规格 3. 五金种类、规格 4. 防护材料种类 5. 油漆品种、刷漆遍数	1. 个 2. m 3. m³	1. 以个计量，按设计图示数量计算 2. 以米计量，按设计图示尺寸以延长米计算 3. 以立方米计量，按设计图示尺寸以体积计算	1. 台柜制作、运输、安装（安放） 2. 刷防护材料、油漆 3. 五金件安装
011501009	厨房低柜				
011501010	厨房吊柜				
011501011	矮柜				
011501012	吧台背柜				
011501013	酒吧吊柜				
011501014	酒吧台				
011501015	展台				
011501016	收银台				
011501017	试衣间				
011501018	货架				
011501019	书架				
011501020	服务台				

【计算实例 1】

某货柜如图 10-1 所示，试计算其工程量。

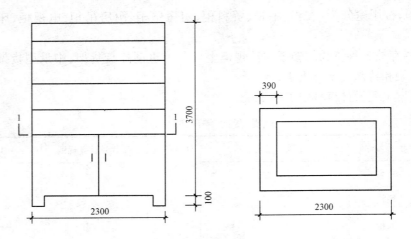

图 10-1　货柜示意图

【解】　货柜工程量＝2.3×(3.7＋0.1)×0.39＝3.41m³

清单项目工程量计算结果见表10-9。

表 10-9　　　　　　　　　　　　清单工程量计算表

项目编码	项目名称	项目特征	计量单位	工程量
011501018001	货柜	木制柜 2300mm×3700mm×390mm 木制五层,硝基漆3遍	m³	3.41

【计算实例 2】

图 10-2 所示为某木制衣柜立面图,试根据计算规则计算其工程量。

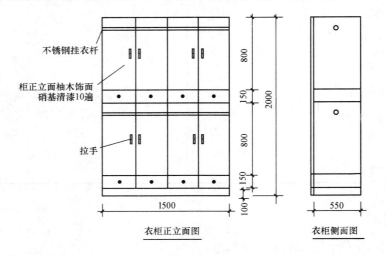

图 10-2　某木制衣柜立面图

【解】　根据清单计算规则,衣柜的清单工程量为 1 个。

清单项目工程量计算结果见表 10-10。

表 10-10　　　　　　　　　　清单工程量计算表

项目编码	项目名称	项目特征	计量单位	工程量
011501003001	衣柜	1.5m×2.0m×0.55m; 木制柜; 柚木饰面; 不锈钢五层; 硝基漆 10 遍	个	1

二、压条、装饰线工程量计算

装饰线属于墙面装饰类,用于增加感观效果。金属装饰线(压条、嵌条)是一种新型装饰材料,也是高级装饰工程中不可缺少的配套材料。金属装饰线有白色、金色、青铜色等多种,适用于现代室内装饰、壁板包边压条。效果极佳,精美高贵。木装饰线一般选用木质较硬、木纹较细、耐磨、耐腐蚀、不劈裂、切面光滑、加工性能良好、油漆上色性好、粘结性好、钉着力强的木材,经干燥处理后用机械加工或手工加工而成。石材装饰线是在石材板材的表面或沿着边缘开的一个连续凹槽,用来达到装饰目的或突出连接位置。塑料装饰线早期是选用硬聚氯乙烯树脂为主要原料,加入适量的稳定剂、增塑剂、填料、着色剂等辅助材料,经捏合、选粒、挤出成型而制得。

压条、装饰线工程量计算规定见表 10-11。

表 10-11　　　　　　　　　　压条、装饰线(编码:011502)

项目编码	项目名称	项目特征	计量单位	工程量计算规则	工作内容
011502001	金属装饰线				
011502002	木质装饰线	1. 基层类型 2. 线条材料品种、规格、颜色 3. 防护材料种类			
011502003	石材装饰线				1. 线条制作、安装 2. 刷防护材料
011502004	石膏装饰线		m	按设计图示尺寸以长度计算	
011502005	镜面玻璃线				
011502006	铝塑装饰线	1. 基层类型 2. 线条材料品种、规格、颜色 3. 防护材料种类			
011502007	塑料装饰线				
011502008	GRC 装饰线条	1. 基层类型 2. 线条规格 3. 线条安装部位 4. 填充材料种类			线条制作、安装

【计算实例 3】

图 10-3 所示,某办公楼走廊内安装一块带框镜面玻璃,采用铝合金条槽线形镶饰,长为 1500mm,宽为 1000mm,试计算其工程量。

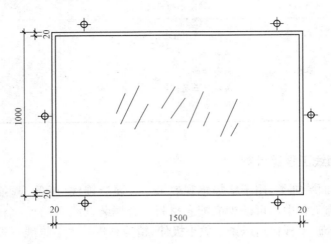

图 10-3　带框镜面玻璃

【解】　装饰线工程量＝[(1.5－0.02)＋(1.0－0.02)]×2
　　　　　　　　　＝4.92m

清单项目工程量计算结果见表 10-12。

表 10-12　　　　　　　　　　　　清单工程量计算表

项目编码	项目名称	项目特征	计量单位	工程量
011502005001	镜面玻璃线	铝合金条槽线形镶饰,长为 1500mm,宽为 1000mm	m	4.92

三、扶手、栏板、栏杆工程量计算

栏杆是桥梁和建筑上的安全设施,从形式上看,栏杆可分为节间式与连续式两种。前者由立柱、扶手及横挡组成,扶手支撑于立柱上;后者具有连续的扶手,由扶手、栏杆柱及底座组成。常见种类有:木制栏杆、石栏杆、不锈钢栏杆、铸铁栏杆、铸造石栏杆、水泥栏杆、组合式栏杆。

栏板是建筑物中起到围护作用的一种构件,供人在正常使用建筑物时防止坠落的防护措施,是一种板状护栏设施,封闭连续,一般用在阳台或屋面女儿墙部位,高度一般在 1m 左右。

扶手是护栏的支撑杆。

扶手、栏杆、栏板工程量计算规定应符合表 10-13 的规定。

表 10-13　　　　　　　　　扶手、栏杆、栏板装饰(编码:011503)

项目编码	项目名称	项目特征	计量单位	工程量计算规则	工作内容
011503001	金属扶手、栏杆、栏板	1. 扶手材料种类、规格 2. 栏杆材料种类、规格 3. 栏板材料种类、规格、颜色 4. 固定配件种类 5. 防护材料种类	m	按设计图示以扶手中心线长度(包括弯头长度)计算	1. 制作 2. 运输 3. 安装 4. 刷防护材料
011503002	硬木扶手、栏杆、栏板				
011503003	塑料扶手、栏杆、栏板				
011503004	GRC栏杆、扶手	1. 栏杆的规格 2. 安装间距 3. 扶手类型规格 4. 填充材料种类			
011503005	金属靠墙扶手	1. 扶手材料种类、规格 2. 固定配件种类 3. 防护材料种类			
011503006	硬木靠墙扶手				
011503007	塑料靠墙扶手				
011503008	玻璃栏板	1. 栏杆玻璃的种类、规格、颜色 2. 固定方式 3. 固定配件种类			

【计算实例 4】

图 10-4 所示为某六层建筑的楼梯扶手示意图,其为带木扶手的型钢栏杆,设扶手伸入平台 150mm,试计算其工程量。

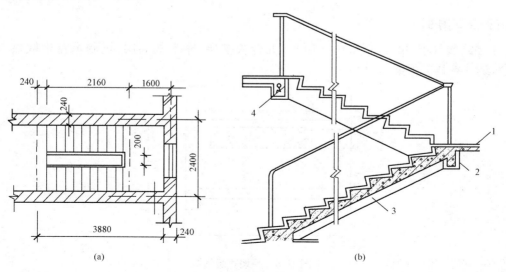

(a)　　　　　　　　　　　　　(b)

图 10-4　楼梯扶手示意图

(a)平面;(b)立面

1—平台板;2—平台梁;3—斜梁;4—台口梁

【计算分析】栏杆、扶手按扶手设计中心线长度计算。

【解】　工程量＝(2.16＋0.15×2＋0.2)×2×(6-1)×1.15＋(2.4-0.24-0.2)/2
　　　　　＝31.57m

清单项目工程量计算结果见表10-14。

表 10-14　　　　　　　　　　　清单工程量计算表

项目编码	项目名称	项目特征	计量单位	工程量
011503002001	硬木扶手、栏杆、栏板	带木扶手的型钢栏杆,设扶手伸入平台150mm	m	31.57

四、暖气罩工程量计算

暖气罩是罩在暖气片外面的一层金属或木制的外壳,它的用途主要是美化室内环境,可以挡住样子比较难看的金属制或塑料制的暖气片,同时可以防止人的不小心烫伤。目前,暖气罩的种类主要分为木质和金属质两种,最为流行的是木质暖气罩。

暖气罩工程量计算规定见表10-15。

表 10-15　　　　　　　　　　　暖气罩(编码:011504)

项目编码	项目名称	项目特征	计量单位	工程量计算规则	工作内容
011504001	饰面板暖气罩	1. 暖气罩材质 2. 防护材料种类	m²	按设计图示尺寸以垂直投影面积(不展开)计算	1. 暖气罩制作、运输、安装 2. 刷防护材料
011504002	塑料板暖气罩				
011504003	金属暖气罩				

【计算实例 5】

平墙式暖气罩,尺寸如图 10-5 所示,五合板基层,榉木板面层,机制木花格散热口,共18 个,试计算其工程量。

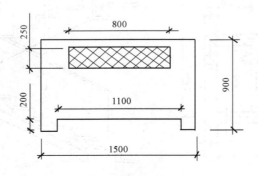

图 10-5　平墙式暖气罩

【计算分析】根据工程量计算规则,暖气罩工程量按边框外围尺寸垂直投影面积计算。

【解】 饰面板暖气罩工程量＝(1.5×0.9－1.10×0.20－0.80×0.25)×18＝16.74m²

清单项目工程量计算结果见表10-16。

表 10-16 清单工程量计算表

项目编码	项目名称	项目特征	计量单位	工程量
011504001001	饰面板暖气罩	五合板基层,榉木板面层,机制木花格散热口	m	16.74

【计算实例6】

图10-6所示为金属暖气罩示意图,尺寸为0.82m×0.77m,试计算其工程量。

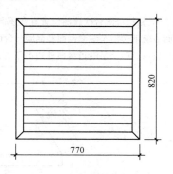

图 10-6 金属暖气罩示意图

【计算分析】根据清单工程量计算规则,工程量计算公式如下:

$$暖气罩工程量＝设计图示高度×长度$$

【解】 暖气罩工程量＝0.82×0.77＝0.63m²

清单项目工程量计算结果见表10-17。

表 10-17 清单工程量计算表

项目编码	项目名称	项目特征	计量单位	工程量
011504003001	金属暖气罩	金属暖气罩0.82m×0.77m	m²	0.63

五、浴厕配件工程量计算

1. 洗漱台工程量计算

洗漱台是卫生间中用于支承台式洗脸盆,搁放洗漱、卫生用品,同时装饰卫生间,使之显示豪华气派风格的台面。洗漱台一般用纹理颜色具有较强装饰性的云石和花岗石光面板材经磨边、开孔制作而成。

洗漱台工程量计算规定见表10-18。

表 10-18　　　　　　　　　　　　洗漱台(编码:011505)

项目编码	项目名称	项目特征	计算单位	工程量计算规则	工作内容
011505001	洗漱台	1. 材料品种、规格、颜色 2. 支架、配件品种、规格	1. m² 2. 个	1. 以平方米计量,按设计图示尺寸以台面外接矩形面积计算。不扣除孔洞、挖弯、削角所占面积,挡板、吊沿板面积并入台面面积内 2. 以个计量,按设计力求数量计算	1. 台面及支架运输、安装 2. 杆、环、盒、配件安装 3. 刷油漆

注:1. 洗漱台现场制作、切割、磨边等人工、机械的费用应包括在报价内。

　　2. 洗漱台工程量按设计图示尺寸以台面外接矩形面积 m² 计算。不扣除孔洞、挖弯、削角所占面积,挡板、吊沿板面积并入台面面积内。

　　3. 洗漱台放置洗面盆的地方必须挖洞,根据洗漱台摆放的位置有些还需选形,产生挖弯,削角,为此洗漱台的工程量按外接矩形计算。挡板指镜面玻璃下沿至洗漱台面和侧墙与台面接触部位的竖挡板(一般挡板与台面使用同种材料品种,不同材料品种应另行计算)。吊沿指台面外边沿下方的竖挡板。挡板和吊沿均以面积并入台面面积内计算。

【计算实例 7】

图 10-7 所示的大理石洗漱台共 2 个,试计算其工程量。

【解】 洗漱台工程量＝0.5×0.7×2＝0.7m² 或 2 个

清单项目工程量计算结果见表 10-19。

图 10-7　洗漱台示意图

表 10-19　　　　　　　　　　　　清单工程量计算表

项目编码	项目名称	项目特征	计量单位	工程量
011505001001	洗漱台	大理石洗漱台	m²(个)	0.7(2)

【计算实例 8】

图 10-8 所示的洗漱台,试计算其工程量。

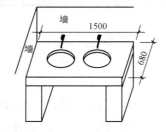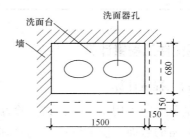

图 10-8　洗漱台示意图

【解】 洗漱台清单工程量＝1.5×0.68＝1.02m²

清单项目工程量计算结果见表 10-20。

表 10-20　　　　　　　　　　　　清单工程量计算表

项目编码	项目名称	项目特征	计量单位	工程量
011505001001	洗漱台	大理石洗漱台	m²	1.02

2. 镜面玻璃工程量计算

镜面玻璃选用的材料规格、品种、颜色或图案等均应符合设计要求,不得随意改动。镜面玻璃应存放于干燥通风的室内,玻璃箱应竖直立放,不应斜放或平放。安装后的镜面应达到平整、清洁,接缝顺直、严密,不得有翘起、松动、裂纹和掉角等质量弊病。

镜面玻璃工程量计算规定见表 10-21。

表 10-21　　　　　　　　　　　镜面玻璃(编码:011505)

项目编码	项目名称	项目特征	计算单位	工程量计算规则	工作内容
011505010	镜面玻璃	1. 镜面玻璃品种、规格 2. 框材质、断面尺寸 3. 基层材料种类 4. 防护材料种类	m²	按设计图示尺寸以边框外围面积计算	1. 基层安装 2. 玻璃及框制作、运输、安装

【计算实例 9】

图 10-9 所示为卫生间示意图,试计算其工程量。

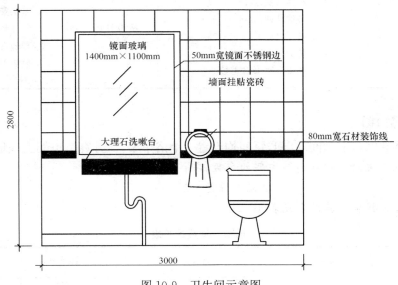

图 10-9 卫生间示意图

【解】 镜面玻璃工程量＝1.1×1.4＝1.54m²

清单项目工程量计算结果见表10-22。

表 10-22　　　　　　　　　　　清单工程量计算表

项目编码	项目名称	项目特征	计量单位	工程量
011505010001	镜面玻璃	镜面玻璃1400mm×1100mm	m²	1.54

3. 其他浴厕配件工程量计算

浴厕其他配件主要指晒衣架、帘子杆、浴缸拉手、毛巾杆(架)、毛巾环、卫生纸盒、肥皂盒等。

浴厕其他配件工程量计算规定见表10-23。

表 10-23　　　　　　　　　　浴厕其他配件(编码:011505)

项目编码	项目名称	项目特征	计量单位	工程量计算规则	工作内容
011505002	晒衣架		个	按设计图示数量计算	1. 台面及支架运输、安装 2. 杆、环、盒、配件安装 3. 刷油漆
011505003	帘子杆				
011505004	浴缸拉手				
011505005	卫生间扶手	1. 材料品种、规格、颜色 2. 支架、配件品种、规格			
011505006	毛巾杆(架)		套		1. 台面及支架制作、运输、安装 2. 杆、环、盒、配件安装 3. 刷油漆
011505007	毛巾环		副		
011505008	卫生纸盒		个		
011505009	肥皂盒				
011505011	镜箱	1. 箱体材质、规格 2. 玻璃品种、规格 3. 基层材料种类 4. 防护材料种类 5. 油漆品种、刷漆遍数	个	按设计图示数量计算	1. 基层安装 2. 箱体制作、运输、安装 3. 玻璃安装 4. 刷防护材料、油漆

【计算实例10】

某宾馆共有客房卫生间50间,每间均设置一个浴巾架,试计算浴巾架工程量。

【解】 浴巾架的工程量为浴巾架的个数,即:

浴巾架工程量＝1×50＝50个

清单项目工程量计算结果见表10-24。

表 10-24　　　　　　　　　　　清单工程量计算表

项目编码	项目名称	项目特征	计量单位	工程量
011505006001	毛巾杆(架)	不锈钢	个	50

六、雨篷、旗杆工程量计算

雨篷除可保护大门不受侵害外,还具有一定的装饰作用。按结构形式的不同,雨篷有板式和梁板式两种。传统的店面雨篷,一般都承担雨篷兼招牌的双重作用。现在店面往往以丰富入口及立面造型为主要目的,制作凸出和悬挑于入口上部建筑立面的雨篷式构造。

雨篷、旗杆工程量计算规定见表 10-25。

表 10-25　　　　　　　　　　　雨篷、旗杆(编码:011506)

项目编码	项目名称	项目特征	计算单位	工程量计算规则	工作内容
011506001	雨篷吊挂饰面	1. 基层类型 2. 龙骨材料种类、规格、中距 3. 面层材料品种、规格 4. 吊顶(天棚)材料、品种、规格 5. 嵌缝材料种类 6. 防护材料种类	m²	按设计图示尺寸以水平投影面积计算	1. 底层抹灰 2. 龙骨基层安装 3. 面层安装 4. 刷防护材料、油漆
011506002	金属旗杆	1. 旗杆材料、种类、规格 2. 旗杆高度 3. 基础材料种类 4. 基座材料种类 5. 基座面层材料、种类、规格	根	按设计图示数量计算	1. 土石挖填 2. 基础混凝土浇筑 3. 旗杆制作、安装 4. 旗杆台座制作、饰面
011506003	玻璃雨篷	1. 玻璃雨篷固定方式 2. 龙骨材料种类、规格、中距 3. 玻璃材料品种、规格 4. 嵌缝材料种类 5. 防护材料种类	m²	按设计图示尺寸以水平投影面积计算	1. 龙骨基层安装 2. 面层安装 3. 刷防护材料、油漆

【计算实例 11】

图 10-10 所示某商店的店门前的雨篷吊挂饰面采用金属压型板,高 400mm,长 3000mm,宽 600mm,试计算其工程量。

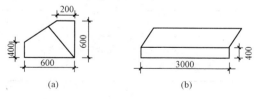

图 10-10　某商店雨篷
(a)侧立面平;(b)平面图

【解】　根据清单工程量计算规则,雨篷吊挂饰面工程量=3×0.6=1.8m²

清单项目工程量计算结果见表10-26。

表 10-26 清单工程量计算表

项目编码	项目名称	项目特征	计量单位	工程量
011506001001	雨篷吊挂饰面	金属压型板;长3000mm,宽600mm,高400mm	m²	1.8

七、招牌、灯箱工程量计算

1. 招牌工程量计算

平面箱式招牌是一种广告招牌形式,主要强调平面感,描绘精致,多用于墙面。

平面、箱式招牌工程量计算规定见表10-27。

表 10-27 平面、箱式招牌(编码:011507)

项目编码	项目名称	项目特征	计算单位	工程量计算规则	工作内容
011507001	平面、箱式招牌	1. 箱体规格 2. 基层材料种类 3. 面层材料种类 4. 防护材料种类	m²	按设计图示尺寸以正立面边框外围面积计算。复杂形的凸凹造型部分不增加面积	1. 基层安装 2. 箱体及支架制作、运输、安装 3. 面层制作、安装 4. 刷防护材料、油漆

【计算实例 12】

某工程檐口上方设招牌,长28m,高1.5m,钢结构龙骨,九夹板基层,塑铝板面层。试计算其工程量。

【解】 本例为招牌、灯箱工程中平面、箱式招牌,其工程量计算公式如下:

$$平面招牌工程量=设计净长度×设计净宽度$$
$$=28×1.5=42m²$$

清单项目工程量计算结果见表10-28。

表 10-28 清单工程量计算表

项目编码	项目名称	项目特征	计量单位	工程量
011507001001	平面、箱式招牌	长28m,高1.5m钢结构龙骨,九夹板基层,塑铝板面层	m²	42

2. 竖式标箱、灯箱工程量计算

灯箱主要用作户外广告,分布于道路、街道两旁,以及影院、车站、商业区、机场、公园等公共场所。灯箱与墙体的连接方法较多,常用的方法有悬吊、悬挑和附贴等。

竖式标箱、灯箱、信报箱工程量计算规定见表10-29。

表 10-29 竖式标箱、灯箱、信报箱(编码:011507)

项目编码	项目名称	项目特征	计算单位	工程量计算规则	工作内容
011507002	竖式标箱	1. 箱体规格 2. 基层材料种类 3. 面层材料种类 4. 防护材料种类	个	按设计图示数量计算	1. 基层安装 2. 箱体及支架制作、运输、安装 3. 面层制作、安装 4. 刷防护材料、油漆
011507003	灯箱				
011507004	信报箱	1. 箱体规格 2. 基层材料种类 3. 面层材料种类 4. 防护材料种类 5. 户数			

【计算实例 13】

某商店前设 1 灯箱,长 1.5m,高 0.6m,试计算其工程量。

【解】 根据清单工程量计算规则,灯箱工程量＝1 个

清单项目工程量计算结果见表 10-30。

表 10-30 清单工程量计算表

项目编码	项目名称	项目特征	计量单位	工程量
011507003001	灯箱	灯箱长 1.5m,高 0.6m	个	1

八、美术字工程量计算

美术字是指制作广告牌时所用的一种装饰字。根据使用材料的不同,可分为泡沫塑料字、有机玻璃字、木质字和金属字。木质字因为其材料的普遍性,所以历史悠久。但由于森林资源的匮乏,优质木材更是奇缺,价格昂贵,所以一般字牌都不采用木质字,而采用泡沫塑料字或有机玻璃字。

美术字工程量计算规定见表 10-31。

表 10-31 美术字(编码:011508)

项目编码	项目名称	项目特征	计算单位	工程量计算规则	工作内容
011508001	泡沫塑料字	1. 基层类型 2. 镌字材料品种、颜色 3. 字体规格 4. 固定方式 5. 油漆品种、刷漆遍数	个	按设计图示数量计算	1. 字制作、运输、安装 2. 刷油漆
011508002	有机玻璃字				
011508003	木质字				
011508004	金属字				
011508005	吸塑字				

【计算实例 14】

某工程檐口上方设招牌,长 28m,高 1.5m,钢结构龙骨,九夹板基层,铝塑板面层,上嵌 8 个1000mm×1000mm泡沫塑料大字,试计算美术字工程量。

【解】 泡沫塑料字工程量计算如下:

计算公式为:泡沫塑料字工程量＝设计图示数量＝8 个

清单项目工程量计算结果见表 10-32。

表 10-32　　　　　　　　　　　　　　**清单工程量计算表**

项目编码	项目名称	项目特征	计量单位	工程量
011508001001	泡沫塑料字	长 28m,高 1.5m,钢结构龙骨 九夹板基层,铝塑板面层 字体规格:1000mm×1000mm	个	8

【计算实例 15】

图 10-11 所示为某公司招牌示意图,计算有机玻璃招牌字工程量。

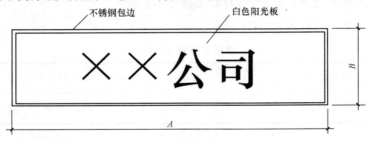

图 10-11　公司招牌示意图

【计算分析】有机玻璃招牌字工程量＝4 个

清单项目工程量计算结果见表 10-33。

表 10-33　　　　　　　　　　　　　　**清单工程量计算表**

项目编码	项目名称	项目特征	计量单位	工程量
011508002001	有机玻璃字	红色有机玻璃、招牌字、仿宋字体	个	4

第十一章 拆除工程工程量计算

"13计价规范"中新增加了对拆除工程工程量的计算,其适用于房屋工程的维修、加固、二次装修前的拆除,不适用于房屋的整体拆除。

第一节 拆除工程工程量计算规则

1. 砖砌体拆除工程量计算

砖砌体拆除工程工程量清单项目设置及工程量计算规则见表11-1。

表 11-1　　　　　　　　　砖砌体拆除(编码:011601)

项目编码	项目名称	项目特征	计量单位	工程量计算规则	工作内容
011601001	砖砌体拆除	1. 砌体名称 2. 砌体材质 3. 拆除高度 4. 拆除砌体的截面尺寸 5. 砌体表面的附着物种类	1. m³ 2. m	1. 以立方米计量,按拆除的体积计算 2. 以米计量,按拆除的延长米计算	1. 拆除 2. 控制扬尘 3. 清理 4. 建渣场内、外运输

2. 混凝土及钢筋混凝土构件拆除工程量计算

混凝土及钢筋混凝土构件拆除工程工程量清单项目设置及工程量计算规则见表11-2。

表 11-2　　　　　　混凝土及钢筋混凝土构件拆除(编码:011602)

项目编码	项目名称	项目特征	计量单位	工程量计算规则	工作内容
011602001	混凝土构件拆除	1. 构件名称 2. 拆除构件的厚度或规格尺寸 3. 构件表面的附着物种类	1. m³ 2. m² 3. m	1. 以立方米计量,按拆除构件的混凝土体积计算 2. 以平方米计量,按拆除部位的面积计算 3. 以米计量,按拆除部位的延长米计算	1. 拆除 2. 控制扬尘 3. 清理 4. 建渣场内、外运输
011602002	钢筋混凝土构件拆除				

3. 木构件拆除工程量计算

木构件拆除工程工程量清单项目设置及工程量计算规则见表11-3。

表 11-3　　　　　　　　　　木构件拆除（编码：011603）

项目编码	项目名称	项目特征	计量单位	工程量计算规则	工作内容
011603001	木构件拆除	1. 构件名称 2. 拆除构件的厚度或规格尺寸 3. 构件表面的附着物种类	1. m³ 2. m² 3. m	1. 以立方米计量，按拆除构件的体积计算 2. 以平方米计量，按拆除面积计算 3. 以米计量，按拆除延长米计算	1. 拆除 2. 控制扬尘 3. 清理 4. 建渣场内、外运输

4. 抹灰层拆除工程量计算

抹灰层拆除工程工程量清单项目设置及工程量计算规则见表 11-4。

表 11-4　　　　　　　　　　抹灰层拆除（编码：011604）

项目编码	项目名称	项目特征	计量单位	工程量计算规则	工作内容
011604001	平面抹灰层拆除	1. 拆除部位 2. 抹灰层种类	m²	按拆除部位的面积计算	1. 拆除 2. 控制扬尘 3. 清理 4. 建渣场内、外运输
011604002	立面抹灰层拆除				
011604003	天棚抹灰面拆除				

5. 块料面层拆除工程量计算

块料面层拆除工程工程量清单项目设置及工程量计算规则见表 11-5。

表 11-5　　　　　　　　　　块料面层拆除（编码：011605）

项目编码	项目名称	项目特征	计量单位	工程量计算规则	工作内容
011605001	平面块料拆除	1. 拆除的基层类型 2. 饰面材料种类	m²	按拆除面积计算	1. 拆除 2. 控制扬尘 3. 清理 4. 建渣场内、外运输
011605002	立面块料拆除				

6. 龙骨及饰面拆除工程量计算

龙骨及饰面拆除工程工程量清单项目设置及工程量计算规则见表 11-6。

表 11-6　　　　　　　　　　龙骨及饰面拆除（编码：011606）

项目编码	项目名称	项目特征	计量单位	工程量计算规则	工作内容
011606001	楼地面龙骨及饰面拆除	1. 拆除的基层类型 2. 龙骨及饰面种类	m²	按拆除面积计算	1. 拆除 2. 控制扬尘 3. 清理 4. 建渣场内、外运输
011606002	墙柱面龙骨及饰面拆除				
011606003	天棚面龙骨及饰面拆除				

7. 屋面拆除工程量计算

屋面拆除工程工程量清单项目设置及工程量计算规则见表11-7。

表 11-7　　　　　　　　　　　屋面拆除(编码:011607)

项目编码	项目名称	项目特征	计量单位	工程量计算规则	工作内容
011607001	刚性层拆除	刚性层厚度	m²	按铲除部位的面积计算	1. 铲除 2. 控制扬尘 3. 清理 4. 建渣场内、外运输
011607002	防水层拆除	防水层种类			

8. 铲除油漆涂料裱糊面工程量计算

铲除油漆涂料裱糊面工程工程量清单项目设置及工程量计算规则见表11-8。

表 11-8　　　　　　　　　　铲除油漆涂料裱糊面(编码:011608)

项目编码	项目名称	项目特征	计量单位	工程量计算规则	工作内容
011608001	铲除油漆面	1. 铲除部位名称 2. 铲除部位的截面尺寸	1. m² 2. m	1. 以平方米计量,按铲除部位的面积计算 2. 以米计量,按铲除部位的延长米计算	1. 铲除 2. 控制扬尘 3. 清理 4. 建渣场内、外运输
011608002	铲除涂料面				
011608003	铲除裱糊面				

9. 栏杆栏板、轻质隔断隔墙拆除工程量计算

栏杆栏板、轻质隔断隔墙拆除工程工程量清单项目设置及工程量计算规则见表11-9。

表 11-9　　　　　　　栏杆栏板、轻质隔断隔墙拆除(编码:011609)

项目编码	项目名称	项目特征	计量单位	工程量计算规则	工作内容
011609001	栏杆、栏板拆除	1. 栏杆(板)的高度 2. 栏杆、栏板种类	1. m² 2. m	1. 以平方米计量,按拆除部位的面积计算 2. 以米计量,按拆除的延长米计算	1. 拆除 2. 控制扬尘 3. 清理 4. 建渣场内、外运输
011609002	隔断隔墙拆除	1. 拆除隔墙的骨架种类 2. 拆除隔墙的饰面种类	m²	按拆除部位的面积计算	

10. 门窗拆除工程量计算

门窗拆除工程工程量清单项目设置及工程量计算规则见表11-10。

表 11-10 　　　　　　　　门窗拆除(编码:011610)

项目编码	项目名称	项目特征	计量单位	工程量计算规则	工作内容
011610001	木门窗拆除	1. 室内高度 2. 门窗洞口尺寸	1. m² 2. 樘	1. 以平方米计量,按拆除面积计算 2. 以樘计量,按拆除樘数计算	1. 拆除 2. 控制扬尘 3. 清理 4. 建渣场内、外运输
011610002	金属门窗拆除				

11. 金属构件拆除工程量计算

金属构件拆除工程工程量清单项目设置及工程量计算规则见表 11-11。

表 11-11 　　　　　　　金属构件拆除(编码:011611)

项目编码	项目名称	项目特征	计量单位	工程量计算规则	工作内容
011611001	钢梁拆除	1. 构件名称 2. 拆除构件的规格尺寸	1. t 2. m	1. 以吨计量,按拆除构件的质量计算 2. 以米计量,按拆除延长米计算	1. 拆除 2. 控制扬尘 3. 清理 4. 建渣场内、外运输
011611002	钢柱拆除				
011611003	钢网架拆除		t	按拆除构件的质量计算	
011611004	钢支撑、钢墙架拆除		1. t 2. m	1. 以吨计量,按拆除构件的质量计算 2. 以米计量,按拆除延长米计算	
011611005	其他金属构件拆除				

12. 管道及卫生洁具拆除工程量计算

管道及卫生洁具拆除工程工程量清单项目设置及工程量计算规则见表 11-12。

表 11-12 　　　　　　管道及卫生洁具拆除(编码:011612)

项目编码	项目名称	项目特征	计量单位	工程量计算规则	工作内容
011612001	管道拆除	1. 管道种类、材质 2. 管道上的附着物种类	m	按拆除管道的延长米计算	1. 拆除 2. 控制扬尘 3. 清理 4. 建渣场内、外运输
011612002	卫生洁具拆除	卫生洁具种类	1. 套 2. 个	按拆除的数量计算	

13. 灯具、玻璃拆除工程量计算

灯具、玻璃拆除工程工程量清单项目设置及工程量计算规则见表 11-13。

表 11-13 灯具、玻璃拆除(编码:011613)

项目编码	项目名称	项目特征	计量单位	工程量计算规则	工作内容
011613001	灯具拆除	1. 拆除灯具高度 2. 灯具种类	套	按拆除的数量计算	1. 拆除 2. 控制扬尘 3. 清理 4. 建渣场内、外运输
011613002	玻璃拆除	1. 玻璃厚度 2. 拆除部位	m²	按拆除的面积计算	

14. 其他构件拆除工程量计算

其他构件拆除工程工程量清单项目设置及工程量计算规则见表 11-14。

表 11-14 其他构件拆除(编码:011614)

项目编码	项目名称	项目特征	计量单位	工程量计算规则	工作内容
011614001	暖气罩拆除	暖气罩材质	1. 个 2. m	1. 以个为单位计量,按拆除个数计算 2. 以米为单位计量,按拆除延长米计算	1. 拆除 2. 控制扬尘 3. 清理 4. 建渣场内、外运输
011614002	柜体拆除	1. 柜体材质 2. 柜体尺寸:长、宽、局			
011614003	窗台板拆除	窗台板平面尺寸	1. 块 2. m	1. 以块计量,按拆除数量计算 2. 以米计量,按拆除的延长米计算	
011614004	筒子板拆除	筒子板的平面尺寸			
011614005	窗帘盒拆除	窗帘盒的平面尺寸	m	按拆除的延长米计算	
011614006	窗帘轨拆除	窗帘轨的材质			

15. 开孔(打洞)工程量计算

开孔(打洞)工程工程量清单项目设置及工程量计算规则见表 11-15。

表 11-15 开孔(打洞)(编码:011615)

项目编码	项目名称	项目特征	计量单位	工程量计算规则	工作内容
011615001	开孔(打洞)	1. 部位 2. 打洞部位材质 3. 洞尺寸	个	按数量计算	1. 拆除 2. 控制扬尘 3. 清理 4. 建渣场内、外运输

第二节　拆除工程工程量计算说明

1. 砖砌体拆除工程量计算说明

(1)砌体名称指墙、柱、水池等。

(2)砌体表面的附着物种类指抹灰层、块料层、龙骨及装饰面层等。

(3)以米计量,如砖地沟、砖明沟等必须描述拆除部位的截面尺寸;以立方米计量,截面尺寸则不必描述。

2. 混凝土及钢筋混凝土构件拆除工程量计算说明

(1)以立方米为计量单位时,可不描述构件的规格尺寸;以平方米为计量单位时,则应描述构件的厚度;以米为计量单位时,则必须描述构件的规格尺寸。

(2)构件表面的附着物种类指抹灰层、块料层、龙骨及装饰面层等。

3. 木构件拆除工程量计算说明

(1)拆除木构件应按木梁、木柱、木楼梯、木屋架、承重木楼板等分别在构件名称中描述。

(2)以立方米为计量单位时,可不描述构件的规格尺寸;以平方米为计量单位时,则应描述构件的厚度;以米为计量单位时,则必须描述构件的规格尺寸。

(3)构件表面的附着物种类指抹灰层、块料层、龙骨及装饰面层等。

4. 抹灰层拆除工程量计算说明

(1)单独拆除抹灰层应按表 11-4 中的项目编码列项。

(2)抹灰层种类可描述为一般抹灰或装饰抹灰。

5. 块料面层拆除工程量计算说明

(1)如仅拆除块料层,拆除的基层类型不用描述。

(2)拆除的基层类型的描述指砂浆层、防水层、干挂或挂贴所采用的钢骨架层等。

6. 龙骨及饰面拆除工程量计算说明

(1)基层类型的描述指砂浆层、防水层等。

(2)如仅拆除龙骨及饰面,拆除的基层类型不用描述。

(3)如只拆除饰面,不用描述龙骨材料种类。

7. 铲除油漆涂料裱糊面工程量计算说明

(1)单独铲除油漆涂料裱糊面的工程按表 11-8 中的项目编码列项。

(2)铲除部位名称的描述指墙面、柱面、天棚、门窗等。

(3)按米计量,必须描述铲除部位的截面尺寸;以平方米计量时,则不用描述铲除部位的截面尺寸。

8. 栏杆栏板、轻质隔断隔墙拆除工程量计算说明

以平方米计量,不用描述栏杆(板)的高度。

9. 门窗拆除工程量计算说明

门窗拆除以平方米计量,不用描述门窗的洞口尺寸。室内高度指室内楼地面至门窗的上边框。

10. 灯具、玻璃拆除工程量计算说明

拆除部位的描述指门窗玻璃、隔断玻璃、墙玻璃、家具玻璃等。

11. 其他构件拆除工程量计算说明

双轨窗帘轨拆除按双轨长度分别计算工程量。

12. 开孔(打洞)工程量计算说明

(1)部位可描述为墙面或楼板。

(2)打洞部位材质可描述为页岩砖或空心砖或钢筋混凝土等。

第十二章 措施项目

第一节 单价措施项目

一、脚手架工程

1. 相关知识

(1)脚手架的概念。脚手架是指为施工作业需要所搭设的架子。随着脚手架品种和多功能用途的发展,现已扩展为使用脚手架材料(杆件、配件和构件)所搭设的用于施工要求的各种临时性构架。

(2)脚手架的分类与构造。

1)脚手架主要有以下几种分类方法:

①按用途分为操作(作业)脚手架、防护用脚手架、承重支撑用脚手架。

②按构架方式分为杆件组合式脚手架、框架组合式脚手架、格构件组合式脚手架和台架。

③按设置形式分为单排脚手架、双排脚手架、多排脚手架、满堂脚手架、满高脚手架、交圈(周边)脚手架和特形脚手架。

④按脚手架的支固方式分为落地式脚手架、悬挑脚手架、附墙悬挂脚手架、悬吊脚手架、附着升降脚手架和水平移动脚手架。

⑤按脚手架平、立杆的连接方式分为承插式脚手架、扣接式脚手架和销栓式脚手架。

⑥按脚手架材料分为竹脚手架、木脚手架和钢管或金属脚手架。

2)扣件式钢管外脚手架构造形式如图 12-1 所示。其相邻立杆接头位置应错开布置在不同的步距内,与相近大横杆的距离不宜大于步距的 1/3,上下横杆的接长位置也应错开布置在不同的立杆纵距中,与相邻立杆的距离不大于纵距的 1/3(图 12-2)。

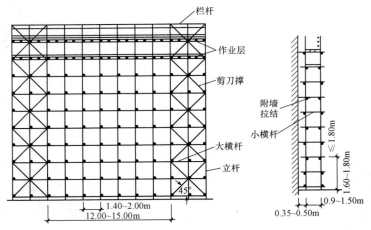

图 12-1　扣件式钢管外脚手架

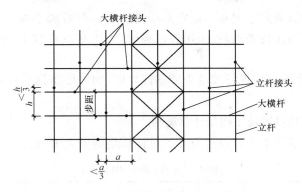

图 12-2 立杆、大横杆的接头位置

2. 基础定额工作内容及有关规定

(1)定额工作内容

1)外脚手架工作内容包括:平土、挖坑、安底座、打缆风绳、场内外材料运输、搭拆脚手架、上料平台、挡脚板、护身栏杆、上下翻板子和拆除后的材料堆放整理等。

2)里脚手架工作内容包括:平土、挖坑、选料、材料的内外运输、搭拆架子、脚手架、拆除后材料堆放等。

3)满堂脚手架工作内容包括:平土、挖坑、安底座、选料、材料的内外运输、搭拆架子、搭拆脚手板等。

4)悬空脚手架、挑脚手架、防护架工作内容包括:选料、绑拆架子、护身栏杆、铺拆板子、安全挡板、挂卸安全网、材料场内运输等。

5)依附斜道工作内容包括:平土、挖坑、安底座、选料、搭架子、斜道、平台、挡脚板、栏杆、钉防滑条、材料场内外运输、拆除等。

6)安全网工作内容包括:支撑、挂网、翻网绳、阴阳角挂绳、拆除等。

7)烟囱(水塔)脚手架工作内容包括:挖坑、平台、搭拆脚手架、打缆风桩、拉缆风绳等。

8)电梯井字架工作内容包括:平土、安装底座、搭设、拆除脚手架等。

9)架空运输道工作内容包括:平地、安装底座、脚手架搭设、拆除等。

(2)定额一般规定

1)本定额脚手架、里脚手架、按搭设材料分为木制、竹制、钢管脚手架;烟囱脚手架和电梯井字脚手架为钢管式脚手架。

2)外脚手架定额中均综合了上料平台、护卫栏杆等。

3)斜道是按依附斜道编制的,独立斜道按依附斜道定额项目人工、材料、机械乘以系数1.8。

4)水平防护架和垂直防护架指脚手架以外单独搭设的,用于车辆通道、人行通道、临街防护和施工与其他物体隔离等的防护。

5)烟囱脚手架综合了垂直运输架、斜道、缆风绳、地锚等。

6)水搭脚手架按相应的烟囱脚手架人工乘以系数1.11,其他不变。

7)架空运输道,以架宽2m为准,如架宽超过2m时,应按相应项目乘以系数1.2,超过3m时按相应项目乘以系数1.5。

8)满堂基础套用满堂脚手架基本层定额项目的50％计算脚手架。

9)外架全封闭材料按竹考虑,如采用竹笆板时,人工乘以系数1.10;采用纺织布时,人工乘以系数0.80。

10)高层钢管脚手架是按现行规范为依据计算的,如采用型钢平台加固时,各地市自行补充定额。

3. 工程量清单项目设置及工程量计算规则

脚手架工程工程量清单项目设置及工程量计算规则见表12-1。

表 12-1   脚手架工程(编码:011701)

项目编码	项目名称	项目特征	计量单位	工程量计算规则	工作内容
011701001	综合脚手架	1. 建筑结构形式 2. 檐口高度	m²	按建筑面积计算	1. 场内、场外材料搬运 2. 搭、拆脚手架、斜道、上料平台 3. 安全网的铺设 4. 选择附墙点与主体连接 5. 测试电动装置、安全锁等 6. 拆除脚手架后材料的堆放
011701002	外脚手架	1. 搭设方式 2. 搭设高度 3. 脚手架材质		按所服务对象的垂直投影面积计算	1. 场内、场外材料搬运 2. 搭、拆脚手架、斜道、上料平台 3. 安全网的铺设 4. 拆除脚手架后材料的堆放
011701003	里脚手架				
011701004	悬空脚手架	1. 搭设方式 2. 悬挑宽度 3. 脚手架材质		按搭设的水平投影面积计算	
011701005	挑脚手架		m	按搭设长度乘以搭设层数以延长米计算	
011701006	满堂脚手架	1. 搭设方式 2. 搭设高度 3. 脚手架材质		按搭设的水平投影面积计算	
011701007	整体提升架	1. 搭设方式及启动装置 2. 搭设高度	m²	按所服务对象的垂直投影面积计算	1. 场内、场外材料搬运 2. 选择附墙点与主体连接 3. 搭、拆脚手架、斜道、上料平台 4. 安全网的铺设 5. 测试电动装置、安全锁等 6. 拆除脚手架后材料的堆放
011701008	外装饰吊篮	1. 升降方式及启动装置 2. 搭设高度及吊篮型号			1. 场内、场外材料搬运 2. 吊篮的安装 3. 测试电动装置、安全锁、平衡控制器等 4. 吊篮的拆卸

4. 工程量计算相关说明

（1）使用综合脚手架时，不再使用外脚手架、里脚手架等单项脚手架；综合脚手架适用于能够按"建筑面积计算规则"计算建筑面积的建筑工程脚手架，不适用于房屋加层、构筑物及附属工程脚手架。

（2）同一建筑物有不同檐高时，按建筑物竖向切面分别按不同檐高编列清单项目。

（3）整体提升架已包括2m高的防护架体设施。

（4）脚手架材质可以不描述，但应注明由投标人根据工程实际情况按照国家现行标准《建筑施工扣件式钢管脚手架安全技术规范》（JGJ 130）、《建筑施工附着升降脚手架管理暂行规定》（建建[2000]230号）等规范自行确定。

二、混凝土模板及支架(撑)

1. 工程量清单项目设置及工程量计算规则

混凝土模板及支架（撑）工程工程量清单项目设置及工程量计算规则见表12-2。

表 12-2　　　　　　　　　　　混凝土模板及支架(撑)(编码:011702)

项目编码	项目名称	项目特征	计量单位	工程量计算规则	工作内容
011702001	基础	基础类型		按模板与现浇混凝土构件的接触面积计算 1. 现浇钢筋混凝土墙、板单孔面积≤0.3m² 的孔洞不予扣除，洞侧壁模板亦不增加；单孔面积＞0.3m² 时应予扣除，洞侧壁模板面积并入墙、板工程量内计算 2. 现浇框架分别按梁、板、柱有关规定计算；附墙柱、暗梁、暗柱并入墙内工程量内计算 3. 柱、梁、墙、板相互连接的重叠部分，均不计算模板面积 4. 构造柱按图示外露部分计算模板面积	1. 模板制作 2. 模板安装、拆除、整理堆放及场内外运输 3. 清理模板粘结物及模内杂物、刷隔离剂等
011702002	矩形柱				
011702003	构造柱				
011702004	异形柱	柱截面形状			
011702005	基础梁	梁截面形状			
011702006	矩形梁	支撑高度	m²		
011702007	异形梁	1. 梁截面形状 2. 支撑高度			
011702008	圈梁				
011702009	过梁				
011702010	弧形、拱形梁	1. 梁截面形状 2. 支撑高度			

续一

项目编码	项目名称	项目特征	计量单位	工程量计算规则	工作内容
011702011	直形墙			按模板与现浇混凝土构件的接触面积计算 1. 现浇钢筋混凝土墙、板单孔面积≤0.3m² 的孔洞不予扣除,洞侧壁模板亦不增加;单孔面积＞0.3m² 时应予扣除,洞侧壁模板面积并入墙、板工程量内计算 2. 现浇框架分别按梁、板、柱有关规定计算;附墙柱、暗梁、暗柱并入墙内工程量内计算 3. 柱、梁、墙、板相互连接的重叠部分,均不计算模板面积 4. 构造柱按图示外露部分计算模板面积	
011702012	弧形墙				
011702013	短肢剪力墙、电梯井壁				
011702014	有梁板				
011702015	无梁板	支撑高度			
011702016	平板				
011702017	拱板				
011702018	薄壳板				
0]1702019	空心板				
011702020	其他板				
011702021	栏板				
011702022	天沟、檐沟	构件类型	m²	按模板与现浇混凝土构件的接触面积计算	1. 模板制作 2. 模板安装、拆除、整理堆放及场内外运输 3. 清理模板粘结物及模内杂物、刷隔离剂等
011702023	雨篷、悬挑板、阳台板	1. 构件类型 2. 板厚度		按图示外挑部分尺寸的水平投影面积计算,挑出墙外的悬臂梁及板边不另计算	
011702024	楼梯	类型		按楼梯(包括休息平台、平台梁、斜梁和楼层板的连接梁)的水平投影面积计算,不扣除宽度≤500mm 的楼梯井所占面积,楼梯踏步、踏步板、平台梁等侧面模板不另计算,伸入墙内部分亦不增加	
011702025	其他现浇构件	构件类型		按模板与现浇混凝土构件的接触面积计算	
011702026	电缆沟、地沟	1. 沟类型 2. 沟截面		按模板与电缆沟、地沟接触的面积计算	
011702027	台阶	台阶踏步宽		按图示台阶水平投影面积计算,台阶端头两侧不另计算模板面积。架空式混凝土台阶,按现浇楼梯计算	
011702028	扶手	扶手断面尺寸		按模板与扶手的接触面积计算	

续二

项目编码	项目名称	项目特征	计量单位	工程量计算规则	工作内容
011702029	散水		m²	按模板与散水的接触面积计算	1. 模板制作 2. 模板安装、拆除、整理堆放及场内外运输 3. 清理模板粘结物及模内杂物、刷隔离剂等
011702030	后浇带	后浇带部位		按模板与后浇带的接触面积计算	
011702031	化粪池	1. 化粪池部位 2. 化粪池规格		按模板与混凝土接触面积计算	
011702032	检查井	1. 检查井部位 2. 检查井规格			

2. 工程量计算相关说明

(1)原槽浇灌的混凝土基础,不计算模板。

(2)混凝土模板及支撑(架)项目,只适用于以平方米计量,按模板与混凝土构件的接触面积计算。以立方米计量的模板及支撑(支架),按混凝土及钢筋混凝土实体项目执行,其综合单价中应包含模板及支撑(支架)。

(3)采用清水模板时,应在特征中注明。

(4)若现浇混凝土梁、板支撑高度超过 3.6m 时,项目特征应描述支撑高度。

三、垂直运输

1. 基础定额工作内容及有关规定

(1)定额工作内容

1)20m(6 层)以内卷扬机施工包括单位工程在合理工期内完成全部工程项目所需的卷扬机台班。

2)20m(6 层)以内塔式起重机施工包括单位工程在合理工期内完成全部工程项目所需的塔吊、卷扬机台班。

3)20m(6 层)以上塔式起重机施工包括单位工程在合理工期内完成全部工程项目所需的塔吊、卷扬机、外用电梯和通信用步话机以及通信联络配备的人工。

4)构筑物的垂直运输包括单位工程在合理工期内完成全部工程项目所需要的塔吊、卷扬机。

(2)定额一般规定

1)建筑物垂直运输。

①檐高是指设计室外地坪至檐口的高度,突出主体建筑屋顶的电梯间、水箱间等不计入檐口高度之内。

②本定额工作内容,包括单位工程在合理工期内完成全部工程项目所需的垂直运输机械台班,不包括机械的场外往返运输,一次安拆及路基铺垫和轨道铺拆等的费用。

③同一建筑物多种用途(或多种结构),按不同用途或结构分别计算。分别计算后的建筑物檐高均应以该建筑物总檐高为准。

④本定额中现浇框架系指柱、梁全部为现浇的钢筋混凝土框架结构,如部分现浇时按现浇框架定额乘以 0.96 系数,如楼板也为现浇的钢筋混凝土时,按现浇框架定额乘以 1.04 系数。

⑤预制钢筋混凝土柱、钢屋架的单层厂房按预制排架定额计算。

⑥单身宿舍按住宅定额乘以 0.9 系数。

⑦本定额是按Ⅰ类厂房为准编制的,Ⅱ类厂房定额乘以 1.14 系数。厂房分类见表 12-3。

表 12-3　　　　　　　　　　　　　　　　厂房分类

Ⅰ 类	Ⅱ 类
机加工、机修、五金缝纫、一般纺织(粗纺、制条、洗毛等)及无特殊要求的车间	厂房内设备基础及工艺要求较复杂、建筑设备或建筑标准较高的车间。如铸造、锻压、电镀、酸碱、电子、仪表、手表、电视、医药、食品等车间

⑧服务用房系指城镇、街道、居民区具有较小规模综合服务功能的设施。其建筑面积不超过 1000m²,层数不超过三层的建筑,如副食、百货、饮食店等。

⑨檐高 3.6m 以内的单层建筑,不计算垂直运输机械台班。

⑩本定额项目划分是以建筑物的檐高及层数两个指标同时界定的,凡檐高达到上限而层数未达到时,以檐高为准;如层数达到上限而檐高未达到时,以层数为准。

⑪本定额是按《全国统一建筑安装工程工期定额》中规定的Ⅱ类地区标准编制的,Ⅰ、Ⅱ类地区按相应定额乘以表 12-4 规定系数。

表 12-4　　　　　　　　　　　　　　　　系数表

项　　目	Ⅰ类地区	Ⅱ类地区
建筑物	0.95	1.10
构筑物	1	1.11

2)构筑物垂直运输。

构筑物的高度,从设计室外地坪至构筑物的顶面高度为准。

2. 工程量清单项目设置及工程量计算规则

垂直运输工程工程量清单项目设置及工程量计算规则见表 12-5。

表 12-5　　　　　　　　　　　　　　垂直运输(编码:011703)

项目编码	项目名称	项目特征	计量单位	工程量计算规则	工作内容
011703001	垂直运输	1. 建筑物建筑类型及结构形式 2. 地下室建筑面积 3. 建筑物檐口高度、层数	1. m² 2. 天	1. 按建筑面积计算 2. 按施工工期日历天数计算	1. 垂直运输机械的固定装置、基础制作、安装 2. 行走式垂直运输机械轨道的铺设、拆除、摊销

3. 工程量计算相关说明

(1)建筑物的檐口高度是指设计室外地坪至檐口滴水的高度(平屋顶系指屋面板底高度),突出主体建筑物屋顶的电梯机房、楼梯出口间、水箱间、瞭望塔、排烟机房等不计入檐口高度。

（2）垂直运输指施工工程在合理工期内所需垂直运输机械。

（3）同一建筑物有不同檐高时，按建筑物的不同檐高做纵向分割，分别计算建筑面积，以不同檐高分别编码列项。

四、超高施工增加

1. 基础定额工作内容及有关规定

（1）定额工作内容。

1）建筑物超高人工、机械降效率。

①人工上下班降低工效、上楼工作前休息及自然休息增加的时间。

②垂直运输影响的时间。

③由于人工降效引起的机械降效。

2）建筑物超高加压水泵台班

建筑物超高加压水泵台班工作内容包括：由于水压不足所发生的加压用水泵台班。

（2）定额一般规定。

1）本定额适用于建筑物檐高 20m（层数 6 层）以上的工程。

2）檐高是指设计室外地坪至檐口的高度。突出主体建筑屋顶的电梯间，水箱间等不计入檐高之内。

3）同一建筑物高度不同时，按不同高度的建筑面积，分别按相应项目计算。

4）加压水泵选用电动多级离心清水泵，规格见表 12-6。

表 12-6 电动多级离心清水泵规格

建筑物檐高	水泵规格
20m 以上～40m 以内	50m 以内
40m 以上～80m 以内	100m 以内
80m 以上～120m 以内	150m 以内

2. 工程量清单项目设置及计算规则

超高施工增加工程量清单项目设置及工程量计算规则见表 12-7。

表 12-7 超高施工增加（编码：011704）

项目编码	项目名称	项目特征	计量单位	工程量计算规则	工作内容
011704001	超高施工增加	1. 建筑物建筑类型及结构形式 2. 建筑物檐口高度、层数 3. 单层建筑物檐口高度超过 20m，多层建筑物超过 6 层部分的建筑面积	m²	按建筑物超高部分的建筑面积计算	1. 建筑物超高引起的人工工效降低以及由于人工工效降低引起的机械降效 2. 高层施工用水加压水泵的安装、拆除及工作台班 3. 通信联络设备的使用及摊销

3. 工程量计算相关说明

（1）单层建筑物檐口高度超过20m，多层建筑物超过6层时，可按超高部分的建筑面积计算超高施工增加。计算层数时，地下室不计入层数。

（2）同一建筑物有不同檐高时，可按不同高度的建筑面积分别计算建筑面积，以不同檐高分别编码列项。

五、大型机械设备进出场及安拆

大型机械设备进出场及安拆工程工程量清单项目设置及工程量计算规则见表12-8。

表12-8　　　　　　　　　　大型机械设备进出场及安拆（编码：011705）

项目编码	项目名称	项目特征	计量单位	工程量计算规则	工作内容
011705001	大型机械设备进出场及安拆	1. 机械设备名称 2. 机械设备规格型号	台次	按使用机械设备的数量计算	1. 安拆费包括施工机械、设备在现场进行安装拆卸所需人工、材料、机械和试运转费用以及机械辅助设施的折旧、搭设、拆除等费用 2. 进出场费包括施工机械、设备整体或分体自停放地点运至施工现场或由一施工地点运至另一施工地点所发生的运输、装卸、辅助材料等费用

六、施工排水、降水

1. 工程量清单项目设置及工程量计算规则

施工排水、降水工程工程量清单项目设置及工程量计算规则见表12-9。

表12-9　　　　　　　　　　　施工排水、降水（编码：011706）

项目编码	项目名称	项目特征	计量单位	工程量计算规则	工作内容
011706001	成井	1. 成井方式 2. 地层情况 3. 成井直径 4. 井（滤）管类型、直径	m	按设计图示尺寸以钻孔深度计算	1. 准备钻孔机械、埋设护筒、钻机就位；泥浆制作、固壁；成孔、出渣、清孔等 2. 对接上、下井管（滤管），焊接，安放，下滤料，洗井，连接试抽等
011706002	排水、降水	1. 机械规格型号 2. 降排水管规格	昼夜	按排、降水日历天数计算	1. 管道安装、拆除，场内搬运等 2. 抽水、值班、降水设备维修等

2. 工程量计算规则相关说明

相应专项设计不具备时，可按暂估量计算。

第二节　安全文明施工及其他措施项目

一、清单项目设置及工程量计算规则

安全文明施工及其他措施项目(编码:011707)工程量清单项目设置及工程量计算规则见表 12-10。

表 12-10　　　　　　　　　安全文明施工及其他措施项目(编码:011707)

项目编码	项目名称	工作内容及包含范围
011707001	安全文明施工	1. 环境保护:现场施工机械设备降低噪声、防扰民措施;水泥和其他易飞扬细颗粒建筑材料密闭存放或采取覆盖措施等;工程防扬尘洒水;土石方、建渣外运车辆防护措施等;现场污染源的控制、生活垃圾清理外运、场地排水排污措施;其他环境保护措施 2. 文明施工:"五牌一图";现场围挡的墙面美化(包括内外粉刷、刷白、标语等)、压顶装饰;现场厕所便槽刷白、贴面砖,水泥砂浆地面或地砖,建筑物内临时便溺设施;其他施工现场临时设施的装饰装修、美化措施;现场生活卫生设施;符合卫生要求的饮水设备、淋浴、消毒等设施;生活用洁净燃料;防煤气中毒、防蚊虫叮咬等措施;施工现场操作场地的硬化;现场绿化、治安综合治理;现场配备医药保健器材、物品和急救人员培训;现场工人的防暑降温、电风扇、空调等设备及用电;其他文明施工措施 3. 安全施工:安全资料、特殊作业专项方案的编制,安全施工标志的购置及安全宣传;"三宝"(安全帽、安全带、安全网)、"四口"(楼梯口,电梯井口,通道口,预留洞口)、"五临边"(阳台围边、楼板围边、屋面围边、槽坑围边、卸料平台两侧),水平防护架、垂直防护架、外架封闭等防护;施工安全用电,包括配电箱三级配电、两级保护装置要求、外电防护措施;起重机,塔吊等起重设备(含井架、门架)及外用电梯的安全防护措施(含警示标志)及卸料平台的临边防护、层间安全门、防护棚等设施;建筑工地起重机械的检验检测;施工机具防护棚及其围栏的安全保护设施;施工安全防护通道;工人的安全防护用品、用具购置;消防设施与消防器材的配置;电气保护、安全照明设施;其他安全防护措施 4. 临时设施:施工现场采用彩色、定型钢板、砖、混凝土砌块等围挡的安砌、维修、拆除;施工现场临时建筑物、构筑物的搭设、维修、拆除,如临时宿舍、办公室,食堂、厨房、厕所、诊疗所、临时文化福利用房、临时仓库、加工场、搅拌台、临时简易水塔、水池等;施工现场临时设施的搭设、维修、拆除,如临时供水管道、临时供电管线、小型临时设施等;施工现场规定范围内临时简易道路铺设,临时排水沟、排水设施安砌、维修、拆除;其他临时设施搭设、维修、拆除
011707002	夜间施工	1. 夜间固定照明灯具和临时可移动照明灯具的设置、拆除 2. 夜间施工时,施工现场交通标志、安全标牌、警示灯等的设置、移动、拆除 3. 包括夜间照明设备及照明用电、施工人员夜班补助、夜间施工劳动效率降低等

项目编码	项目名称	工作内容及包含范围
011707003	非夜间施工照明	为保证工程施工正常进行,在地下室等特殊施工部位施工时所采用的照明设备的安拆、维护及照明用电等
011707004	二次搬运	由于施工场地条件限制而发生的材料、成品、半成品等一次运输不能到达堆放地点,必须进行的二次或多次搬运
011707005	冬雨季施工	1. 冬雨(风)季施工时增加的临时设施(防寒保温、防雨、防风设施)的搭设、拆除 2. 冬雨(风)季施工时,对砌体、混凝土等采用的特殊加温、保温和养护措施 3. 冬雨(风)季施工时,施工现场的防滑处理、对影响施工的雨雪的清除 4. 包括冬雨(风)季施工时增加的临时设施、施工人员的劳动保护用品、冬雨(风)季施工劳动效率降低等
011707006	地上、地下设施、建筑物的临时保护设施	在工程施工过程中,对已建成的地上、地下设施和建筑物进行的遮盖、封闭、隔离等必要保护措施
011707007	已完工程及设备保护	对已完工程及设备采取的覆盖、包裹、封闭、隔离等必要保护措施

二、工程量计算相关说明

表 12-10 所列项目应根据工程实际情况计算措施项目费用,需分摊的应合理计算摊销费用。

第十三章　装饰装修工程造价管理

第一节　工程计量

一、一般规定

（1）正确的计量是发包人向承包人支付合同价款的前提和依据，因此"13计价规范"中规定："工程量必须按照相关工程现行国家计量规范规定的工程量计算规则计算。"这就明确了不论采用何种计价方式，其工程量必须按照相关工程的现行国家计量规范规定的工程量计算规则计算。采用统一的工程量计算规则，对于规范工程建设各方的计量计价行为，有效减少计量争议具有十分重要的意义。

（2）选择恰当的工程计量方式对于正确计量是十分必要的。由于工程建设具有投资大、周期长等特点，因此"13计价规范"中规定："工程计量可选择按月或按工程形象进度分段计量，当采用分段结算方式时，应在合同中约定具体的工程分段划分界限。"按工程形象进度分段计量与按月计量相比，其计量结果更具稳定性，可以简化竣工结算。但应注意工程形象进度分段的时间应与按月计量保持一定关系，不应过长。

（3）因承包人原因造成的超出合同工程范围施工或返工的工程量，发包人不予计量。

（4）成本加酬金合同应按单价合同的规定计量。

二、单价合同的计量

（1）招标工程量清单标明的工程量是招标人根据拟建工程设计文件预计的工程量，不能作为承包人在实际工作中应予完成的实际和准确的工程量。招标工程量清单所列的工程量一方面是各投标人进行投标报价的共同基础；另一方面是对各投标人的投标报价进行评审的共同平台，是招投标活动应当遵循公开、公平、公正和诚实、信用原则的具体体现。

发承包双方竣工结算的工程量，应以承包人按照现行国家计量规范规定的工程量计算规则计算的实际完成应予计量的工程量确定，而非招标工程量清单所列的工程量。

（2）施工中进行工程计量，当发现招标工程量清单中出现缺项、工程量偏差，或因工程变更引起工程量增减时，应按承包人在履行合同义务中完成的工程量计算。

（3）承包人应当按照合同约定的计量周期和时间向发包人提交当期已完工程量报告。发包人应在收到报告后7天内核实，并将核实计量结果通知承包人。发包人未在约定时间内进行核实的，承包人提交的计量报告中所列的工程量应视为承包人实际完成的工程量。

（4）发包人认为需要进行现场计量核实时，应在计量前24小时通知承包人，承包人应为计量提供便利条件并派人参加。当双方均同意核实结果时，双方应在上述记录上签字确认。承包人收到通知后不派人参加计量，视为认可发包人的计量核实结果。发包人不按照约定时间通知承包人,致使承包人未能派人参加计量,计量核实结果无效。

(5)当承包人认为发包人核实后的计量结果有误时,应在收到计量结果通知后的 7 天内向发包人提出书面意见,并应附上其认为正确的计量结果和详细的计算资料。发包人收到书面意见后,应在 7 天内对承包人的计量结果进行复核后通知承包人。承包人对复核计量结果仍有异议的,按照合同约定的争议解决办法处理。

(6)承包人完成已标价工程量清单中每个项目的工程量并经发包人核实无误后,发承包双方应对每个项目的历次计量报表进行汇总,以核实最终结算工程量,并应在汇总表上签字确认。

三、总价合同的计量

(1)由于工程量是招标人提供的,招标人必须对其准确性和完整性负责,且工程量必须按照相关工程现行国家计量规范规定的工程量计算规则计算,因而对于采用工程量清单方式形成的总价合同,若招标工程量清单中工程量与合同实施过程中的工程量存在差异时,都应按上述"单价合同的计量"中的相关规定进行调整。

(2)采用经审定批准的施工图纸及其预算方式发包形成的总价合同,由于承包人自行对施工图纸进行计量,因此除按照工程变更规定引起的工程量增减外,总价合同各项目的工程量是承包人用于结算的最终工程量。

(3)总价合同约定的项目计量应以合同工程经审定批准的施工图纸为依据,发承包双方应在合同中约定工程计量的形象目标或时间节点进行计量。

(4)承包人应在合同约定的每个计量周期内对已完成的工程进行计量,并向发包人提交达到工程形象目标完成的工程量和有关计量资料的报告。

(5)发包人应在收到报告后 7 天内对承包人提交的上述资料进行复核,以确定实际完成的工程量和工程形象目标。对其有异议的,应通知承包人进行共同复核。

第二节　合同价款约定与调整

一、合同价款约定

(一)一般规定

(1)工程合同价款的约定是建设工程合同的主要内容。根据有关法律条款的规定,实行招标的工程合同价款应在中标通知书发出之日起 30 天内,由发承包双方依据招标文件和中标人的投标文件在书面合同中约定。

工程合同价款的约定应满足以下几个方面的要求:

1)约定的依据要求:招标人向中标的投标人发出的中标通知书。

2)约定的时间要求:自招标人发出中标通知书之日起 30 天内。

3)约定的内容要求:招标文件和中标人的投标文件。

4)合同的形式要求:书面合同。

在工程招投标及建设工程合同签订过程中,招标文件应视为要约邀请,投标文件为要约,中标通知书为承诺。因此,在签订建设工程合同时,若招标文件与中标人的投标文件有不一致的地方,应以投标文件为准。

(2)实行招标的工程,合同约定不得违背招标文件中关于工期、造价、资质等方面的实质性内容。所谓合同实质性内容,按照《中华人民共和国合同法》第三十条规定:"有关合同标的、数量、质量、价款或者报酬、履行期限、履行地点和方式、违约责任和解决争议方法等的变更,是对要约内容的实质性变更"。

(3)不实行招标的工程合同价款,应在发承包双方认可的工程价款基础上,由发承包双方在合同中约定。

(4)工程建设合同的形式对工程量清单计价的适用性不构成影响,无论是单价合同、总价合同,还是成本加酬金合同均可以采用工程量清单计价。采用单价合同形式时,经标价的工程量清单是合同文件必不可少的组成内容,其中的工程量一般具备合同约束力(量可调),工程款结算时按照合同中约定应予计量并实际完成的工程量计算进行调整,由招标人提供统一的工程量清单则彰显了工程量清单计价的主要优点。总价合同是指总价包干或总价不变合同,采用总价合同形式,工程量清单中的工程量不具备合同的约束力(量不可调),工程量以合同图纸的标示内容为准,工程量以外的其他内容一般均赋予合同约束力,以方便合同变更的计量和计价。成本加酬金合同是承包人不承担任何价格变化风险的合同。

"13计价规范"中规定:"实行工程量清单计价的工程,应采用单价合同;建设规模较小,技术难度较低,工期较短,且施工图设计已审查批准的建设工程可采用总价合同;紧急抢险、救灾以及施工技术特别复杂的建设工程可采用成本加酬金合同。"单价合同约定的工程价款中所包含的工程量清单项目综合单价在约定条件内是固定的,不予调整,工程量允许调整。工程量清单项目综合单价在约定的条件外,允许调整。但调整方式、方法应在合同中约定。

(二)合同价款约定内容

(1)发承包双方应在合同条款中对下列事项进行约定:

1)预付工程款的数额、支付时间及抵扣方式。预付款是发包人为解决承包人在施工准备阶段资金周转问题提供的协助。如使用大宗材料,可根据工程具体情况设置工程材料预付款。

2)安全文明施工措施的支付计划,使用要求等。

3)工程计量与支付工程进度款的方式、数额及时间。

4)工程价款的调整因素、方法、程序、支付及时间。

5)施工索赔与现场签证的程序、金额确认与支付时间。

6)承担计价风险的内容、范围以及超出约定内容、范围的调整办法。

7)工程竣工价款结算编制与核对、支付及时间。

8)工程质量保证金的数额、预留方式及时间。

9)违约责任以及发生合同价款争议的解决方法及时间。

10)与履行合同、支付价款有关的其他事项等。

由于合同中涉及工程价款的事项较多,能够详细约定的事项应尽可能具体的约定,约定的用词应尽可能唯一,如有几种解释,最好对用词进行定义,尽量避免因理解上的歧义造成合同纠纷。

(2)合同中没有按照上述第(1)条的要求约定或约定不明的,若发承包双方在合同履行中发生争议由双方协商确定;当协商不能达成一致时,应按"13计价规范"的规定执行。

二、合同价款调整

(一)一般规定

(1)下列事项(但不限于)发生时,发承包双方应当按照合同约定调整合同价款:

1)法律法规变化。

2)工程变更。

3)项目特征不符。

4)工程量清单缺项。

5)工程量偏差。

6)计日工。

7)物价变化。

8)暂估价。

9)不可抗力。

10)提前竣工(赶工补偿)。

11)误期赔偿。

12)索赔。

13)现场签证。

14)暂列金额。

15)发承包双方约定的其他调整事项。

(2)出现合同价款调增事项(不含工程量偏差、计日工、现场签证、索赔)后的14天内,承包人应向发包人提交合同价款调增报告并附上相关资料;承包人在14天内未提交合同价款调增报告的,应视为承包人对该事项不存在调整价款请求。

此处所指合同价款调增事项不包括工程量偏差,是因为工程量偏差的调整在竣工结算完成之前均可提出;不包括计日工、现场签证和索赔,是因为这三项的合同价款调增时限在"13计价规范"中另有规定。

(3)出现合同价款调减事项(不含工程量偏差、索赔)后的14天内,发包人应向承包人提交合同价款调减报告并附相关资料;发包人在14天内未提交合同价款调减报告的,应视为发包人对该事项不存在调整价款请求。

基于上述第(2)条同样的原因,此处合同价款调减事项中不包括工程量偏差和索赔两项。

(3)发(承)包人应在收到承(发)包人合同价款调增(减)报告及相关资料之日起14天内对其核实,予以确认的应书面通知承(发)包人。当有疑问时,应向承(发)包人提出协商意见。发(承)包人在收到合同价款调增(减)报告之日起14天内未确认也未提出协商意见的,应视为承(发)包人提交的合同价款调增(减)报告已被发(承)包人认可。发(承)包人提出协商意见的,承(发)包人应在收到协商意见后的14天内对其核实,予以确认的应书面通知发(承)包人。承(发)包人在收到发(承)包人的协商意见后14天内既不确认也未提出不同意见的,应视为发（承）包人提出的意见已被承（发）包人认可。

（4）发包人与承包人对合同价款调整的不同意见不能达成一致的，只要对发承包双方履约不产生实质影响，双方应继续履行合同义务，直到其按照合同约定的争议解决方式得到处理。

（5）根据财政部、原建设部印发的《建设工程价款结算暂行办法》（财建〔2004〕369号）的相关规定，如第十五条："发包人和承包人要加强施工现场的造价控制，及时对工程合同外的事项如实纪录并履行书面手续。凡由发、承包双方授权的现场代表签字的现场签证以及发、承包双方协商确定的索赔等费用，应在工程竣工结算中如实办理，不得因发、承包双方现场代表的中途变更改变其有效性"。"13计价规范"对发承包双方确定调整的合同价款的支付方法进行了约定，即："经发承包双方确认调整的合同价款，作为追加（减）合同价款，应与工程进度款或结算款同期支付"。

（二）法律法规变化

（1）工程建设过程中，发、承包双方都是国家法律、法规、规章及政策的执行者。因此，在发、承包双方履行合同的过程中，当国家的法律、法规、规章及政策发生变化，国家或省级、行业建设主管部门或其授权的工程造价管理机构据此发布工程造价调整文件，工程价款应当进行调整。"13计价规范"中规定："招标工程以投标截止日前28天、非招标工程以合同签订前28天为基准日，其后因国家的法律、法规、规章和政策发生变化引起工程造价增减变化的，发承包双方应按照省级或行业建设主管部门或其授权的工程造价管理机构据此发布的规定调整合同价款。"

（2）因承包人原因导致工期延误的，按上述第（1）条规定的调整时间，在合同工程原定竣工时间之后，合同价款调增的不予调整，合同价款调减的予以调整。这就说明由于承包人原因导致工期延误，将按不利于承包人的原则调整合同价款。

（三）工程变更

建设工程施工合同实施过程中，如果合同签订时所依赖的承包范围、设计标准、施工条件等发生变化，则必须在新的承包范围、新的设计标准或新的施工条件等前提下对发承包双方的权利和义务进行重新分配，从而建立新的平衡，追求新的公平和合理。由于施工条件变化和发包人要求变化等原因，往往会发生合同约定的工程材料性质和品种、建筑物结构形式、施工工艺和方法等的变动，此时必须变更才能维护合同的公平。因此，"13计价规范"中对因分部分项工程量清单的漏项或非承包人原因引起的工程变更，造成增加新的工程量清单项目时，新增项目综合单价的确定原则进行了约定，具体如下：

（1）因工程变更引起已标价工程量清单项目或其工程数量发生变化时，应按照下列规定调整：

1）已标价工程量清单中有适用于变更工程项目的，应采用该项目的单价；但当工程变更导致该清单项目的工程数量发生变化，且工程量偏差超过15％时，该项目单价应按照规定进行调整，即当工程量增加15％以上时，增加部分的工程量的综合单价应予调低；当工程量减少15％以上时，减少后剩余部分的工程量的综合单价应予调高。采用此条进行调整的前提条件是其采用的材料、施工工艺和方法相同，亦不因此增加关键线路上工程的施工时间。

如：某水泥砂浆楼地面工程施工过程中，由于设计变更，新增加工程量56m²，已标价工程量清单中有水泥砂浆楼地面项目的综合单价,且新增部分工程量偏差在 15% 以内,则就应采用该项目的综合单价。

2)已标价工程量清单中没有适用但有类似于变更工程项目的,可在合理范围内参照类似项目的单价。采用此条进行调整的前提条件是其采用的材料、施工工艺和方法基本相似,不增加关键线路上工程的施工时间,则可仅就其变更后的差异部分,参考类似的项目单价由发、承包双方协商新的项目单价。

如:某细石混凝土楼地面的混凝土强度等级为 C20,施工过程中设计单位将其调整为 C25,此时则可将原综合单价组成中 C20 混凝土价格用 C25 混凝土价格替换,其余不变,组成新的综合单价。

3)已标价工程量清单中没有适用也没有类似于变更工程项目的,应由承包人根据变更工程资料、计量规则和计价办法、工程造价管理机构发布的信息价格和承包人报价浮动率提出变更工程项目的单价,并应报发包人确认后调整。承包人报价浮动率可按下列公式计算:

招标工程:

$$L=(1-中标价/招标控制价)\times100\%$$

非招标工程:

$$L=(1-报价/施工图预算)\times100\%$$

【例 13-1】 某工程招标控制价为 2383692 元,中标人的投标报价为 2276938 元,试求该中标人的报价浮动率。

【解】 该中标人的报价浮动率为:

$$L=(1-2276938/2383692)\times100\%=4.48\%$$

【例 13-2】 若例 13-1 中工程项目,施工过程中屋面防水采用自粘橡胶沥青防水卷材,已标价清单项目中没有此类似项目,工程造价管理机构发布有该卷材单价为 25 元/m²,确定该项目综合单价。

【解】 由于已标价工程量清单中没有适用也没有类似于该工程项目的,故承包人应根据有关资料变更该工程项目的综合单价。查项目所在地该项目定额人工费为 5.85 元,除防水卷材外的其他材料费为 1.35 元,管理费和利润为 1.48 元,则:

该项目综合单价=$(5.85+25+1.35+1.48)\times(1-4.48\%)=32.17$ 元

发承包双方可按 32.17 元协商确定该项目综合单价。

4)已标价工程量清单中没有适用也没有类似于变更工程项目,且工程造价管理机构发布的信息价格缺价的,应由承包人根据变更工程资料、计量规则、计价办法和通过市场调查等取得有合法依据的市场价格提出变更工程项目的单价,并应报发包人确认后调整。

(2)工程变更引起施工方案改变并使措施项目发生变化时,承包人提出调整措施项目费的,应事先将拟实施的方案提交发包人确认,并应详细说明与原方案措施项目相比的变化情况。拟实施的方案经发承包双方确认后执行,并应按照下列规定调整措施项目费:

1)安全文明施工费应按照实际发生变化的措施项目依据国家或省级、行业建设主管部门的规定计算。

2)采用单价计算的措施项目费,应按照实际发生变化的措施项目,按上述第(1)条的规定确定单价。

3)按总价(或系数)计算的措施项目费,按照实际发生变化的措施项目调整,但应考虑承包人报价浮动因素,即调整金额按照实际调整金额乘以上述第(1)条规定的承包人报价浮动率计算。

如果承包人未事先将拟实施的方案提交给发包人确认,则应视为工程变更不引起措施项目费的调整或承包人放弃调整措施项目费的权利。

(3)当发包人提出的工程变更因非承包人原因删减了合同中的某项原定工作或工程,致使承包人发生的费用或(和)得到的收益不能被包括在其他已支付或应支付的项目中,也未被包含在任何替代的工作或工程中时,承包人有权提出并应得到合理的费用及利润补偿。这主要是为了维护合同的公平,防止发包人在签约后擅自取消合同中的工作,转而由发包人自己或其他承包人实施而使本合同工程承包人蒙受损失。

(四)项目特征不符

工程量清单的项目特征是确定一个清单项目综合单价不可缺少的主要依据。对工程量清单项目的特征描述具有十分重要的意义,其主要体现包括三个方面:①项目特征是区分清单项目的依据。工程量清单项目特征是用来表述分部分项清单项目的实质内容,用于区分计价规范中同一清单条目下各个具体的清单项目。没有项目特征的准确描述,对于相同或相似的清单项目名称,就无从区分。②项目特征是确定综合单价的前提。由于工程量清单项目的特征决定了工程实体的实质内容,必然直接决定了工程实体的自身价值。因此,工程量清单项目特征描述得准确与否,直接关系到工程量清单项目综合单价的准确确定。③项目特征是履行合同义务的基础。实行工程量清单计价,工程量清单及其综合单价是施工合同的组成部分,因此,如果工程量清单项目特征的描述不清甚至漏项、错误,从而引起在施工过程中的更改,都会引起分歧,导致纠纷。

在按"13 工程计量规范"对工程量清单项目的特征进行描述时,应注意"项目特征"与"工作内容"的区别。"项目特征"是工程项目的实质,决定着工程量清单项目的价值大小,而"工作内容"主要讲的是操作程序,是承包人完成能通过验收的工程项目所必须要操作的工序。在"13 工程计量规范"中,工程量清单项目与工程量计算规则、工作内容具有一一对应的关系,当采用"13 计价规范"进行计价时,工作内容即有规定,无需再对其进行描述。而"项目特征"栏中的任何一项都影响着清单项目的综合单价的确定,招标人应高度重视分部分项工程项目清单项目特征的描述,任何不描述或描述不清,均会在施工合同履约过程中产生分歧,导致纠纷、索赔。例如屋面卷材防水,按照"13 计价规范"编码为 010902001 项目中"项目特征"栏的规定,发包人在对工程量清单项目进行描述时,就必须要对卷材的品种、规格、厚度,防水层数及防水层做法等进行详细的描述,因为这其中任何一项的不同都直接影响到屋面卷材防水的综合单价。而在该项"工作内容"栏中阐述了屋面卷材防水应包括基层处理、刷底油、铺油毡卷材、接缝等施工工序,这些工序即便发包人不提,承包人为完成合格屋面卷材防水工程也必然要经过,因而,发包人在对工程量清单项目进行描述时就没有必要对屋面卷材防水的施工工序对承包人提出规定。

正因为此,在编制工程量清单时,必须对项目特征进行准确而且全面的描述,准确的描述工程量清单的项目特征对于准确的确定工程量清单项目的综合单价具有决定性的作用。

"13 计价规范"中对清单项目特征描述及项目特征发生变化后重新确定综合单价的有关要求进行了如下约定:

(1)发包人在招标工程量清单中对项目特征的描述,应被认为是准确的和全面的,并且与实际施工要求相符合。承包人应按照发包人提供的招标工程量清单,根据项目特征描述的内容及有关要求实施合同工程,直到项目被改变为止。

(2)承包人应按照发包人提供的设计图纸实施合同工程,若在合同履行期间出现设计图纸(含设计变更)与招标工程量清单任一项目的特征描述不符,且该变化引起该项目工程造价增减变化的,应按照实际施工的项目特征,按前述"工程计量"中的有关规定重新确定相应工程量清单项目的综合单价,并调整合同价款。

(五)工程量清单缺项

导致工程量清单缺项的原因主要包括:①设计变更;②施工条件改变;③工程量清单编制错误。由于工程量清单的增减变化必然使合同价款发生增减变化。

(1)合同履行期间,由于招标工程量清单中缺项,新增分部分项工程清单项目的,应按照前述"工程变更"中的第(1)条的有关规定确定单价,并调整合同价款。

(2)新增分部分项工程清单项目后,引起措施项目发生变化的,应按照前述"工程变更"中的第(2)条的有关规定,在承包人提交的实施方案被发包人批准后调整合同价款。

(3)由于招标工程量清单中措施项目缺项,承包人应将新增措施项目实施方案提交发包人批准后,按照前述"工程变更"中的第(1)、(2)条的有关规定调整合同价款。

(六)工程量偏差

施工过程中,由于施工条件、地质水文、工程变更等变化以及招标工程量清单编制人专业水平的差异,往往会造成实际工程量与招标工程量清单出现偏差,工程量偏差过大,对综合成本的分摊带来影响。如突然增加太多,仍按原综合单价计价,对承包人不公平;如突然减少太多,仍按原综合单价计价,对发包人不公平。并且,这给有经验的承包人的不平衡报价打开了大门。为维护合同的公平,"13计价规范"中进行了如下规定:

(1)合同履行期间,当应予计算的实际工程量与招标工程量清单出现偏差,且符合下述第(2)、(3)条规定时,发承包双方应调整合同价款。

(2)对于任一招标工程量清单项目,当因工程量偏差和前述"工程变更"中规定的工程变更等原因导致工程量偏差超过15%时,可进行调整。当工程量增加15%以上时,增加部分的工程量的综合单价应予调低;当工程量减少15%以上时,减少后剩余部分的工程量的综合单价应予调高。调整后的某一分部分项工程费结算价可参照以下公式计算:

1)当 $Q_1 > 1.15Q_0$ 时:

$$S = 1.15Q_0 \times P_0 + (Q_1 - 1.15Q_0) \times P_1$$

2)当 $Q_1 < 0.85Q_0$ 时:

$$S = Q_1 \times P_1$$

式中　S——调整后的某一分部分项工程费结算价;

Q_1——最终完成的工程量;

Q_0——招标工程量清单中列出的工程量;

P_1——按照最终完成工程量重新调整后的综合单价;

P_0——承包人在工程量清单中填报的综合单价。

由上述两式可以看出,计算调整后的某一分部分项工程费结算价的关键是确定新的综合

单价 P_1。确定的方法，一是发承包双方协商确定；二是与招标控制价相联系。当工程量偏差项目出现承包人在工程量清单中填报的综合单价与发包人招标控制价相应清单项目的综合单价偏差超过 15％时，工程量偏差项目综合单价的调整可参考以下公式确定：

1）当 $P_0 < P_2 \times (1-L) \times (1-15\%)$ 时，该类项目的综合单价 P_1 按 $P_2 \times (1-L) \times (1-15\%)$ 进行调整。

2）当 $P_0 > P_2 \times (1+15\%)$ 时，该类项目的综合单价 P_1 按 $P_2 \times (1+15\%)$ 进行调整。

3）当 $P_0 > P_2 \times (1-L) \times (1-15\%)$ 或 $P_0 < P_2 \times (1+15\%)$ 时，可不进行调整。

以上各式中 P_0——承包人在工程量清单中填报的综合单价；

P_2——发包人招标控制价相应项目的综合单价；

L——承包人报价浮动率。

【例 13-3】　某工程项目投标报价浮动率为 8％，各项目招标控制价及投标报价的综合单价见表 13-1，试确定当招标工程量清单中工程量偏差超过 15％时，其综合单价是否应进行调整？应怎样调整。

【解】　该工程综合单价调整情况见表 13-1。

表 13-1　　　　　　　　　　工程量偏差项目综合单价调整

项目	综合单价/元		投标报价浮动率 L	综合单价偏差	$P_2 \times (1-L) \times (1-15\%)$	$P_2 \times (1+15\%)$	结　论
	招标控制价 P_2	投标报价 P_0					
1	540	432	8％	20％	422.28	—	由于 $P_0 > 422.28$ 元，故当该项目工程量偏差超过 15％时，其综合单价不予调整
2	450	531	8％	18％	—	517.5	由于 $P_0 > 517.5$，故当该项目工程量偏差超过 15％时，其综合单价应调整为 517.5 元

【例 13-4】　若例 13-3 中其工程，其招标工程量清单中项目 1 的工程数量为 500m，施工中由于设计变更调整为 410m；招标工程量清单中项目 2 的工程数量为 785m³，施工中由于设计变更调整为 942m³。试确定其分部分项工程费结算价应怎样进行调整。

【解】　该工程分部分项工程费结算价调整情况见表 13-2。

表 13-2　　　　　　　　　　分部分项工程费结算价调整

项目	工程量数量		工程量偏差	调整后的综合单价[①]	调整后的分部分项工程结算价
	清单数量 Q_0	调整后数量 Q_1			
1	500	410	18％	432	$S = 410 \times 432 = 177120$ 元
2	785	942	20％	517.5	$S = 1.15 \times 785 \times 531 + (942 - 1.15 \times 785) \times 517.5 = 499672.13$ 元

①调整后的综合单价取自例 13-3。

（3）如果工程量出现变化引起相关措施项目相应发生变化时，按系数或单一总价方式计价的，工程量增加的措施项目费调增，工程量减少的措施项目费调减；反之，如未引起相关措施项目发生变化，则不予调整。

（七）计日工

（1）发包人通知承包人以计日工方式实施的零星工作，承包人应予执行。

（2）采用计日工计价的任何一项变更工作，在该项变更的实施过程中，承包人应按合同约定提交下列报表和有关凭证送发包人复核：

1）工作名称、内容和数量。

2）投入该工作所有人员的姓名、工种、级别和耗用工时。

3）投入该工作的材料名称、类别和数量。

4）投入该工作的施工设备型号、台数和耗用台时。

5）发包人要求提交的其他资料和凭证。

（3）任一计日工项目持续进行时，承包人应在该项工作实施结束后的 24 小时内向发包人提交有计日工记录汇总的现场签证报告一式三份。发包人在收到承包人提交现场签证报告后的 2 天内予以确认并将其中一份返还给承包人，作为计日工计价和支付的依据。发包人逾期未确认也未提出修改意见的，应视为承包人提交的现场签证报告已被发包人认可。

（4）任一计日工项目实施结束后，承包人应按照确认的计日工现场签证报告核实该类项目的工程数量，并应根据核实的工程数量和承包人已标价工程量清单中的计日工单价计算，提出应付价款；已标价工程量清单中没有该类计日工单价的，由发承包双方按前述"工程变更"中的相关规定商定计日工单价计算。

（5）每个支付期末，承包人应按规定向发包人提交本期间所有计日工记录的签证汇总表，并应说明本期间自己认为有权得到的计日工金额，调整合同价款，列入进度款支付。

（八）物价变化

1. 物价变化合同价款调整方法

（1）价格指数调整价格差额。

1）价格调整公式。因人工、材料和设备等价格波动影响合同价格时，根据投标函附录中的价格指数和权重表约定的数据，按以下公式计算差额并调整合同价格：

$$\Delta P = P_0 \times \left[A + \left(B_1 \times \frac{F_{t1}}{F_{01}} + B_2 \times \frac{F_{t2}}{F_{02}} + B_3 \times \frac{F_{t3}}{F_{03}} + \cdots + B_n \times \frac{F_{tn}}{F_{0n}} \right) - 1 \right]$$

式中　　　　　　ΔP——需调整的价格差额；

P_0——约定的付款证书中承包人应得到的已完成工程量的金额。此项金额应不包括价格调整、不计质量保证金的扣留和支付、预付款的支付和扣回。约定的变更及其他金额已按现行价格计价的，也不计在内；

A——定值权重（即不调部分的权重）；

$B_1, B_2, B_3, \cdots, B_n$——各可调因子的变值权重（即可调部分的权重），为各可调因子在投标函投标总报价中所占的比例；

$F_{t1}, F_{t2}, F_{t3}, \cdots, F_{tn}$——各可调因子的现行价格指数，指约定的付款证书相关周期最后一天的前 42 天的各可调因子的价格指数；

$F_{01},F_{02},F_{03},\cdots,F_{0n}$——各可调因子的基本价格指数,是指基准日期的各可调因子的价格指数。

以上价格调整公式中的各可调因子、定值和变值权重,以及基本价格指数及其来源在投标函附录价格指数和权重表中约定。价格指数应首先采用有关部门提供的价格指数,缺乏上述价格指数时,可采用有关部门提供的价格代替。

2)暂时确定调整差额。在计算调整差额时得不到现行价格指数的,可暂用上一次价格指数计算,并在以后的付款中再按实际价格指数进行调整。

3)权重的调整。约定的变更导致原定合同中的权重不合理时,由监理人与承包人和发包人协商后进行调整。

4)承包人工期延误后的价格调整。由于承包人原因未在约定的工期内竣工的,则对原约定竣工日期后继续施工的工程,在使用第1)条的价格调整公式时,应采用原约定竣工日期与实际竣工日期的两个价格指数中较低的一个作为现行价格指数。

5)若人工因素已作为可调因子包括在变值权重内,则不再对其进行单项调整。

(2)造价信息调整价格差额。

1)施工期内,因人工、材料和工程设备、施工机械台班价格波动影响合同价格时,人工、机械使用费按照国家或省、自治区、直辖市建设行政管理部门、行业建设管理部门或其授权的工程造价管理机构发布的人工成本信息、机械台班单价或机械使用费系数进行调整;需要进行价格调整的材料,其单价和采购数应由发包人复核,发包人确认需调整的材料单价及数量,作为调整合同价款差额的依据。

2)人工单价发生变化且该变化因省级或行业建设主管部门发布的人工费调整文件所致时,发承包双方应按省级或行业建设主管部门或其授权的工程造价管理机构发布的人工成本文件调整合同价款。人工费调整时应以调整文件的时间为界限进行。

3)材料、工程设备价格变化按照发包人提供的《承包人提供主要材料和工程设备一览表(适用于造价信息差额调整法)》,由发承包双方约定的风险范围按下列规定调整合同价款:

①承包人投标报价中材料单价低于基准单价:施工期间材料单价涨幅以基准单价为基础超过合同约定的风险幅度值,或材料单价跌幅以投标报价为基础超过合同约定的风险幅度值时,其超过部分按实调整。

②承包人投标报价中材料单价高于基准单价:施工期间材料单价跌幅以基准单价为基础超过合同约定的风险幅度值,或材料单价涨幅以投标报价为基础超过合同约定的风险幅度值时,其超过部分按实调整。

③承包人投标报价中材料单价等于基准单价:施工期间材料单价涨、跌幅以基准单价为基础超过合同约定的风险幅度值时,其超过部分按实调整。

④承包人应在采购材料前将采购数量和新的材料单价报送发包人核对,确认用于本合同工程时,发包人应确认采购材料的数量和单价。发包人在收到承包人报送的确认资料后3个工作日不予答复的视为已经认可,作为调整合同价款的依据。如果承包人未报经发包人核对即自行采购材料,再报发包人确认调整合同价款的,如发包人不同意,则不作调整。

4)施工机械台班单价或施工机械使用费发生变化超过省级或行业建设主管部门或其授权的工程造价管理机构规定的范围时,按其规定调整合同价款。

2. 物价变化合同价款调整要求

(1)合同履行期间,因人工、材料、工程设备、机械台班价格波动影响合同价款时,应根据合同约定,按上述"1."中介绍的方法之一调整合同价款。

(2)承包人采购材料和工程设备的,应在合同中约定主要材料、工程设备价格变化的范围或幅度;当没有约定,且材料、工程设备单价变化超过 5％时,超过部分的价格应按照上述"1."中介绍的方法计算调整材料、工程设备费。

(3)发生合同工程工期延误的,应按照下列规定确定合同履行期的价格调整:

1)因非承包人原因导致工期延误的,计划进度日期后续工程的价格,应采用计划进度日期与实际进度日期两者的较高者。

2)因承包人原因导致工期延误的,计划进度日期后续工程的价格,应采用计划进度日期与实际进度日期两者的较低者。

(4)发包人供应材料和工程设备的,不适用上述第(1)和第(2)条规定,应由发包人按照实际变化调整,列入合同工程的工程造价内。

(九)暂估价

(1)按照《工程建设项目货物招标投标办法》(国家发改委、建设部等七部委 27 号令)第五条规定:"以暂估价形式包括在总承包范围内的货物达到国家规定规模标准的,应当由总承包中标人和工程建设项目招标人共同依法组织招标"。若发包人在招标工程量清单中给定暂估价的材料、工程设备属于依法必须招标的,应由发承包双方以招标的方式选择供应商,确定价格,并应以此为依据取代暂估价,调整合同价款。

所谓共同招标,不能简单理解为发承包双方共同作为招标人,最后共同与招标人签订合同。恰当的做法应当是仍由总承包中标人作为招标人,采购合同应当由总承包人签订。建设项目招标人参与的所谓共同招标可以通过恰当的途径体现建设项目招标人对这类招标组织的参与、决策和控制。建设项目招标人约束总承包人的最佳途径就是通过合同约定相关的程序。建设项目招标人的参与主要体现在对相关项目招标文件、评标标准和方法等能够体现招标目的和招标要求的文件进行审批,未经审批不得发出招标文件;评标时建设项目招标人也可以派代表进入评标委员会参与评标,否则,中标结果对建设项目招标人没有约束力,并且,建设项目招标人有权拒绝对相应项目拨付工程款,对相关工程拒绝验收。

(2)发包人在招标工程量清单中给定暂估价的材料、工程设备不属于依法必须招标的,应由承包人按照合同约定采购,经发包人确认单价后取代暂估价,调整合同价款。暂估材料或工程设备的单价确定后,在综合单价中只应取代暂估单价,不应再在综合单价中涉及企业管理费或利润等其他费用的变动。

(3)发包人在工程量清单中给定暂估价的专业工程不属于依法必须招标的,应按照前述"工程变更"中的相关规定确定专业工程价款,并应以此为依据取代专业工程暂估价,调整合同价款。

(4)发包人在招标工程量清单中给定暂估价的专业工程,依法必须招标的,应当由发承包双方依法组织招标选择专业分包人,并接受有管辖权的建设工程招标投标管理机构的监督,还应符合下列要求:

1)除合同另有约定外,承包人不参加投标的专业工程发包招标,应由承包人作为招标人,但拟定的招标文件、评标工作、评标结果应报送发包人批准。与组织招标工作有关的费用应当被认为已经包括在承包人的签约合同价(投标总报价)中。

2)承包人参加投标的专业工程发包招标,应由发包人作为招标人,与组织招标工作有关的费用由发包人承担。同等条件下,应优先选择承包人中标。

3)应以专业工程发包中标价为依据取代专业工程暂估价,调整合同价款。

(十)不可抗力

(1)因不可抗力事件导致的人员伤亡、财产损失及其费用增加,发承包双方应按下列原则分别承担并调整合同价款和工期:

1)合同工程本身的损害、因工程损害导致第三方人员伤亡和财产损失以及运至施工场地用于施工的材料和待安装的设备的损害,应由发包人承担。

2)发包人、承包人人员伤亡应由其所在单位负责,并应承担相应费用。

3)承包人的施工机械设备损坏及停工损失,应由承包人承担。

4)停工期间,承包人应发包人要求留在施工场地的必要的管理人员及保卫人员的费用应由发包人承担。

5)工程所需清理、修复费用,应由发包人承担。

(2)不可抗力解除后复工的,若不能按期竣工,应合理延长工期。发包人要求赶工的,赶工费用应由发包人承担。

(十一)提前竣工(赶工补偿)

《建设工程质量管理条例》第十条规定:"建设工程发包单位不得迫使承包方以低于成本的价格竞标,不得任意压缩合理工期"。因此,为了保证工程质量,承包人除了根据标准规范、施工图纸进行施工外,还应当按照科学合理的施工组织设计,按部就班地进行施工作业。

(1)招标人应依据相关工程的工期定额合理计算工期,压缩的工期天数不得超过定额工期的20%,超过者,应在招标文件中明示增加赶工费用。赶工费用主要包括:①人工费的增加,如新增加投入人工的报酬,不经济使用人工的补贴等;②材料费的增加,如可能造成不经济使用材料而损耗过大,材料运输费的增加等;③机械费的增加,例如可能增加机械设备投入,不经济的使用机械等。

(2)发包人要求合同工程提前竣工的,应征得承包人同意后与承包人商定采取加快工程进度的措施,并应修订合同工程进度计划。发包人应承担承包人由此增加的提前竣工(赶工补偿)费用,除合同另有约定外,提前竣工补偿的金额可为合同价款的5%。

(3)发承包双方应在合同中约定提前竣工每日历天应补偿额度,此项费用应作为增加合同价款列入竣工结算文件中,应与结算款一并支付。

(十二)误期赔偿

(1)如果承包人未按照合同约定施工,导致实际进度迟于计划进度的,承包人应加快进度,实现合同工期。即使承包人采取了赶工措施,赶工费用仍应由承包人承担。如合同工程仍然误期,承包人应赔偿发包人由此造成的损失,并按照合同约定向发包人支付误期赔偿费,除合同另有约定外,误期赔偿可为合同价款的5%。即使承包人支付误期赔偿费,也不能免除承包人按照合同约定应承担的任何责任和应履行的任何义务。

（2）发承包双方应在合同中约定误期赔偿费，并应明确每日历天应赔额度。误期赔偿费应列入竣工结算文件中，并应在结算款中扣除。

（3）在工程竣工之前，合同工程内的某单项（位）工程已通过了竣工验收，且该单项（位）工程接收证书中表明的竣工日期并未延误，而是合同工程的其他部分产生了工期延误时，误期赔偿费应按照已颁发工程接收证书的单项（位）工程造价占合同价款的比例幅度予以扣减。

（十三）索赔

索赔是合同双方依据合同约定维护自身合法利益的行为，它的性质属于经济补偿行为，而非惩罚。

1. 索赔的条件

当合同一方向另一方提出索赔时，应有正当的索赔理由和有效证据，并应符合合同的相关约定。建设工程施工中的索赔是发、承包双方行使正当权利的行为，承包人可向发包人索赔，发包人也可向承包人索赔。任何索赔事件的确立，其前提条件是必须有正当的索赔理由。对正当索赔理由的说明必须具有证据，因为进行索赔主要是靠证据说话。没有证据或证据不足，索赔是难以成功的。

2. 索赔的证据

（1）索赔证据的特征。一般有效的索赔证据都具有以下几个特征：

1）及时性：既然干扰事件已发生，又意识到需要索赔，就应在有效时间内提出索赔意向。在规定的时间内报告事件的发展影响情况；在规定时间内提交索赔的详细额外费用计算账单，对发包人或工程师提出的疑问及时补充有关材料。如果拖延太久，将增加索赔工作的难度。

2）真实性：索赔证据必须是在实际过程中产生，完全反映实际情况，能经得住对方的推敲。由于在工程过程中合同双方都在进行合同管理，收集工程资料，所以双方应有相同的证据。使用不实的、虚假证据是违反商业道德甚至法律的。

3）全面性：所提供的证据应能说明事件的全过程。索赔报告中所涉及的干扰事件、索赔理由、索赔值等都应有相应的证据，不能凌乱和支离破碎，否则发包人将退回索赔报告，要求重新补充证据。这会拖延索赔的解决，损害承包商在索赔中的有利地位。

4）关联性：索赔的证据应当能互相说明，相互具有关联性，不能互相矛盾。

5）法律证明效力：索赔证据必须有法律证明效力，特别对准备递交仲裁的索赔报告更要注意这一点。

①证据必须是当时的书面文件，一切口头承诺、口头协议不算。

②合同变更协议必须由双方签署，或以会谈纪要的形式确定，且为决定性决议。一切商讨性、意向性的意见或建议都不算。

③工程中的重大事件、特殊情况的记录、统计应由工程师签署认可。

（2）索赔证据的种类。

1）招标文件、工程合同、发包人认可的施工组织设计、工程图纸、技术规范等。

2）工程各项有关的设计交底记录、变更图纸、变更施工指令等。

3)工程各项经发包人或合同中约定的发包人现场代表或监理工程师签认的签证。

4)工程各项往来信件、指令、信函、通知、答复等。

5)工程各项会议纪要。

6)施工计划及现场实施情况记录。

7)施工日报及工长工作日志、备忘录。

8)工程送电、送水、道路开通、封闭的日期及数量记录。

9)工程停电、停水和干扰事件影响的日期及恢复施工的日期记录。

10)工程预付款、进度款拨付的数额及日期记录。

11)工程图纸、图纸变更、交底记录的送达份数及日期记录。

12)工程有关施工部位的照片及录像等。

13)工程现场气候记录,如有关天气的温度、风力、雨雪等。

14)工程验收报告及各项技术鉴定报告等。

15)工程材料采购、订货、运输、进场、验收、使用等方面的凭据。

16)国家和省级或行业建设主管部门有关影响工程造价、工期的文件、规定等。

(3)索赔时效的功能。索赔时效是指合同履行过程中,索赔方在索赔事件发生后的约定期限内不行使索赔权即视为放弃索赔权利,其索赔权归于消灭的制度。一方面,索赔时效届满,即视为承包人放弃索赔权利,发包人可以此作为证据的代用,避免举证的困难;另一方面,只有促使承包人及时提出索赔要求,才能警示发包人充分履行合同义务,避免类似索赔事件的再次发生。

3. 承包人的索赔

(1)若承包人认为非承包人原因发生的事件造成了承包人的损失,承包人应在确认该事件发生后,持证明索赔事件发生的有效证据和依据正当的索赔理由,按合同约定的时间向发包人发出索赔通知。发包人应按合同约定的时间对承包人提出的索赔进行答复和确认。发包人在收到最终索赔报告后并在合同约定时间内,未向承包人作出答复,视为该项索赔已经认可。

这种索赔方式称之为单项索赔,即在每一件索赔事项发生后,递交索赔通知书,编报索赔报告书,要求单项解决支付,不与其他的索赔事项混在一起。单项索赔是施工索赔通常采用的方式。它避免了多项索赔的相互影响制约,所以解决起来比较容易。

当施工过程中受到非常严重的干扰,以致承包人的全部施工活动与原来的计划不大相同,原合同规定的工作与变更后的工作相互混淆,承包人无法为索赔保持准确而详细的成本记录资料,无法采用单项索赔的方式,而只能采用综合索赔。综合索赔俗称一揽子索赔。即对整个工程(或某项工程)中所发生的数起索赔事项,综合在一起进行索赔。采取这种方式进行索赔,是在特定的情况下被迫采用的一种索赔方法。

采取综合索赔时,承包人必须提出以下证明:①承包商的投标报价是合理的;②实际发生的总成本是合理的;③承包商对成本增加没有任何责任;④不可能采用其他方法准确地计算出实际发生的损失数额。

据合同约定,承包人应按下列程序向发包人提出索赔:

1)承包人应在知道或应当知道索赔事件发生后 28 天内,向发包人提交索赔意向通知书,说明发生索赔事件的事由。承包人逾期未发出索赔意向通知书的，丧失索赔的权利。

2）承包人应在发出索赔意向通知书后 28 天内，向发包人正式提交索赔通知书。索赔通知书应详细说明索赔理由和要求，并应附必要的记录和证明材料。

3）索赔事件具有连续影响的，承包人应继续提交延续索赔通知，说明连续影响的实际情况和记录。

4）在索赔事件影响结束后的 28 天内，承包人应向发包人提交最终索赔通知书，说明最终索赔要求，并应附必要的记录和证明材料。

（2）承包人索赔应按下列程序处理：

1）发包人收到承包人的索赔通知书后，应及时查验承包人的记录和证明材料。

2）发包人应在收到索赔通知书或有关索赔的进一步证明材料后的 28 天内，将索赔处理结果答复承包人，如果发包人逾期未作出答复，视为承包人索赔要求已被发包人认可。

3）承包人接受索赔处理结果的，索赔款项应作为增加合同价款，在当期进度款中进行支付；承包人不接受索赔处理结果的，应按合同约定的争议解决方式办理。

（3）承包人要求赔偿时，可以选择下列一项或几项方式获得赔偿：

1）延长工期。

2）要求发包人支付实际发生的额外费用。

3）要求发包人支付合理的预期利润。

4）要求发包人按合同的约定支付违约金。

（4）索赔事件发生后，在造成费用损失时，往往会造成工期的变动。当索赔事件造成的费用损失与工期相关联时，承包人应根据发生的索赔事件向发包人提出费用索赔要求的同时，提出工期延长的要求。发包人在批准承包人的索赔报告时，应将索赔事件造成的费用损失和工期延长联系起来，综合做出批准费用索赔和工期延长的决定。

（5）发承包双方在按合同约定办理了竣工结算后，应被认为承包人已无权再提出竣工结算前所发生的任何索赔。承包人在提交的最终结清申请中，只限于提出竣工结算后的索赔，提出索赔的期限应自发承包双方最终结清时终止。

4. 发包人的索赔

（1）根据合同约定，发包人认为由于承包人的原因造成发包人的损失，宜按承包人索赔的程序进行索赔。当合同中未就发包人的索赔事项作具体约定，按以下规定处理：

1）发包人应在确认引起索赔的事件发生后 28 天内向承包人发出索赔通知，否则，承包人免除该索赔的全部责任。

2）承包人在收到发包人索赔报告后的 28 天内，应作出回应，表示同意或不同意并附具体意见，如在收到索赔报告后的 28 天内，未向发包人作出答复，视为该项索赔报告已经认可。

（2）发包人要求赔偿时，可以选择下列一项或几项方式获得赔偿：

1）延长质量缺陷修复期限。

2）要求承包人支付实际发生的额外费用。

3）要求承包人按合同的约定支付违约金。

（3）承包人应付给发包人的索赔金额可从拟支付给承包人的合同价款中扣除，或由发包人以其他方式支付给发包人。

(十四)现场签证

由于施工生产的特殊性,施工过程中往往会出现一些与合同工程或合同约定不一致或未约定的事项,这时就需要发承包双方用书面形式记录下来,这就是现场签证。签证有多种情形,一是发包人的口头指令,需要承包人将其提出,由发包人转换成书面签证;二是发包人的书面通知如涉及工程实施,需要承包人就完成此通知需要的人工、材料、机械设备等内容向发包人提出,取得发包人的签证确认;三是合同工程招标工程量清单中已有,但施工中发现与其不符,例如土方类别,出现流砂等,需承包人及时向发包人提出签证确认,以便调整合同价款;四是由于发包人原因未按合同约定提供场地、材料、设备或停水、停电等造成承包人停工,需承包人及时向发包人提出签证确认,以便计算索赔费用;五是合同中约定材料、设备等价格,由于市场发生变化,需承包人向发包人提出采纳数量及其单价,以便发包人核对后取得发包人的签证确认;六是其他由于施工条件、合同条件变化需现场签证的事项等。

(1)承包人应发包人要求完成合同以外的零星项目、非承包人责任事件等工作的,发包人应及时以书面形式向承包人发出指令,并应提供所需的相关资料;承包人在收到指令后,应及时向发包人提出现场签证要求。

(2)承包人应在收到发包人指令后的7天内向发包人提交现场签证报告,发包人应在收到现场签证报告后的48小时内对报告内容进行核实,予以确认或提出修改意见。发包人在收到承包人现场签证报告后的48小时内未确认也未提出修改意见的,应视为承包人提交的现场签证报告已被发包人认可。

(3)现场签证的工作如已有相应的计日工单价,现场签证中应列明完成该类项目所需的人工、材料、工程设备和施工机械台班的数量。

如现场签证的工作没有相应的计日工单价,应在现场签证报告中列明完成该签证工作所需的人工、材料设备和施工机械台班的数量及单价。

(4)合同工程发生现场签证事项,未经发包人签证确认,承包人便擅自施工的,除非征得发包人书面同意,否则发生的费用应由承包人承担。

(5)按照财政部、建设部印发的《建设工程价款结算办法》(财建[2004]369号)第十五条的规定:"发包人和承包人要加强施工现场的造价控制,及时对工程合同外的事项如实纪录并履行书面手续。凡由发、承包双方授权的现场代表签字的现场签证以及发、承包双方协商确定的索赔等费用,应在工程竣工结算中如实办理,不得因发、承包双方现场代表的中途变更改变其有效性。";"13计价规范"规定:"现场签证工作完成后的7天内,承包人应按照现场签证内容计算价款,报送发包人确认后,作为增加合同价款,与进度款同期支付。"此举可避免发包方变相拖延工程款以及发包人以现场代表变更而不承认某些索赔或签证的事件发生。

(6)在施工过程中,当发现合同工程内容因场地条件、地质水文、发包人要求等不一致时,承包人应提供所需的相关资料,并提交发包人签证认可,作为合同价款调整的依据。

(十五)暂列金额

(1)已签约合同价中的暂列金额应由发包人掌握使用。

(2)暂列金额虽然列入合同价款,但并不属于承包人所有,也并不必然发生。只有按照合同约定实际发生后,才能成为承包人的应得金额,纳入工程合同结算价款中,发包人按照前述相关规定与要求进行支付后,暂列金额余额仍归发包人所有。

第三节 合同价款支付管理

一、合同价款期中支付

(一)预付款

(1)预付款是发包人为解决承包人在施工准备阶段资金周转问题提供的协助,预付款用于承包人为合同工程施工购置材料、工程设备,购置或租赁施工设备以及组织施工人员进场。预付款应专用于合同工程。

(2)按照财政部、原建设部印发的《建设工程价款结算暂行办法》的相关规定,"13计价规范"中对预付款的支付比例进行了约定:包工包料工程的预付款的支付比例不得低于签约合同价(扣除暂列金额)的10%,不宜高于签约合同价(扣除暂列金额)的30%。预付款的总金额,分期拨付次数,每次付款金额、付款时间等应根据工程规模、工期长短等具体情况,在合同中约定。

(3)承包人应在签订合同或向发包人提供与预付款等额的预付款保函(如有)后向发包人提交预付款支付申请。

(4)发包人应在收到支付申请的7天内进行核实,向承包人发出预付款支付证书,并在签发支付证书后的7天内向承包人支付预付款。

(5)发包人没有按合同约定按时支付预付款的,承包人可催告发包人支付;发包人在预付款期满后的7天内仍未支付的,承包人可在付款期满后的第8天起暂停施工。发包人应承担由此增加的费用和延误的工期,并应向承包人支付合理利润。

(6)当承包人取得相应的合同价款时,预付款应从每一个支付期应支付给承包人的工程进度款中扣回,直到扣回的金额达到合同约定的预付款金额为止。通常约定承包人完成签约合同价款的比例在20%～30%时,开始从进度款中按一定比例扣还。

(7)承包人的预付款保函(如有)的担保金额根据预付款扣回的数额相应递减,但在预付款全部扣回之前一直保持有效。发包人应在预付款扣完后的14天内将预付款保函退还给承包人。

(二)安全文明施工费

(1)财政部、国家安全生产监督管理总局印发的《企业安全生产费用提取和使用管理办法》(财企[2012]16号)第十九条规定:建设工程施工企业安全费用应当按照以下范围使用:

1)完善、改造和维护安全防护设施设备支出(不含'三同时'要求初期投入的安全设施),包括施工现场临时用电系统、洞口、临边、机械设备、高处作业防护、交叉作业防护、防火、防爆、防尘、防毒、防雷、防台风、防地质灾害、地下工程有害气体监测、通风、临时安全防护等设施设备支出。

2)配备、维护、保养应急救援器材、设备支出和应急演练支出。

3)开展重大危险源和事故隐患评估、监控和整改支出。

4)安全生产检查、评价(不包括新建、改建、扩建项目安全评价)、咨询和标准化建设支出。

5)配备和更新现场作业人员安全防护用品支出。

6)安全生产宣传、教育、培训支出。

7)安全生产适用的新技术、新标准、新工艺、新装备的推广应用支出。

8)安全设施及特种设备检测检验支出。

9)其他与安全生产直接相关的支出。

由于工程建设项目因专业及施工阶段的不同,对安全文明施工措施的要求也不一致,因此"13 工程计量规范"针对不同的专业工程特点,规定了安全文明施工的内容和包含的范围。在实际执行过程中,安全文明施工费包括的内容及使用范围,既应符合国家现行有关文件的规定,也应符合"13 工程计量规范"中的规定。

(2)发包人应在工程开工后的 28 天内预付不低于当年施工进度计划的安全文明施工费总额的 60%,其余部分应按照提前安排的原则进行分解,并应与进度款同期支付。

(3)发包人没有按时支付安全文明施工费的,承包人可催告发包人支付;发包人在付款期满后的 7 天内仍未支付的,若发生安全事故,发包人应承担相应责任。

(4)承包人对安全文明施工费应专款专用,在财务账目中应单独列项备查,不得挪作他用,否则发包人有权要求其限期改正;逾期未改正的,造成的损失和延误的工期应由承包人承担。

(三)进度款

(1)发承包双方应按照合同约定的时间、程序和方法,根据工程计量结果,办理期中价款结算,支付进度款。

(2)发包人支付工程进度款,其支付周期应与合同约定的工程计量周期一致。工程量的正确计量是发包人向承包人支付工程进度款的前提和依据。计量和付款周期可采用分段或按月结算的方式。

1)按月结算与支付。即实行按月支付进度款,竣工后结算的办法。合同工期在两个年度以上的工程,在年终进行工程盘点,办理年度结算。

2)分段结算与支付。即当年开工、当年不能竣工的工程按照工程形象进度,划分不同阶段,支付工程进度款。

当采用分段结算方式时,应在合同中约定具体的工程分段划分,付款周期应与计量周期一致。

(3)已标价工程量清单中的单价项目,承包人应按工程计量确认的工程量与综合单价计算;综合单价发生调整的,以发承包双方确认调整的综合单价计算进度款。

(4)已标价工程量清单中的总价项目和采用经审定批准的施工图纸及其预算方式发包形成的总价合同应由承包人根据施工进度计划和总价构成、费用性质、计划发生时间和相应的工程量等因素按计量周期进行分解,分别列入进度款支付申请中的安全文明施工费和本周期应支付的总价项目的金额中,并形成进度款支付分解表,在投标时提交,非招标工程在合同洽商时提交。在施工过程中,由于进度计划的调整,发承包双方应对支付分解进行调整。

1)已标价工程量清单中的总价项目进度款支付分解方法可选择以下之一(但不限于):

①将各个总价项目的总金额按合同约定的计量周期平均支付。

②按照各个总价项目的总金额占签约合同价的百分比,以及各个计量支付周期内所完成

的单价项目的总金额,以百分比方式均摊支付。

　　③按照各个总价项目组成的性质(如时间、与单价项目的关联性等)分解到形象进度计划或计量周期中,与单价项目一起支付。

　　2)采用经审定批准的施工图纸及其预算方式发包形成的总价合同,除由于工程变更形成的工程量增减予以调整外,其工程量不予调整。因此,总价合同的进度款支付应按照计量周期进行支付分解,以便进度款有序支付。

　　(5)发包人提供的甲供材料金额,应按照发包人签约提供的单价和数量从进度款支付中扣除,列入本周期应扣减的金额中。

　　(6)承包人现场签证和得到发包人确认的索赔金额应列入本周期应增加的金额中。

　　(7)进度款的支付比例按照合同约定,按期中结算价款总额计,不低于 60%,不高于 90%。

　　(8)承包人应在每个计量周期到期后的 7 天内向发包人提交已完工程进度款支付申请一式四份,详细说明此周期认为有权得到的款额,包括分包人已完工程的价款。支付申请应包括下列内容:

　　1)累计已完成的合同价款。

　　2)累计已实际支付的合同价款。

　　3)本周期合计完成的合同价款:

　　①本周期已完成单价项目的金额。

　　②本周期应支付的总价项目的金额。

　　③本周期已完成的计日工价款。

　　④本周期应支付的安全文明施工费。

　　⑤本周期应增加的金额。

　　4)本周期合计应扣减的金额:

　　①本周期应扣回的预付款。

　　②本周期应扣减的金额。

　　5)本周期实际应支付的合同价款。

　　上述"本周期应增加的金额"中包括除单价项目、总价项目、计日工、安全文明施工费外的全部应增金额,如索赔、现场签证金额,"本周期应扣减的金额"包括除预付款外的全部应减金额。

　　由于进度款的支付比例最高不超过 90%,而且根据原建设部、财政部印发的《建设工程质量保证金管理暂行办法》第七条规定:"全部或者部分使用政府投资的建设项目,按工程价款结算总额 5% 左右的比例预留保证金"。因此,"13 计价规范"未在进度款支付中要求扣减质量保证金,而是在竣工结算价款中预留保证金。

　　(9)发包人应在收到承包人进度款支付申请后的 14 天内,根据计量结果和合同约定对申请内容予以核实,确认后向承包人出具进度款支付证书。若发承包双方对部分清单项目的计量结果出现争议,发包人应对无争议部分的工程计量结果向承包人出具进度款支付证书。

　　(10)发包人应在签发进度款支付证书后的 14 天内,按照支付证书列明的金额向承包人支付进度款。

(11)若发包人逾期未签发进度款支付证书,则视为承包人提交的进度款支付申请已被发包人认可,承包人可向发包人发出催告付款的通知。发包人应在收到通知后的 14 天内,按照承包人支付申请的金额向承包人支付进度款。

(12)发包人未按照规定支付进度款的,承包人可催告发包人支付,并有权获得延迟支付的利息;发包人在付款期满后的 7 天内仍未支付的,承包人可在付款期满后的第 8 天起暂停施工。发包人应承担由此增加的费用和延误的工期,向承包人支付合理利润,并应承担违约责任。

(13)发现已签发的任何支付证书有错、漏或重复的数额,发包人有权予以修正,承包人也有权提出修正申请。经发承包双方复核同意修正的,应在本次到期的进度款中支付或扣除。

二、竣工结算价款支付

(一)结算款支付

(1)承包人应根据办理的竣工结算文件向发包人提交竣工结算款支付申请。申请应包括下列内容:

1)竣工结算合同价款总额。

2)累计已实际支付的合同价款。

3)应预留的质量保证金。

4)实际应支付的竣工结算款金额。

(2)发包人应在收到承包人提交竣工结算款支付申请后 7 天内予以核实,向承包人签发竣工结算支付证书。

(3)发包人签发竣工结算支付证书后的 14 天内,应按照竣工结算支付证书列明的金额向承包人支付结算款。

(4)发包人在收到承包人提交的竣工结算款支付申请后 7 天内不予核实,不向承包人签发竣工结算支付证书的,视为承包人的竣工结算款支付申请已被发包人认可;发包人应在收到承包人提交的竣工结算款支付申请 7 天后的 14 天内,按照承包人提交的竣工结算款支付申请列明的金额向承包人支付结算款。

(5)工程竣工结算办理完毕后,发包人应按合同约定向承包人支付工程价款。发包人按合同约定应向承包人支付而未支付的工程款视为拖欠工程款。根据《最高人民法院关于审理建设工程施工合同纠纷案件适用法律问题的解释》(法释〔2004〕14 号)第十七条:"当事人对欠付工程价款利息计付标准有约定的,按照约定处理;没有约定的,按照中国人民银行发布的同期同类贷款利率信息。发包人应向承包人支付拖欠工程款的利息,并承担违约责任。"和《中华人民共和国合同法》第二百八十六条:"发包人未按照合同约定支付价款的,承包人可以催告发包人在合理期限内支付价款。发包人逾期不支付的,除按照建设工程的性质不宜折价、拍卖的以外,承包人可以与发包人协议将该工程折价,也可以申请人民法院将该工程依法拍卖。建设工程的价款就该工程折价或者拍卖的价款优先受偿。"等规定。"13 计价规范"中指出:"发包人未按照上述第(3)条和第(4)条规定支付竣工结算款的,承包人可催告发包人支付,并有权获得延迟支付的利息。发包人在竣工结算支付证书签发后或者在收到承包人提交的竣工结算款支付申请 7 天后的 56 天内仍未支付的,除法律另有规定外,承包人可与发包人协商将该工程折价,也可直接向人民法院申请将该工程依法拍卖。承包人应就该工程折价或拍卖的价款优先受偿。"

所谓优先受偿,最高人民法院在《关于建设工程价款优先受偿权的批复》(法释[2002]16号)中规定如下:

1)人民法院在审理房地产纠纷案件和办理执行案件中,应当依照《中华人民共和国合同法》第二百八十六条的规定,认定建筑工程的承包人的优先受偿权优于抵押权和其他债权。

2)消费者交付购买商品房的全部或者大部分款项后,承包人就该商品房享有的工程价款优先受偿权不得对抗买受人。

3)建筑工程价款包括承包人为建设工程应当支付的工作人员报酬、材料款等实际支出的费用,不包括承包人因发包人违约所造成的损失。

4)建设工程承包人行使优先权的期限为六个月,自建设工程竣工之日或者建设工程合同约定的竣工之日起计算。

(二)质量保证金

(1)发包人应按照合同约定的质量保证金比例从结算款中预留质量保证金。质量保证金用于承包人按照合同约定履行属于自身责任的工程缺陷修复义务的,为发包人有效监督承包人完成缺陷修复提供资金保证。原建设部、财政部印发的《建设工程质量保证金管理暂行办法》(建质[2005]7号)第七条规定:"全部或者部分使用政府投资的建设项目,按工程价款结算总额5%左右的比例预留保证金。社会投资项目采用预留保证金方式的,预留保证金的比例可参照执行。"

(2)承包人未按照合同约定履行属于自身责任的工程缺陷修复义务的,发包人有权从质量保证金中扣除用于缺陷修复的各项支出。经查验,工程缺陷属于发包人原因造成的,应由发包人承担查验和缺陷修复的费用。

(3)在合同约定的缺陷责任期终止后,发包人应按照规定,将剩余的质量保证金返还给承包人。原建设部、财政部印发的《建设工程质量保证金管理暂行办法》(建质[2005]7号)第九条规定:"缺陷责任期内,承包人认真履行合同约定的责任,到期后,承包人向发包人申请返还保证金。"

(三)最终结清

(1)缺陷责任期终止后,承包人已完成合同约定的全部承包工作,但合同工程的财务账目需要结清,因此承包人应按照合同约定向发包人提交最终结清支付申请。发包人对最终结清支付申请有异议的,有权要求承包人进行修正和提供补充资料。承包人修正后,应再次向发包人提交修正后的最终结清支付申请。

(2)发包人应在收到最终结清支付申请后的14天内予以核实,并应向承包人签发最终结清支付证书。

(3)发包人应在签发最终结清支付证书后的14天内,按照最终结清支付证书列明的金额向承包人支付最终结清款。

(4)发包人未在约定的时间内核实,又未提出具体意见的,应视为承包人提交的最终结清支付申请已被发包人认可。

(5)发包人未按期最终结清支付的,承包人可催告发包人支付,并有权获得延迟支付的利息。

（6）最终结清时，承包人被预留的质量保证金不足以抵减发包人工程缺陷修复费用的，承包人应承担不足部分的补偿责任。

（7）承包人对发包人支付的最终结清款有异议的，应按照合同约定的争议解决方式处理。

三、合同解除的价款结算与支付

合同解除是合同非常态的终止，为了限制合同的解除，法律规定了合同解除制度。根据解除权来源划分，可分为协议解除和法定解除。鉴于建设工程施工合同的特性，为了防止社会资源浪费，法律不赋予发承包人享有任意单方解除权，因此，除了协议解除，按照最高人民法院《关于审理建设工程施工合同纠纷案件适用法律问题的解释》第八条、第九条的规定，施工合同的解除有承包人根本违约的解除和发包人根本违约的解除两种。

（1）发承包双方协商一致解除合同的，应按照达成的协议办理结算和支付合同价款。

（2）由于不可抗力致使合同无法履行解除合同的，发包人应向承包人支付合同解除之日前已完成工程但尚未支付的合同价款，此外，还应支付下列金额：

1）招标文件中明示应由发包人承担的赶工费用。

2）已实施或部分实施的措施项目应付价款。

3）承包人为合同工程合理订购且已交付的材料和工程设备货款。

4）承包人撤离现场所需的合理费用，包括员工遣送费和临时工程拆除、施工设备运离现场的费用。

5）承包人为完成合同工程而预期开支的任何合理费用，且该项费用未包括在本款其他各项支付之内。

发承包双方办理结算合同价款时，应扣除合同解除之日前发包人应向承包人收回的价款。当发包人应扣除的金额超过了应支付的金额，承包人应在合同解除后的86天内将其差额退还给发包人。

（3）由于承包人违约解除合同的，对于价款结算与支付应按以下规定处理：

1）发包人应暂停向承包人支付任何价款。

2）发包人应在合同解除后28天内核实合同解除时承包人已完成的全部合同价款以及按施工进度计划已运至现场的材料和工程设备货款，按合同约定核算承包人应支付的违约金以及造成损失的索赔金额，并将结果通知承包人。发承包双方应在28天内予以确认或提出意见，并办理结算合同价款。如果发包人应扣除的金额超过了应支付的金额，则承包人应在合同解除后的56天内将其差额退还给发包人。

3）发承包双方不能就解除合同后的结算达成一致的，按照合同约定的争议解决方式处理。

（4）由于发包人违约解除合同的，对于价款结算与支付应按以下规定处理：

1）发包人除应按照上述第（2）条的有关规定向承包人支付各项价款外，应按合同约定核算发包人应支付的违约金以及给承包人造成损失或损害的索赔金额费用。该笔费用由承包人提出，发包人核实后与承包人协商确定后的7天内向承包人签发支付证书。

2）发承包双方协商不能达成一致的，按照合同约定的争议解决方式处理。

第四节　合同价款争议的解决

施工合同履行过程中出现争议是在所难免的,解决合同履行过程中争议的主要方法包括协商、调解、仲裁和诉讼四种。当发承包双方发生争议后,可以先进行协商和解从而达到消除争议的目的,也可以请第三方进行调解;若争议继续存在,发承包双方可以继续通过仲裁或诉讼的途径解决,当然,也可以直接进入仲裁或诉讼程序解决争议。不论采用何种方式解决发承包双方的争议,只有及时并有效的解决施工过程中的合同价款争议,才是工程建设顺利进行的必要保证。

一、监理或造价工程师暂定

从我国现行施工合同示范文本、监理合同示范文本、造价咨询合同示范文本的内容可以看出,合同中一般均会对总监理工程师或造价工程师在合同履行过程中发承包双方的争议如何处理有所约定。为使合同争议在施工过程中就能够由总监理工程师或造价工程师予以解决,"13 计价规范"对总监理工程师或造价工程师的合同价款争议处理流程及职责权限进行了如下约定:

(1)若发包人和承包人之间就工程质量、进度、价款支付与扣除、工期延期、索赔、价款调整等发生任何法律上、经济上或技术上的争议,首先应根据已签约合同的规定,提交合同约定职责范围内的总监理工程师或造价工程师解决,并应抄送另一方。总监理工程师或造价工程师在收到此提交件后 14 天内应将暂定结果通知发包人和承包人。发承包双方对暂定结果认可的,应以书面形式予以确认,暂定结果成为最终决定。

(2)发承包双方在收到总监理工程师或造价工程师的暂定结果通知之后的 14 天内未对暂定结果予以确认也未提出不同意见的,应视为发承包双方已认可该暂定结果。

(3)发承包双方或一方不同意暂定结果的,应以书面形式向总监理工程师或造价工程师提出,说明自己认为正确的结果,同时抄送另一方,此时该暂定结果成为争议。在暂定结果对发承包双方当事人履约不产生实质影响的前提下,发承包双方应实施该结果,直到按照发承包双方认可的争议解决办法被改变为止。

二、管理机构的解释和认定

(1)合同价款争议发生后,发承包双方可就工程计价依据的争议以书面形式提请工程造价管理机构对争议以书面文件进行解释或认定。工程造价管理机构是工程造价计价依据、办法以及相关政策的制定和管理机构。对发包人、承包人或工程造价咨询人在工程计价中,对计价依据、办法以及相关政策规定发生的争议进行解释是工程造价管理机构的职责。

(2)工程造价管理机构应在收到申请的 10 个工作日内就发承包双方提请的争议问题进行解释或认定。

(3)发承包双方或一方在收到工程造价管理机构书面解释或认定后仍可按照合同约定的争议解决方式提请仲裁或诉讼。除工程造价管理机构的上级管理部门作出了不同的解释或认定,或在仲裁裁决或法院判决中不予采信的外,工程造价管理机构作出的书面解释或认定应为最终结果,并应对发承包双方均有约束力。

三、协商和解

(1)合同价款争议发生后,发承包双方任何时候都可以进行协商。协商达成一致的,双方应签订书面和解协议,并明确和解协议对发承包双方均有约束力。

(2)如果协商不能达成一致协议,发包人或承包人都可以按合同约定的其他方式解决争议。

四、调解

按照《中华人民共和国合同法》的规定,当事人可以通过调解解决合同争议,但在工程建设领域,目前的调解主要出现在仲裁或诉讼中,即所谓司法调解;有的通过建设行政主管部门或工程造价管理机构处理,双方认可,即所谓行政调解。司法调解耗时较长,且增加了诉讼成本;行政调解受行政管理人员专业水平、处理能力等的影响,其效果也受到限制。因此,"13 计价规范"提出了由发承包双方约定相关工程专家作为合同工程争议调解人的思路,类似于国外的争议评审或争端裁决,可定义为专业调解,这在我国合同法的框架内,为有法可依,使争议尽可能在合同履行过程中得到解决,确保工程建设顺利进行。

(1)发承包双方应在合同中约定或在合同签订后共同约定争议调解人,负责双方在合同履行过程中发生争议的调解。

(2)合同履行期间,发承包双方可协议调换或终止任何调解人,但发包人或承包人都不能单独采取行动。除非双方另有协议,在最终结清支付证书生效后,调解人的任期应即终止。

(3)如果发承包双方发生了争议,任何一方可将该争议以书面形式提交调解人,并将副本抄送另一方,委托调解人调解。

(4)发承包双方应按照调解人提出的要求,给调解人提供所需要的资料、现场进入权及相应设施。调解人应被视为不是在进行仲裁人的工作。

(5)调解人应在收到调解委托后 28 天内或由调解人建议并经发承包双方认可的其他期限内提出调解书,发承包双方接受调解书的,经双方签字后作为合同的补充文件,对发承包双方均具有约束力,双方都应立即遵照执行。

(6)当发承包双方中任一方对调解人的调解书有异议时,应在收到调解书后 28 天内向另一方发出异议通知,并应说明争议的事项和理由。但除非并直到调解书在协商和解或仲裁裁决、诉讼判决中作出修改,或合同已经解除,承包人应继续按照合同实施工程。

(7)当调解人已就争议事项向发承包双方提交了调解书,而任一方在收到调解书后 28 天内均未发出表示异议的通知时,调解书对发承包双方应均具有约束力。

五、仲裁、诉讼

(1)发承包双方的协商和解或调解均未达成一致意见,其中一方已就此争议事项根据合同约定的仲裁协议申请仲裁,应同时通知另一方。进行协议仲裁时,应遵守《中华人民共和国仲裁法》的有关规定,如第四条:"当事人采用仲裁方式解决纠纷,应当双方自愿,达成仲裁协议。没有仲裁协议,一方申请仲裁的,仲裁委员会不予受理";第五条:"当事人达成仲裁协议,一方向人民法院起诉的,人民法院不予受理,但仲裁协议无效的除外";第六条:"仲裁委员会应当由当事人协议选定。仲裁不实行级别管辖和地域管辖"。

（2）仲裁可在竣工之前或之后进行，但发包人、承包人、调解人各自的义务不得因在工程实施期间进行仲裁而有所改变。当仲裁是在仲裁机构要求停止施工的情况下进行时，承包人应对合同工程采取保护措施，由此增加的费用应由败诉方承担。

（3）在前述"一、"至"四、"中规定的期限之内，暂定或和解协议或调解书已经有约束力的情况下，当发承包中一方未能遵守暂定或和解协议或调解书时，另一方可在不损害他可能具有的任何其他权利的情况下，将未能遵守暂定或不执行和解协议或调解书达成的事项提交仲裁。

（4）发包人、承包人在履行合同时发生争议，双方不愿和解、调解或者和解、调解不成，又没有达成仲裁协议的，可依法向人民法院提起诉讼。

参 考 文 献

［1］中华人民共和国建设部．全国统一建筑装饰装修工程消耗量定额［S］．北京：中国计划出版社，2002．

［2］中华人民共和国住房和城乡建设部．GB 50500—2013 建设工程工程量清单计价规范［S］．北京：中国计划出版社，2013．

［3］国家标准．GB 50854—2013 房屋建筑与装饰工程工程量计价规范［S］．北京：中国计划出版社，2013．

［4］廖雯．新编装饰工程计价教程［M］．北京：北京理工大学出版社，2011．

［5］吴锐．建筑装饰工程计量与计价［M］．北京：机械工业出版社，2009．

［6］杨波．建筑预算员一本通［M］．合肥：安徽科学技术出版社，2011．

［7］许换兴．新编装饰装修工程预算［M］．北京：中国建材工业出版社，2005．

［8］张崇庆．建筑装饰工程预算［M］．北京：机械工业出版社，2007．

［9］李成贞．建筑装饰工程计量与计价［M］．北京：中国建筑工业出版社，2005．

中国建材工业出版社
China Building Materials Press

我 们 提 供

图书出版、图书广告宣传、企业/个人定向出版、设计业务、企业内刊等外包、代选代购图书、团体用书、会议、培训，其他深度合作等优质高效服务。

编辑部	图书广告	出版咨询	图书销售	设计业务
010-68343948	010-68361706	010-68343948	010-68001605	010-88376510转1008

邮箱：jccbs-zbs@163.com　　网址：www.jccbs.com.cn

发展出版传媒　服务经济建设

传播科技进步　满足社会需求